国家级高技能人才培训基地推荐教材

# 投 影 与 展 开

编著　席建共

主审　侯方衍

 哈尔滨工程大学出版社

## 内容简介

本书是作者在总结多年生产和教学经验的基础上,应用理论与实践相结合的方法,并参考了有关资料编写而成的。本书主要内容包括钣金展开放样基础,点、直线、平面的投影,立体的投影作图,圆弧伸直在展开图上的应用,各类形体表面展开图的圆弧伸直画法及平面体表面展开图的画法。

本书可作为船舶技校教材,船舶职工培训教材,也可供相关人员参考使用。

**图书在版编目(CIP)数据**

投影与展开/席建共主编. —哈尔滨:哈尔滨工
程大学出版社,2015.1
ISBN 978 – 7 – 5661 – 0983 – 5

Ⅰ.①投…　Ⅱ.①席…　Ⅲ.①钣金工　Ⅳ.①TG936

中国版本图书馆 CIP 数据核字(2015)第 026173 号

出版发行　哈尔滨工程大学出版社
社　　址　哈尔滨市南岗区东大直街 124 号
邮政编码　150001
发行电话　0451 – 82519328
传　　真　0451 – 82519699
经　　销　新华书店
印　　刷　哈尔滨工业大学印刷厂
开　　本　787mm×1092mm　1/16
印　　张　15.75
字　　数　397 千字
版　　次　2015 年 1 月第 1 版
印　　次　2015 年 1 月第 1 次印刷
定　　价　33.00 元
http://www.hrbeupress.com
E-mail:heupress@ hrbeu.edu.cn

# "国家级高技能人才培训基地"
# 配套教材编审委员会

# 序

　　高技能人才是企业人才队伍的重要组成部分，是建设海洋装备产业大军的优秀代表，是推动技术创新和科技成果转化的核心骨干。高技能人才培养工作一直是公司人才培养工作的重中之重。在我国首批启动建设"国家级高技能人才培训基地"评比中，沪东中华作为船舶行业唯一一家获此殊荣企业的。在"国家级高技能人才培训基地"项目建设过程中，我们发现现有的技能人才培训教材重理论，轻实操，内容陈旧，缺少新技术、新工艺的讲解，已经不能满足企业产品升级的需求，公司迫切需要一套能够知应现代造船模式技能人才培训教材。

　　本次出版的教材是沪东中华"国家级高技能人才培训基地"的配套教材，也是公司高级技能人才培养体系中的重要组成部分。为此，公司专门成立了教材编审委员会，组织了各领域的专家，结合生产实际情况和行业发展新趋势编写成书，内容涵盖了船舶电焊，船体装配，船舶电工三个专业，今后还将逐步完善其他工种的培训教材。本套教材注重操作和工艺知识的讲解，填补了国内同类技能人才培训教材的空白，主要作为企业相关工种培训的指导用书，也可供高职高专、技工学校等职前教育选用。

　　教材编写过程中得到了公司生产、技术部门领导和专家的大力支持，谨在此表示感谢！希望沪东中华各领域的精英积极将自己知识和经验的"富矿"不断地转化为理论成果，公司也将为大家学习交流打造一个开放的平台。

　　由于时间比较仓促，教材难免有一些不完善之处，敬请各位读者不吝指正，使本套教材日臻完美。

沪东中华造船（集团）有限公司 副总经理

2014 年 3 月 11 日

# 前　　言

　　历经反复的推敲与斟酌、激烈的争论与思辨，以及大量的修改与补充，在沪东中华造船（集团）有限公司"国家级高技能人才培训基地"配套教材编审委员会的精心组织和公司党政的帮助和支持下，作为工程制图应用技术的教材《投影与展开》终得以完稿付梓。个中艰辛实不足道，而收获的喜悦则恰在其中……

　　本教材系在诸多既有"画法几何"、"工程制图"、"机械制图"和"钣金展开"等课程、教材的理论基础上，结合本人多年的自编教材汇集、整理并归纳而成的。集本人四十余年船体放样和三十余年相关教学实践的经验、心得，本教材的编写目标非常明确：围绕工程展开这一应用目的，尽可能系统而完整地介绍作为基础手段的投影原理和各种工程投影的基本技术，使之不再是单一的孤立作图作业：如截交线、相贯线，其工程意义就是求得零件工程展开的确切边界。投影，是展开的基础；展开，是投影的目的。这样，或有益于对工程制图的本质把握。

　　投影原理非常简单，任何单一的投影技术也较易掌握。困难在于结合投影的实际目的——工程展开目标，准确判断适用的正确投影技术并加使用或组合使用。为此，本教材采用大量的工程实例介绍基本的投影技术应用，并逐步予以分析、说明；同时，为清晰、准确地描述，本教材着重于投影作业各技术术语的定义，提出并定义了投影目标、真形、直接面、间接面、变换面、间接轴、变换轴、变换线等多个全新的概念术语，补充并丰富了投影作业的课程内容。特别是在投影改造技术中，这些新的概念术语或将有助于对繁杂的投影变换的准确把握；另外，结合本人多年的工作实践，本教材还引入了大量的工厂俗称：抛势、昂势、冲势等，或有助于融入工厂的实际文化。

　　作为"国家级高技能人才培训基地"的配套教材之一，本教材也是沪东中华造船（集团）有限公司合理化建议活动的优秀建议立项内容，自一开始就得到了公司党委和各级行政组织的积极支持与帮助。本教材有幸得到了公司科协副主席/秘书长侯方衍同志严格并严谨的校审，大量的修改和补充，倾注了他的大量心血。

　　在本教材的编写过程中，还得到了公司张吉、叶彬康、方莹、吉鸿翔等同志的帮助与指点，在此特表衷心的感谢。

席建共

2015 年 1 月

# 目 录

# 第1章  投影、视图及其工程应用

## 1.1  投影和投影原理

投影一词有动词和名词两种词性。作为动词，是指光线投射于物体而形成影子的作用；作为名词，就是物体在光线的投射下所形成的影子。投影是人们日常生活中最常见的自然现象之一。如图1－1所示，由光源"S"（太阳、月亮、电灯、电筒等发光体）向实物物体（△ABC）投射光线，在面 P 上得到实物物体的放大投影图△A′B′C′，这里的△A′B′C′即为△ABC 的投影。或者说，△A′B′C′是光源 S 对△ABC 在面 P 上的投影结果。由光线的直线传播特性，投影能很好地反映物体的外形轮廓；反之，也可自投影推算出被投影物体的形状与尺度。因此，投影在工程与工程制图上得到了广泛的应用，日晷，就是投影应用的佳例。

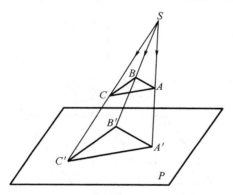

**图1－1  单点光源投影中心投影法**

在工程投影中，投射的光线是虚拟的，被称为投射线（在投影课程中，也常被称为投影轨迹或轨迹线），如图1－1中的 S－A，S－B，S－C 等直线。而为定位的简便、准确，形成△A′B′C′的成像面 P 被称为投影面。实际上，工程投影就是以虚拟的投射线在设定的投影平面上用点、线、面描述实物形状的一种方法。

### 1.1.1  中心投影法

由虚拟投射线的单点放射投射、多点平行投射等不同形式，形成了不同的工程投影方式。图1－1所示的是单点光源投影，其特征是投射线的单点放射投射，这种方式被称为中心投影法。显然，这一方法较为符合人们的肉眼视觉感觉，形成的图像与人们的实际视觉感觉较吻合。因而中心投影法常用于立体图、效果图等的绘制。但放射投影中，随物体距投影面距离的远近而必然的放大或缩小，以及光源点与物体间不同角度所导致的必然变形，中心投影法得到的投影图只能是等比例的大致物体形状，而不能精确反映物体的真实形状，所以该方法不能用于工程中精确的零件施工图绘制。

立体图、效果图近于美术的写生画，其基本要求不是形状尺度的精准，而是人们的视觉直观性。而施工图则是在工农业生产中用于机械零件的制造和装配等加工生产的唯一依据,其基本要求就是精准。

立体图和效果图具有立体感,能够使人很好地把握物体的空间状况,特别是具有复杂形状的物体。但正是由于人们的视觉因素——视点与实物间的角度必然不会是简单的垂直或平行,立体图经常改变着物体的实际形状,如正圆变椭圆、矩形变梯形等。并且,变换视点与实物间的角度,同一实物可以画出无数个该实物的不同立体图。由于立体图既不能精准地表达实物的几何形状,又非唯一图像,所以一般不采用立体图进行加工生产,在工程中仅作为把握空间物体几何形状的辅助参考手段。

### 1.1.2　正平行投影法

采用一组平行光线(多点光源)垂直于投影面向物体进行平行投射以在平面投影面(即投影平面,简称"投影面")上形成图形的方法即为多点平行投影法。由于投影轨迹的平行,物体在投影面的投影成像不会随物体距投影面的距离远近而变化;而投影轨迹垂直投影面,决定了物体投影成像的唯一性。如图 1-2 所示,投影面 $P$ 上形成的图形 $\triangle A'B'C'$ 即为物体 $\triangle ABC$ 的投影,它不会随 $\triangle ABC$ 距面 $P$ 的距离远近而产生如中心投影法必然的放大或缩小变化。

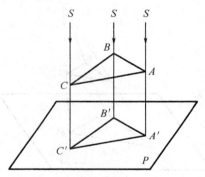

**图 1-2　多点平行投影正投影法**

投射线相互平行且与投影面垂直形成投影图像的方法,称为正平行投影法,简称正投影法。正投影法有两个非常重要的规定特征:一是"正",即投影轨迹与投影面的垂直;二是"平行",即投影轨迹的相互平行。这两个特征决定了正投影法投影成像的唯一性和精准性,投影,仅决定于被投影物及其与投影面间的空间位置状态。确定了相对于投影面位置的确定物体,其在投影面上的投影成像是唯一且恒定不变的。

施工图是加工生产的依据,必须完整地表达被加工物(机械零件等工程目标物,以下简称"目标物")的实际形状,而且必须是唯一的形状。因此,工程施工图基本采用的是多点平行投影法,也就是国标规定的正平行投影法。虽然它不太符合人们的视觉直观——人不可能具有多双眼睛,并且不可能永久地只以唯一的视角看世界——但正平行投影法绘制的平面图精准且唯一,能符合加工生产的实际需要,是我们进行技术交流和机件制造的必不可少的工具。由于平行投射形成的投影不因目标物距投影面的远近而产生放大或缩小的变形,且唯一规定了投射线与投影面间的垂直角度,所以正投影法所得到的投影能够在相对于投影面的设定位置下,反映目标物的唯一形状、唯一尺度,在机械制图和如船体制图等非机类制图中得到了广泛的应用。下面课程中的全部投影,均基于这两个重要的规定特征。

# 1.2 投影、视图和视图系统

将目标物按正投影方法投影到投影面所得到的图形称为投影视图(简称"视图")。也存在非投影视图,如艺术绘画原理中的中心透视、多点非平行透视以及散点透视等,实际上就是工程语言的不同投影,其用于示意、写意而不能作为精准依据。本课程所称的"视图",均为正投影下的投影视图,向不同方向的投影得到不同方向的视图。由于投影面的平面性质,视图只能反映物体的两维尺度。图 1－3 所示的视图,反映出物体的长和高,而不能反映它的宽度尺寸。因此尽管精准,单一方向的视图只能局部而不能完整地反映物体的形状。要完整地反映物体的实际形状与尺度,就需要一组特别规定的不同方向的多个视图。这种以一定规定组成的视图组,就构成了工程制图应用中的视图系统。

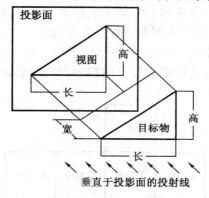

**图 1－3 视图的二维性**

视图系统,构建了一个虚拟的空间坐标系统,并以这个坐标系统对置于其中的目标物进行定位和制图描述。由于可以定义不同的坐标系统,如极坐标、直角坐标等,视图系统也有很多种类,如轴视图(也叫轴测图)、直角坐标视图等。由于对视图面(即投影面)角度的不同规定,不同视图系统形成的视图也各不相同,但都能以这一系统的多个视图完成对置于其中的目标物的工程描述。比如轴视图系统,是按空间极坐标系统,设置三个两两以120°相交的投影面的视图系统;而直角坐标视图系统,则是以空间直角为坐标系统,各投影面两两直角相交,等等。不同的视图系统各有利弊,比较轴视图系统与直角坐标视图系统,对于前者,120°相交的投影面规定,决定了它较后者的 90°相交视野更广,轴视图只要三个投影面,即可填满正面的平面空间;而直角坐标视图,则无法以三个投影面填满正面的平面空间。因此,轴视图系统形成的视图更近于人们对立体图的视觉直观,能使人们更易于把握所描述的目标物的空间形状。但是,正由于投影面120°相交的规定,使轴视图的数据换算不太容易;而直角坐标视图系统,虽然视野不广、视图直观性也不及轴视图,但 90°相交的规定使视图间的数据很容易按直角三角形的勾股弦定理进行换算,更符合工程应用的实际需要。

另外,由对视图的定义,仅当物体表面平行于投影面(垂直于投射线)时,视图才反映出物体面的真实形状与大小(真形)。这就决定了无论在何种视图系统下,视图往往不能实际反映目标物的真形,因为目标物的表面经常不会是简单的平面(平行于平面投影面的必然要求)。即便有平表面,其特定位置也决定了它经常无法准确平行于特定视图系统下的某一视图面。因此,必须深刻理解目标物真形与其视图(或称投影)间的区别。正因为视图与真形间经常不会直接相等,要自视图求得物体的真形,必须经过一定方法的换算(伸长或展开)。这样,直角坐标系统视图系统就有了无可替代的优势,尽管它有着视野不广、直观不强的相对弱点,但对于工程技术人员,只要经过一定的训练也不难掌握。

所以,目前的工程应用通常为直角坐标视图系统,仅在一些如描述球状或近于球状的复杂目标物的特殊场合下,独立使用轴视图以作辅助参考。

本课程以直角坐标为视图系统。

## 1.3 直角坐标视图系统及其规定

国标对直角坐标视图系统下的视图规定是将目标物置于一个各交界面两两垂直的六面体中,分别对此目标物向六面体的六个基本投影面进行正投影,形成这个目标物的六个方向的视图。这六个视图成为基本视图,精准、完整且唯一地描述出被投影的目标物。按一定的规律将这六个基本视图展开在一个平面上(图1-4):向目标物正面投影所得的视图称为主视图,其他基本视图的名称则依各自的投影方向命名,分别为左视图、右视图、俯视图、仰视图和背视图。

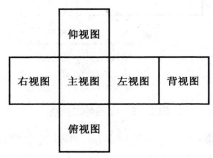

图1-4 基本视图

在工程的实际应用中,根据目标物的实际情况,常常将上述的六个投影视图简化为三个投影视图,分别为主视图、侧(左或右)视图和俯视图,也就是工程制图中常称的三视图,三视图是工程制图的基础。

### 1.3.1 三投影面体系

三投影面体系由三个两两垂直的投影面组成,三个投影面把空间分为八个分角,每个分角所占的空间及编号顺序为Ⅰ,Ⅱ,Ⅲ,…,Ⅷ,如图1-5所示。

我们采用第一角投影法。即把目标物放在第一分角中(即空间Ⅰ),按正投影法进行投影,如图1-6所示。

在第一分角中,三个投影面分别称为:

正面:直立在观察者正对面的投影面称为正面,用字母"$V$"表示;

水平面:水平位置与正面垂直的投影面称为水平面(或平面),用字母"$H$"表示;

侧面:在右边与正面及平面垂直的投影面称为侧面,用字母"$W$"表示。

这三个投影面即为三投影面体系中的基本投影面,它们的交线称为投影轴,其中:

(1)$O-X$轴——$V$面和$H$面的交线,简称$X$轴;

（2）$O-Y$ 轴——$H$ 面和 $W$ 面的交线，简称 $Y$ 轴；

（3）$O-Z$ 轴——$V$ 面和 $W$ 面的交线，简称 $Z$ 轴。

三条投影轴在空间互相垂直，并共同交于原点 $O$，如图 1-6 所示。

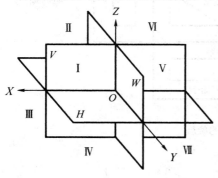

图 1-5　空间八分角

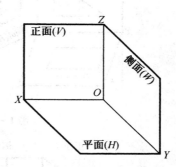

图 1-6　第一分角基本投影面

### 1.3.2　三视图系统

将目标物放在上述三投影面体系中，按正投影法分别向三个基本投影面进行投影，就可得到目标物的三面投影（常称"三向投影"），如图 1-7 所示。

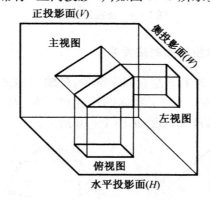

图 1-7　三面投影

这三个投影面上的视图分别称为：

主视图——由前向后投影在投影面 $V$（即正面）上所得的视图，亦称正面图；

俯视图——由上向下投影在投影面 $H$（即平面）上所得的视图，亦称平面图；

左视图——由左向右投影在投影面 $W$（即侧面）上所得的视图，亦称侧面图。

为便于制图和识图，将空间的三个基本投影面按一定的规定展开处于同一平面内（成为一张平面图纸）：展开时正面不动，水平面绕 $X$ 轴向下旋转 90°，使水平面与正面处于上下同一平面内；侧面绕 $Z$ 轴向右转 90°，使侧面与正面处于左右同一平面内（图 1-8）。由于投影面设定为无限大，因此可以去掉投影面的边框线，如图 1-9 左半部分所示。

投影轴与投影轨迹线（即投影的投射线）在视图中可画可不画，但在施工图中通常可省略以保持图面的简洁，如图 1-9 右半部分所示，为实际图样中最常见的正投影三视图。

国标规定，以这种形式布置的视图一律不标注视图的名称，所以我们平时看到的施工图上是没有视图名称的，根据图形所处的位置就能知道是何视图。

另外,还规定了在视图中,可见轮廓线为实线,不可见轮廓线则为虚线。

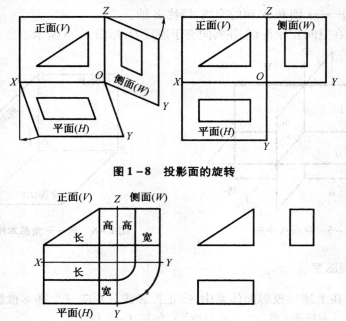

图 1-8    投影面的旋转

图 1-9    正投影三视图

### 1.3.3    三视图中目标物投影的对应关系

正面主视图确定了物体的上下左右四个部位,反映了物体的高度和长度;平面俯视图确定了物体左右前后四个部位,反映了物体的长度和宽度;侧面侧视图确定了物体上下前后四个部位,反映了物体的高度和宽度,如图 1-10 所示。

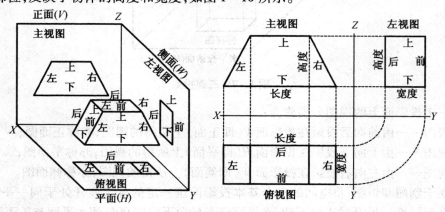

图 1-10    三视图投影关系

由此可得出三视图的投影对应关系是:

(1)主视图与左视图高看齐;

(2)主视图与俯视图长对正;

(3)俯视图与左视图宽相等。

任何物体都包含长、宽、高这三个方向的尺寸,即三维尺度。

### 1.3.4　变换投影体系

上述的直角坐标体系下的三视图系统被称为基本投影体系。然而,工程目标物经常不会是简单横平竖直的几何体。同时,对目标物的斜向投视,都会导致两两垂直的基本投影体系无法正确反映目标物。为此,必须在基本投影体系的基础上增设辅助投影手段,以完整、准确地描述工程目标物。其基本原理就是在正投影的规定下,使目标对象可准确投影描述,以符合工程应用的具体需要。按此原理,对斜视目标对象的辅助投影手段一般有两种:一是按一定的规则,在基本投影体系下对目标对象进行投影的变换(旋转法);二是以基本投影体系为基础,按一定的规则建立新的斜向投影体系——向视投影体系,以完成对特殊斜向目标对象的工程描述。这些都将在后面的课程中详加介绍。

# 1.4　投影的工程应用

### 1.4.1　工程应用的最终目标

我们已经知道了投影、视图及其与目标物的关系:
(1)视图能精准、完整且唯一地描述目标物;
(2)视图经常不能反映目标物的真形(即目标物的真实形状与实际尺度)。

我们制图的目的在于按图施工,加工制造出图纸所描述的目标物。而对目标物的加工制造,却离不开它的真形。由于三维世界的特性,不存在既能精准、完整且唯一,并同时能反映真形的图纸。因此,对于我们的实际工程应用,对目标物的描述一般分成两个紧密相连、相互交错且密不可分的阶段:前一阶段为制图阶段,完成精准、完整且唯一描述目标物的视图任务;后一阶段则为放样阶段,完成目标物由视图实现其真形的任务。制图与放样这两个阶段的合一,就是投影的工程应用的全部目标(随计算机技术等工程手段的不断进步,放样与制图工序也逐渐融合为一:以求取目标物真形为目的的放样工序更多地以展开为主要手段日渐融入设计制图中)。即在设定的坐标系统中,以投影原理,按特定的标准和规定,精准、完整且唯一地对目标物进行视图制图;并根据这些原理、标准和规定,由视图求取目标物的真形(也就是展开),提供目标物加工制造的可靠依据。而求取目标物的真形,就是工程制图的最终目标。可以说,投影是展开的基础手段;展开是投影的最终目的。当然,在达到展开求真形的最终目的前,投影作业或许经过一些必要的过程,特别是对复杂目标物。这期间,则相应地有投影作业的过程目的,将在后面的课程中一一介绍。总之,投影与展开,是我们工程应用不可或缺的主要技术基础。无论现代技术如何发展,任何实体工程的具体应用,总离不开作为根本基础的投影与展开。

### 1.4.2　求取目标物真形的手段

我们已经概要地介绍了制图阶段中以视图为手段完成对目标物精准、完整且唯一的描述。对于依据视图求取目标物真形的放样阶段,我们的手段就是展开。

由投影原理和视图规定,任意位置目标物形成的视图经常会产生对其真形的单一尺度方向(单维)或两个尺度方向(二维)的不同比例变形,仅当目标物表面为平面,且平行于投影面时,其视图才是目标物这一表面的真形且为最大。即视图所产生的变形都是缩小的,且不一定为等比例缩小。所以,对缩小变形的视图求取真形的过程就被称为展开。这里的展开是广义的展开,不仅是对面状目标的展开——狭义展开,也包括着线状目标的展开——求取线段的实际长度(实长,俗称"伸长")等。这些在后面的课程中都会结合工程展开的实例做详细介绍。

本课程就是围绕展开这一求取目标物真形的中心,从制图基本原理——投影原理出发,自点至线、自线至面、自面至体,由浅入深、由简至繁地介绍投影、视图与展开的各种方法和手段,以培养、锻炼读者的识图、读图、制图,以及最终展开的综合能力。

实际上,单一的方法手段并无深浅、繁简之分,如同简单的正弦波、余弦波可叠加、重复出极为复杂的各种不规则波一样,投影与展开手段的所谓"深"与"繁",只是这些方法根据工程目标物的实际而叠加、重复使用而已。所以,必须注重投影的基本原理,切实掌握本课程所论述的各种原理与方法,这是该课程的基础。

### 1.4.3　工程简化处理

不同于简单的直线段、平面以及单向弯曲的曲面(即后面会论及的可展曲面),工程目标物往往由三维曲面(即后面会论及的不可展曲面)构成,其边界轮廓等特征线条也往往是任意的曲线段,如船体、发动机机架、涡轮等。对于这些线段、曲面,其实际长度的计算和曲面展开等事实上是做不到的。因此,往往采用近似接近的方法加以拟合。即对任意线段、任意曲面进行分段分解,将其分解为直线、平面和可展曲面,使之能够在符合工程精度要求的前提下接近、拟合目标物真形,且可展开、可计算。实际上这也就是数学上近似积分的基础原理——有限微分。同样,这一原理也被用于结构的计算中,这就是有限单元法。这样,经分段分解,空间任意线段都可以被简化成直线段组或平面直线段组;空间任意曲面也可以被简化成可展曲面组或折平面组,其每一直线段和可展曲面、平面,就是原线段、曲面的一个单元。图 1 – 11 显示了以线段为例的这一近似接近拟合。明显地,单元越小,就越接近于目标物真形,但单元总数也就越多——工作量的增大与繁复。反之,单元越大,则与目标物真形的拟合精度就相应地越差,但单元总数也相应减少——工作量的减少与简易。因此,单元的数量总是有限的,这也是以近似积分法进行的结构计算被称为有限单元法的道理。

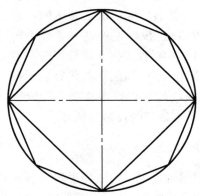

**图 1 – 11　圆的直线拟合**

近似接近拟合的平衡原则:就是在保证必要的拟合精度的前提下,作图、计算工作量的最小化。这些在后面的课程中都会一一介绍。

# 1.5　本　章　小　结

以正投影方式规定的投影体系,能精准地描述目标物,是工程应用中不可或缺的重要手段。对于投影体系,一是基本投影体系,以其规定规范了工程描述的全部内容,是工程描述的可靠且唯一的精准依据;二是在基本投影体系中以投影改造方法建立的向视投影体系,系基本投影体系的补充,用于对斜视目标对象的特定描述。

物体经正投影在投影面上形成的影像为视图,其经常不会直接等同于目标物的真形。工程制图的最终目标是求取目标物真形,其原理基础就是投影和视图的规定:投影,是展开的基础;展开,是投影的目的。

直角坐标视图系统中,三视图的投影对应关系是识图和制图时应用的最基础的投影规律,必须深刻理解,灵活运用。

对复杂的不可解工程目标物,可以接近拟合的近似方法加以简化,使之成为相对简单的直线段、平面以可求解。

本质上,投影面和投影轨迹虚拟构建了投影的空间坐标系统。无论是基本投影体系,还是向视投影体系,一旦建立,它就一直存在,直至图纸销毁,到下次作图再生成。尽管通常的施工图、完工图等工程图纸上看不到投影面和轨迹线,但它并非不存在,仅仅是省略而已。如同商场的玻璃门,被擦得很亮时,看上去就像没有玻璃一样。但看不到玻璃不等于没有玻璃,玻璃确实是存在的,它始终担负着挡风的作用。工程图纸上虽然因省略而没有画出投影面和轨迹线,但它是一个特定的无形坐标系统,始终在无形地规范我们识图、制图。始终牢记投影面和轨迹线的概念,并以此规范、指导制图,就能增强立体感,有利于我们的识图、读图与制图。

# 第2章 点 投 影

## 2.1 点投影概述

体由面成,面由线成,而线则成于点的移动。三视图的投影规律,本质上也就是点的投影规律。就工程制图而言其目的就是通过投影原理的视图方式完成对目标物体的描述,以及通过展开的方式完成对目标物体真形的求取。这一切,都始于并基于点的投影:线与面,都构成于多个点的组合。对于工程制图,实际上也就是通过多个点的投影组合,最终形成工程目标物的投影视图;对于工程放样,则更是结合点的投影组合与展开手段,以最终求得工程目标物的真形。后面的课程将会讲到,展开的各种手段实际上也都基于点的投影。点投影,是工程制图最基本的基础,其能力的熟练与否,决定了一个工程技术人员技术基本功的强弱。

图 2-1 所显示的是正投影下,空间目标点 $A$ 对三个基本投影面的投影情况(左半部分),以及目标点 $A$ 在基本投影面上投影点 $a$ 的图面情况(右半部分),两者是一一对应的:左半部分决定了右半部分,而右半部分则以图面正确的三向对应关系(正、平和侧面)真实且完整地反映了左半部分。

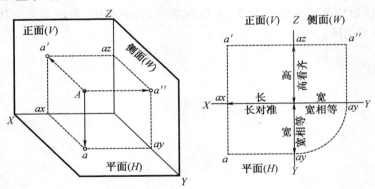

**图 2-1 点投影规定**

在工程应用中,对实际存在的目标物的测量、绘图描述,叫作测绘;对实际并不存在的目标物的图面虚拟描述以作为实际生产这一目标物的依据,叫作设计。无论测绘还是设计,依正投影规定的三向正确对应投影图都能真实且完整反映目标物(包括目标点)的空间几何位置。对于测绘,重要的是依据投影原理不遗漏地正确测量并投影绘图(即测绘作业);而对于设计,则由于目标物的并不实际存在,必须以投影原理绘制勾勒出投影图来描述虚拟的设计目标物(即图面作业或图面投影作业)。因此,由图面作业理解并掌握设计目标物是工程技术人员必需的基础技术能力,即常说的读图、识图和空间理解能力。

基于实际工程应用,本课程的全部内容,包括本章的点投影,以及后面的线投影、面投影,以及这些投影具体应用的展开、求相贯线等,均为图面投影作业,读者应理解并掌握这些图面作业所对应的目标物,以锻炼并提高自己的读图、识图和空间理解能力。

就图面作业而言,单独点的投影十分简单:一是对轴线的垂直投影(决定于正投影的"正"规定);二是"长对正"、"高看齐"、"宽相等"这三条规定,如图2-1所示。但是,单独点的投影并无实际意义,在实际的工程应用中经常是多点的组合。由不同点在目标物的不同位置,以及各点之间的相互关系,在具体的工程制图中,正确辨识点并加以正确投影也并非易事,必须要有熟练的点投影基本功。

## 2.2　概念与定义

本章内容展开前,我们先定义一些基本概念和特定术语,以清晰描述工程制图中进行投影的基本规律、方法而不致混淆。

(1)特征点　系反映目标物特征以及处于此目标物某些特定位置的特殊点。如中心点、中线点、端点、轮廓交汇点、转折点、分界点、界面转点、面投影线的交汇点等。在本课程中,所有特征点均以字母加以命名,如点 $a$、点 $a'$、点 $a_1$ 等。

(2)辅助点　系特征点外,有助于投影完成形成视图所必须添加的点。如为曲线的形成而加入的插入点等。在本课程中,辅助点均以数字加以命名,如点 1、点 $1'$、点 $1_1$ 等。

(3)可见点　即在视图上看得见的点。按特征点与辅助点的区别,直接以字母或数字加以命名。

(4)遮蔽点　即在视图上被目标物本身遮蔽而看不见的点,亦可称不可见点。同样按特征点与辅助点的区别,以字母或数字加括号加以命名,如点(a)、点(1)等。

(5)投影目标　为一特定线段,是待投影点的投影必在其上的可确定线段(轮廓线、交汇线、辅助线等)。这一目标线段的所在视图面即为目标视图,可为正面图,也可为平面或侧面图。显然,目标视图肯定不是待投影点的所在视图面。

(6)辅助线　为正确投影(或展开)而必须添加的线条,为必要的辅助投影目标。

(7)直接投影　在待投影点对应的目标视图上,能同时明确其投影目标和在此投影目标上的投影位置,因而能对目标视图直接完成的投影被称为直接投影。

(8)间接投影　在待投影点对应的目标视图上,只能明确其投影目标,而其在投影目标上的投影位置只能先行由第三视图的直接投影而间接获得。这种须经第三视图投影而无法直接完成的投影,称为间接投影。

后面的课程将要讲到的各种投影方法、构件的展开,以及不同目标物相交时相贯线的求取等都离不开点的投影。点投影时不仅要掌握"长对正"、"高看齐"、"宽相等"的基本投影规定,更重要的是就具体目标物分析投影点的对应投影目标。如果不能找出正确的对应投影目标,就无法确定目标视图,点的"长对正"、"高看齐"和"宽相等"的准确依据就会丢失、无所依靠,投影作图也就无法完成。

实际上,工程投影作业的最终目的就是展开求目标物的真形。而其间的过程目的,就是正确确定投影目标——点投影的准确位置。

对于简单目标物,其在三视图中的投影目标关系非常简单、直观,一目了然。而对于工程中小如机械零部件,大如船体结构件等经常具有复杂形状的目标物,待投影点的投影目标经常需要经过仔细的分析才能找到。所以,在点的投影中,分析点的对应投影目标特别重要。所谓熟练的点投影基本功,本质上就是对在各种位置上各点的对应投影目标的熟练把握与确定。

# 2.3　点投影实例

实例 2 – 1：画出半圆柱切去部分的平面投影（图 2 – 2）。

分析：目标物为半圆柱体，沿柱体长度方向，在其平行于端面任何位置上的切入面（即剖切面），其左视图的投影都与其原端面左视图的半圆轮廓线投影重合。也就是说，在它半圆表面上任何位置的点，都必在其侧面左视图中的已确定的半圆轮廓线上，可以直接投影。根据这一特性，我们以此半圆柱体侧面左视图的半圆轮廓线为投影点的对应投影目标，即以侧面图为目标视图。

作图步骤如下（图 2 – 3）：

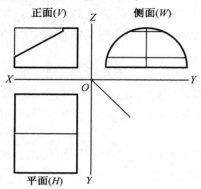

图 2 – 2　画出半圆柱切去部分的平面投影

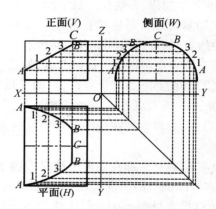

图 2 – 3　实例 2 – 1（解）作图步骤

（1）根据作业要求，以剖切面的端点和交汇点为特征点（即正面点 A，B，C），以高看齐的规定向侧面直接投影，分别与侧面半圆投影轮廓相交于同名的点 A，B，C 五点（其中，A，B 为对称的两点），即为正面已知点 A，B，C 在侧面的五点投影。

（2）根据宽相等、长对正的规定投影至平面，在平面得同名点 A，B，C 五点投影（正面对平面的投影即为经侧面的间接投影）。

（3）因为线段 A – B 在正面图是直线，在侧面图上是圆弧，所以 A – B 在平面图上必定是曲线。而平面图上仅 A，B 两点，只能连成直线而非曲线。所以必须在线段 A – B 上插入更多的辅助点，以准确确定线段 A – B 在平面图上的曲线形状。为此，将正面图上的线段四等分，得到点 1，2，3 三点（加密点子）。

（4）如同点 A，B，C 三点的投影，正面图上的点 1，2，3 三点可直接投影到侧面图上，得同名 1，2，3 的六点投影。

（5）重复步骤（2），在平面图上得同名点 1，2，3 的六点投影。

（6）光滑连接平面图上点 A，1，2，3 和 B，得两条对称曲线，再连接 B – C – B 为直线，组成一个封闭的图形，即为我们所求半圆柱切去部分的平面投影视图。

说明：所形成的图形为所切部分的平面投影视图，而不是这一剖切面的真形，读者可进一步思考。

要点：

（1）由于作业要求的投影点无法在平面图上直接投影得出（只有长度条件而缺乏必要

的宽度条件),对平面图的投影只能是通过第三视图(本作业的情况下为侧面图)的间接投影。因此,本投影作业的目标视图不能是平面图。

(2)而对于侧面图,宽度条件可由已知的高度条件和半圆轮廓直接求得,因而侧面图符合目标视图的要求,侧面图上的半圆轮廓线就是本作业的对应投影目标。

(3)经分析后确定了侧面图为目标视图,所以必须以侧面图为目标视图先行直接投影。在侧面图上得到作业要求各相关点的投影后,结合正面图的已知点(包括特征点、辅助点),就可以根据长对正、宽相等的投影规定得到平面图上的投影点(也就是对平面图的间接投影),最终完成剖切面的平面投影视图。

(4)对于曲线段的形成,必要时可用插入辅助点(即加密点子)的方法:在线段两端的特征点间插入适度的辅助点,以形成准确的曲线形状。至于辅助点的密度,由实际需要平衡决定:点子越密,精度越高,但作图工作量也就越大;相反,点子越稀,则精度越低,作图工作量则也相应减小。辅助点插入的平衡原则:保证作图精度前提下的最小作图工作量。

实例 2-2:圆锥体剖切后的侧、平面投影(图 2-4)。

分析:目标物是正圆锥体,其任一水平面位置剖切面的平面投影都是同一圆心而大小不等的圆:从上到下,由小到大的同心圆,它们准确地描述了圆锥体各水平剖切面的外轮廓线,是本作业中的可确定线。同前例,这一特性决定了平面剖切圆投影是本作业的基本对应投影目标。另外,由三视图的投影规定和圆锥体的特性,其正面的三角形外轮廓线必为其平面过圆心的水平中线和侧面的中线;而侧面的三角形外轮廓线,则必为其平面过圆心的垂直中线和正面的中线,此特性决定了在一些特殊位置上,投影目标的可变。

作图步骤如下(图 2-5):

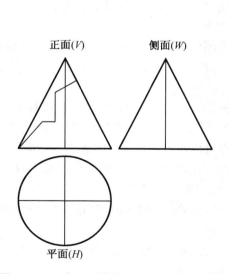

图 2-4  画出正面锥体切四刀的侧平面投影

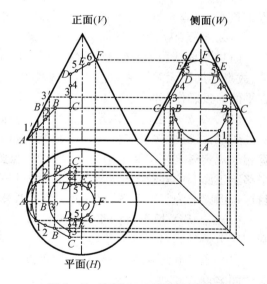

图 2-5  实例 2-2(解)作图步骤

(1)标出正面特征点 $A,B,C,D,E,F$(点 $E$ 为特征点,是由于它处于正面中线的特殊位置)。

(2)因为线段 $A-B$ 必为曲线,如同前例插入辅助点(加密点子):将正面线段 $A-B$ 三等分,得点 1 和点 2 两点。

(3)点 $A$ 的投影目标十分清晰:如上述的分析,它必在平面的中线和侧面的底面(底面在平面为最大外圆;在侧面则为底线)上,所以无论哪个视图,均可实现直接投影。也就是平面、侧面都可以作为目标视图。我们分别将点 $A$ 直接投向平面和侧面的中线,得同名点 $A$ 投影。

(4)由于点 1 的位置不在正面的外轮廓上,所以不能直接套用圆锥体的同心圆方式,只能以辅助线的形式:将点 1 平移至外轮廓边线上得点 $1'$,以平面为目标视图,用同心圆方式决定点的落点范围,按长对正规定在目标视图(即平面)上实现直接投影。具体步骤:过正面点 1 向左作水平辅助线交锥体轮廓于点 $1'$。将点 $1'$ 投影到平面水平中线得同名点 $1'$。以 $O$ 为圆心、$O-1'$ 为半径作圆,并将正面点 1 按长对正规定向平面投影,交所作圆于两个对称同名交点 1,即为正面点 1 在平面的投影。

(5)重复(4),求出点 2 在平面的投影。

(6)如同步骤(4)的辅助线方式,延长线段 $C-B$ 与锥体相交于 $B'$,将其投影至平面中线上得同名点 $B'$。同样以 $O$ 为圆心、$O-B'$ 为半径作圆,将 $B,C$ 按长对正规定投影至该圆,相交得同名 $B,C$ 四点。

(7)直线连接平面 $B-B$ 和 $C-C$(读者可思考 $B-B$,$C-C$ 何以为直线),而 $B-B$,$C-C$ 两直线间的圆弧就是正面线段 $B-C$ 在平面上的投影。

步骤(6)、(7)说明:正面点 $B$ 和点 $C$ 在同一水平面上,故其在平面的投影必为一段圆弧。如同步骤(4),步骤(6)为确定圆弧在平面具体位置的必要步骤。

(8)正面直线 $C-D$ 在平面也是直线,而在侧面则必为曲线(读者可思考其理由)。同样,加密点子,在正面将直线 $C-D$ 三等分,得 3,4 两点。

(9)按(4)的方法,在正面过点 3 作水平线与锥体交于点 $3'$,投影到平面中线上得同名点 $3'$ 投影,以 $O$ 为圆心、$O-3'$ 为半径作圆,交直线 $C-C$ 于两个对称同名交点 3 投影。

(10)重复(9),得出正面点 4 和 $D$ 在平面的投影。

(11)正面线段 $D-E$,$E-F$ 情况同线段 $A-B$,由于 $D-F$ 本为一条直线,点 $E$ 已将其等分,故点子加密无需过密,故分别将线段 $D-E$,$E-F$ 二等分,得 5,6 两个插入辅助点,它们在平面的投影作图同步骤(4)的点 1。

(12)点 $E$ 落在正面中线上,故其必在侧面外轮廓线上,故以侧面为点 $E$ 的对应投影目标。所以,按高看齐规定将点 $E$ 投影至侧面外轮廓上,得两个同名点 $E$ 投影,再按长对正、宽相等规定得到平面两个同名点 $E$ 投影(当然,也可以按前述点 1 等的方式以辅助线将点 $E$ 平移至正面图的外轮廓得点 $E'$,而后投影到平面作圆,再确定点 $E$ 的平面投影。这时投影目标视图就成为了平面图,但显然较直接投影于侧面繁杂)。

(13)点 $F$ 的投影目标非常清晰,可以直接投影到侧面和平面的中心线上,分别在平面和侧面上得到同名的点 $F$ 投影。

(14)有了正面和平面的投影,就可以根据高看齐、宽相等规定投影至侧面,得到侧面相应的同名点。

(15)依次连接平、侧面点 $B,2,1,A,1,2,B$ 和点 $D,5,E,6,F,6,E,5,D$ 完成作图。

要点:

(1)如同前例,点的投影须依对应投影目标先行求得。而对投影目标的选取,应根据实际情况予以确定。在本例中,点 $E$ 位置决定了它的目标视图以侧面为宜;而对其他点,平面剖切圆则为可确定线,是本作业的对应投影目标。故以平面为目标视图。目标视图的确定原则:首先就是有可以直接投影的已确定或可确定线段,其次则是简单、快捷。需间接投影以完成的投影视图不能作为目标视图。

（2）对一些特殊的点，如点 $A$, $E$, $F$，由于它们的对应投影目标直接、简单、令人一目了然，可以任何视图为目标视图进行直接投影。

实例 2-3：求出正六棱锥表面上的点的其他两个视图投影（图 2-6）。

要求：作出正六菱锥表面上点 1，2，3 和 4 的其他两个投影视图。

作图分析与步骤（图 2-7）：

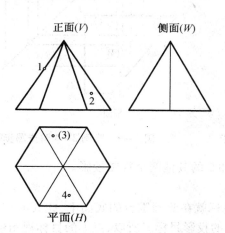
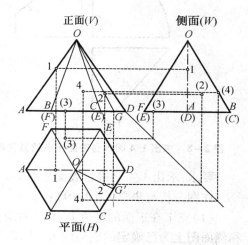

**图 2-6　求出正六棱锥表面上点的其他两个视图投影**　　　**图 2-7　实例 2-3 作图步骤**

（1）点 1 在正面 $O-A$ 棱线上，它的对应投影目标就是 $OA$ 棱线。而平面与侧面都清晰地显示出 $O-A$ 棱线，所以平面、侧面均可作为目标视图，即点 1 可以直接投影到这两个视图的 $O-A$ 棱线上。

（2）作业中，点 2 为正面 $OCD$ 上的可见点，它的投影目标在面 $OCD$ 上。由于面 $OCD$ 可在平面图而无法在侧面图上清晰把握，故点 2 只能直接投影于平面，即点 2 的目标视图为平面。为找出平面点 2 的对应投影目标，我们先在正面 $OCD$ 上作辅助线 $O-G$：过点 2 连接点 $O$ 并延伸至底边与 $C-D$ 相交得点 $G$。将 $G$ 点投影到平面相应的 $C-D$ 底边上得点 $G'$，再连接 $O-G'$ 即为直线段 $O-G$ 在平面的投影，显然，经辅助投影确定的直线段 $O-G'$ 就是点 2 的对应投影目标。将正面图上的点 2 按长对正规定投影到 $O-G'$ 上得平面的点 2 投影；最后，将正面点 2 按高看齐规定、平面点 2 按宽相等规定投影到侧面得到点 2 侧投影视图（注意，侧面点 2 不可见，故需加带括号）。

（3）点 3 为平面不可见点，就本作业，说明点 3 在此正六菱椎的底面上。而这一底面在正面和侧面的投影视图均为底边，它的对应投影目标就是这两个视图的底边线。所以，点 3 可以任一投影面为目标视图，直接投影到对应的底边 $A-D$ 与 $E-C$ 上。由点 3 在正面、侧面上同样的不可见，它在这两个视图上的投影也需带括号。

（4）点 4 在平面上的面 $OBC$ 上是可见点，它的投影目标就在面 $OBC$ 上。而面 $OBC$ 在侧面恰恰就是已确定的线段棱线 $O-B$（与 $O-C$ 重合），故点 4 的对应投影目标就是侧面棱线 $O-B$，其目标视图就是侧面图。点 4 可以按宽相等规定直接投影到侧面线段 $O-B$（即 $OBC$ 棱面）上，其交点即为点 4 的侧面不可见投影；再将点 4 按侧面高看齐、平面长对正，即可得到正面的点 4 可见投影视图。

实例 2-4：求出 1/4 圆锥台表面上点的其他两个视图投影（图 2-8）。

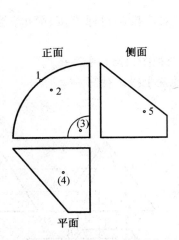

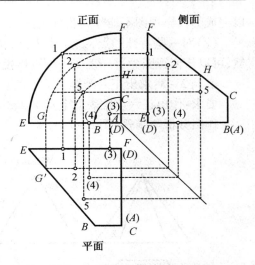

**图 2-8　求出 1/4 圆锥台表面上点的其他两面投影**　　　**图 2-9　实例 2-4 解作图步骤**

要求:求出 1/4 圆锥台表面上点 1,2,3,4 和 5 的其他两个视图投影。

作图分析与步骤(图 2-9):

(1)点 1 在正面的底边上,它的对应投影目标就在此圆锥台的底面上,此底面在平面图和侧面图上为已确定的底边线 E-F,即为点 1 的投影目标。所以,点 1 的目标视图可为平、侧两面的任一面,可以直接投影到平、侧两面的这两条底边线上。

(2)点 2 在正面的圆锥面上,所以它的对应投影目标就是对应同心圆可确定的高度投影线。无论平面、侧面,均可以辅助线的方式确定点 2 的投影目标而进行直接投影,故点 2 投影的目标视图可为平、侧面的任何一面。以平面作为目标视图的作图步骤:以正面图的 A 为圆心,A-2 为半径作圆与 B-E 相交得交点 G(就本作业,此圆弧在侧面上为一垂直线;在平面上则为一水平线)。按长对正规定投影到平面的线段 B-E(即为锥台的平面圆弧表面轮廓投影),得交点 G'。过点 G'作水平线(决定了点 2 在平面的宽度位置),按长对正规定将正面点 2 投影到该水平线上得平面的点 2 投影;再将点 2 按平面宽相等、正面高看齐规定投影到侧面得侧面的点 2 投影(先投侧面再投平面的步骤与之类似)。

(3)点 3 为正面的不可见点,说明它在此锥台的底面上。同前例,它的对应投影目标就在锥台底面上,为此面在平、侧两面的已确定的投影底线 E-F。所以,点 3 可以直接投影到平、侧两面的对应底边线 E-F 上,均为不可见点(点 3 的目标视图为平、侧两面的任何一面)。

(4)点 4 为平面图上的不可见点,即它不在锥台的斜弧面而在侧平面 ABED 上,其投影目标就是面 ABED 在正、侧面图上已确定的投影底线 ABED,所以点 4 投影的目标视图可为正、侧两面的任何一面,直接投影即可(均为不可见点)。

(5)点 5 在侧面图上为可见点,它在圆锥台的斜弧面上。圆锥台同圆锥体,平行底面的剖切面为一组不同大小的同心圆,半圆锥台/体、1/4 圆锥台/体等非整圆体,则为同心圆弧,其投影则按不同的视图为一组相互平行的水平线或垂直线。因此,在斜弧面上的点,其投影目标必然是正平圆或正平线。而对本作业,圆反映于正面上,故本题点 5 的投影应为正面的可确定圆弧线,其目标视图当为正面图。过点 5 作垂线与 C-F(斜弧板在侧面的投影线)相交得 H 点,按高看齐规定将 H 点投影到正面 C-F 上得交点 H'点。以正面 A 为圆心,

以 $A-H'$ 为半径作圆(作出点 5 在正面的长度范围),再按高看齐将侧面上的点 5 投影至该圆上得正面的点 5 投影。而后,按正面长对正、侧面宽相等的规定将点 5 投影到平面,完成平面的点 5 投影。

# 2.4　本　章　小　结

点投影并不难,只要按长对正、宽相等和高看齐的规定进行投影作图即可。但在实际工程应用中,有些点的投影就并不简单,如本课程后面讲到的求相贯线、展开等。求相贯线,实际上就是求相贯点,将所求出的相应相贯点连接起来即为所求相贯线,展开亦如是。在求一些如相贯点等特殊点时,点投影的目标分析与目标视图确定,其作用非常重要,它决定了作业的难易甚至成败。所以,点投影的技术关键在于对点的对应投影目标的分析与破解,找出合适的目标视图。无法分析投影目标,找不出目标视图,就像人迷路找不到家一样,点子也就无从投影;正确地找到了点投影的目标和目标视图,点投影就有了方向,再也不难了。

投影目标是整个投影与展开的根本依据,也经常是整个投影、展开作业的重要过程目的,后面的课程会进一步介绍:投影与展开作业,从不以尺寸为依据,而是以对投影目标的投影结果为依据。因此,投影目标的概念非常重要,是本章的重点,也是本课程的重点。

可以说,作图者分析、破解点投影对应投影目标和确定目标视图的能力高下,决定了此作图者点投影技术、技巧的熟练程度。除了基础的图面作业与实际(或虚拟)目标物的空间联想能力,分析、破解点投影的对应投影目标,并确定其目标视图的能力之外,也是一个工程技术人员读图、识图的重要能力之一。读者当以本章的例题为例,勤加练习,在实际的制图工作中不断思考,积累经验,真正把握对投影目标的分析与破解,快速准确地确定目标视图。

# 第3章 线 投 影

## 3.1 线投影与点投影

点移动成线,点投影的全部规定完全适用于线的投影。线投影,实际上就是一组点的投影:如直线段 $A-B$ 的投影实际上就是点 $A$ 和点 $B$ 的投影再相连,面的投影也同样如此。

如前所述,工程制图的最终目标就是求取目标物的真形。线投影,其最终目标也就是要求得线段的真形,包括其实际长度(实长)与实际形状。目标物主要由不同的面构成,而面则是由各种线段组成的封闭图形。所以,如同点投影是线投影的基础一样,线投影是展开以求取目标物真形的基础。

然而,点无形而线有形:点无大小、无形状;而线虽无粗细,却有长短、有形状:直线、折线、曲线、圆弧线等。因此,不同于作为基础的点投影,线投影有着许多点投影所没有的特性。不同的线段有不同的特性,了解线投影的特性与特征,有利于对线段视图是否真形的判断,便于采用合适的方法求取线段的实长。

本章内容就是详细介绍线投影的特性与特征,结合工程应用实例介绍各种求取线段实长的方法。

## 3.2 线段与线段的分类

线有形,从而使线段有的不同的种类:直线、折线、曲线、圆弧线等;平面线段、空间线段等。我们所说的线段,包含了以上的所有种类,意为任意线段。为便于线段实长的求取,有必要对线段进行分析后分类。

由对线段的分析,按线段的形状,可分为直线段与曲线段两种(折线实际上是直线的组合,可归类于直线;圆弧则归于曲线类,为曲率恒等的特殊曲线,而任意曲线则由曲率不等的圆弧连续构成);按线段所占据的空间位置情况,则可分为平面线段和空间线段两种。由于直线一定在一个平面中,所以对线段的分类最终得出直线段、平面曲线段和空间曲线段三类,如图 3-1 所示。

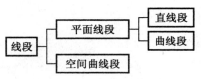

图 3-1 线段的分类

与点投影相同,本章的全部内容均为线投影的图面投影作业,读者应当从线段的投影图面特征中理解并掌握其所表达的实际(或虚拟)目标线段在投影体系中的空间状态。

如同我们在第一章所论及的工程简化处理,相当部分的曲线段可以直线段组加以近似拟合(也有部分曲线可以用展开的方式求实长,这在下面的课程中会进一步介绍),而空间线段也可以平面线段近似拟合或展开成平面线段。所以,在线投影中,直线的投影及其特性、特征是第一重要的。

# 3.3　基本术语和定义

为便于叙述与理解,我们在此定义一些基本术语。

(1)真形　目标物真实的实际尺度与实际形状。

(2)实形　真实尺度目标物的平面形状:平面目标物时即实形;空间目标物时则为真形的平面展开形,加工前的下料依据。

(3)实长　系目标物唯一的实际长度,一般用于线段。

(4)实长线　仅仅反映目标物实长的线。

(5)真形线　同时反映目标物真实形状的实长线。

(6)投影长　系目标物经投影后的视图长度,亦称视图长,一般用于线段。投影长可能就是实长,也可能较实长缩短,其长短变化决定于目标物的投影位置。

(7)投影线　线段投影在视图面上形成的线段视图。

(8)变形　由目标物不平行于投影面,而使投影形状产生单维或二维缩小的情况。

(9)积聚　系变形的极端特例,由目标物垂直于投影面投影而导致其投影变形成一个点(直线的垂直投影)或一条直线(平面线段或平面的垂直投影,后面论及)、线段(柱面等的垂直投影,后面论及)的情况。前者称为积聚点,后者称为积聚线。对直线段、线段的积聚性判断,本质上就是对目标物是否垂直于此直线段或线段所在投影面的判断。

# 3.4　直线段的真形投影特征

对直线段的真形而言,表述的就是直线段的实长线或真形线。根据直线段在三视图中的具体位置不同,可形成平行态、垂直态和非平行态三种情况,其真形投影各有自己的特定特征。

## 3.4.1　平行态

即直线段平行于某一投影面而倾斜于另两个投影面的情况。此时,平行于投影面上的投影线即该直线段的实长线;而在另两个投影面上的投影线则为平行于 $X$ 轴或 $Y$ 轴的直线段,但这两条投影线都不是该直线段的实长线而有所缩短(线段投影的缩短变形),如图 3-2 所示。

如图 3-2 所示,平行于正面的直线段称为正平线,平行于平面的直线段称为水平线,平行于侧面的直线段称为侧平线。

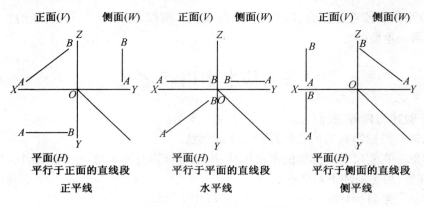

图 3 – 2　各种平行态直线段

### 3.4.2　垂直态

垂直态即直线段垂直于某一投影面时的情况。按三视图的国标规定,此时的直线段必同时平行于另两个投影面。实际上,直线段的垂直态为其特殊的平行态(但线段或平面垂直于某一投影面时,则并不一定平行另两个投影面)。

此时,直线段在垂直投影面上的投影就缩(积聚)成一点,我们称此点为直线段 $A - B$ 在这一投影面上的积聚点。而在另两个投影面上的投影线就必平行于 $X$ 轴或 $Y$ 轴,且为该直线段的实长线,是直线段的特殊平行态,如图 3 – 3 所示。

如图 3 – 3 所示,垂直于正面的直线段称为正垂线,垂直于平面的直线段称为铅垂线,垂直于侧面的直线段称为侧垂线。

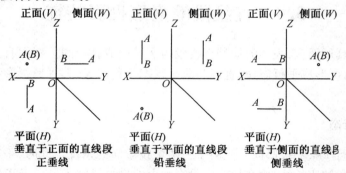

图 3 – 3　各种垂直态直线段

### 3.4.3　非平行态

当直线段与三个投影面都不平行(即为任意状态)时,那么此直线段在三个投影面中的投影线均为不平行于轴线的斜直线,且非原直线段的实长线而都发生了缩短变形现象,如图 3 – 4 所示。

由上述对空间任意直线段在三视图系统中三种不同位置状态下的投影、投影线、投影长及实长线的讨论、分析,我们可以得出直线段真形投影的如下三条投影特征:

(1)真形性　凡与投影面平行,所得投影线就直接反映了此直线段的真形线;

(2)积聚性　凡与投影面垂直,所得投影线就不再是直线,而积聚成一个点(积聚点);

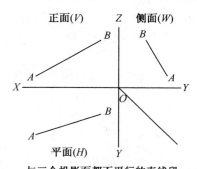

与三个投影面都不平行的直线段

图 3-4 非平行态直线段

直线段的积聚性特征非常有用,特别是它的逆运用:当我们判断出某一视图面点的积聚性,即可在另外两个视图面的任一面得到产生该积聚点投影的目标直线段的真形线。

当目标物非直线时,垂直投影就积聚成线段(称为"积聚线",或为积聚直线,或为积聚线段)而非点:目标物为线段或是平面的情况下,积聚为一直线段;目标物为柱面时,积聚成一条等同于柱体端面轮廓真形的线段;目标物为锥体/台面时,积聚线就是随其不同横剖面位置的不同大小但却同心的平移线段,为目标物在此横剖面上的轮廓真形——后面的课程还将详细介绍。

(3)收缩性 凡与投影面不平行,所得投影线均为斜直线,且为该直线段缩短了的变形线而非它的实长线。

# 3.5 直线段实长及其求取方法

就线段而言,实长是其真形的重要组成部分,也是实际目标物展开过程中必不可缺的,求不出实长线就无法作出目标物的展开图。可以说,求取线段的实长,即求取线段的实长线,就是线投影的最终目的。

求取线段的实长俗称线段伸长,因为除平行于投影面情况下的真形性特征外,线段的投影线总是收缩变形的。由我们对线段分类的讨论,对线段的求实长基本可以归于对直线段实长线的求取和对曲线段实长线以展开方法的求取,在具体的工程应用中以求取直线段实长的情况居多。所以在本章中,我们重点介绍的是求取直线段实长线的几种方法。

根据直线段真形的投影特性,在直线的三向投影中,依据真形性特征,只要平行于投影面,其投影线均为实长线,可直接取用;依据积聚性特征,就可在积聚点所在投影面外的另两个投影面的任一面直接以其投影线为实长线;而依据收缩性特征,凡不平行于投影面的则均为缩短变形了的投影线,必须以各种伸长方法以得它的实长。

伸长投影线以求直线段实长线的基本原理非常简单:一是在直角坐标系下,以直角三角形的勾股弦定理为基础直接求取空间直角三角形斜边的直线段实长(直接求直线段实长);二是设法变换目标直线或投影面位置,使之相互平行,以得到它的真形投影直接取用(变换求直线段实长)。

## 3.5.1 直接求直线段实长的方法

实际上,由于三视图采用的是直角坐标系统,所以三视图空间中的任意直线段,均可以其两个端点在直角坐标系规定的 $X,Y$ 和 $Z$ 三向坐标中构成一个空间直角三角形。此时,此直线段即为此三角形的对角斜边,如图 3-5 所示的空间直线段 $A-B$。

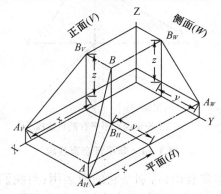

**图 3-5　空间任意直线段及其投影关系**

按空间直角三角形的几何特性,斜边长度(即直线段实长)为 $AB = \sqrt{x^2 + y^2 + z^2}$ (勾股弦定理)。其中,$AB$ 为斜边长(直线段实长);$x$ 为直线段在平面图或正面图上投影的长度差;$y$ 为直线段在平面图或侧面图上投影的宽度差;$z$ 为直线段在正面图或侧面图上投影的高度差。

在图 3-5 中,就空间直线段 $A-B$,还分别给出了它在正、平和侧面的投影线 $A_V-B_V$、$A_H-B_H$ 和 $A_W-B_W$,其中,投影长 $A_V-B_V$ 即 $x^2+z^2$,$A_H-B_H$ 即 $x^2+y^2$,$A_W-B_W$ 即 $y^2+z^2$。

特别提请注意的是投影长与投影的长、宽、高度差间的区别:前者是直线段在投影面上的平面直角三角形的斜边长,构成空间直角三角形的一条直角边;而后者则为其在相应投影面上投影线的两端坐标差,为这一空间直角三角形的另一条直角边。

勾股弦定理能快速、正确地计算出直线段的实长,是工程展开各种方法的基础:不管使用何种方法,总是通过这一定理进行直线段的最终求解。

这样,在三视图系统中求取任意直线段的实长,首先就是判断此直线段在各视图面上投影线的真形性质;对收缩的直线段投影,要清晰地判断、辨别出它的投影长对应着空间直角三角形的哪一直角边,以免伸长作业时的混淆出错。

1. 直角三角形作图法

此方法就是上述空间直角三角形勾股弦定理的作图应用:以空间直线段在某一投影面 $P$ 上的投影长为一条直角边(通常设为水平边,在图 3-5 中,我们示以直线段 $A-B$ 的平面投影长 $A_H-B_H$,即 $x^2+y^2$),将其在另一投影面上投影线两端的坐标差作为另一直角边(通常设为垂直边,在图 3-5 中,我们示以直线段 $A-B$ 的侧面高度差 $B_W-C_W$,即 $z$),所形成的直角三角形的斜边长即为该空间直线段的实长线,而此斜边与其水平边(即投影长)的夹角(图 3-5 中的 $\angle\alpha$)即为该空间直线段与投影面 $P$(图 3-5 中的平面 $H$)的倾角。

具体作图法如图 3-6 所示。在图面的任意空白处绘制伸长线图:作两条相互垂直的直线作为两条待定直角边;量出平面投影线的投影长(即 $A_H-B_H$)移到水平线上为水平直角边,再量出正面对应投影线的高度差(即 $z$)移到垂直线上为垂直直角边,所形成的直角三角形,其斜边就是目标直线段的实长线(见伸长线图-1)。

也可以正面投影长为水平直角边,平面对应宽度差为垂直直角边组成直角三角形,其斜边也同样是该目标直线段的实长线(见伸长线图-2)。

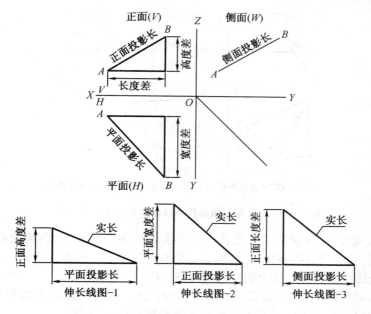

**图 3 - 6  直角三角形作图法求实长线**

当然,也可以用正 - 侧面等组合进行作图求实长,几种方法求得的实长线完全相同,原理就是勾股弦定理。

由于这一方法作图随意简便,可将之称为简易作图法,简称作图法。

对直线而言,两个投影面足以反映出它的全部信息,因此在作图法中往往省略第三投影面。一般地,前面最先介绍的平面投影长 + 正面高度差方式(即伸长线图 - 1 的所示方式)最易理解,也最直观,在工程应用中使用最多,而通常省略的往往是侧面。

实例 3 - 1:用作图法求取折角肘板的各边长(图 3 - 7)

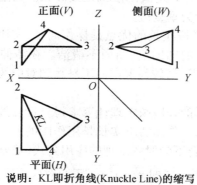

说明:KL 即折角线(Knuckle Line)的缩写

**图 3 - 7  折角肘板**

分析:由折角肘板三视图的正面或平面,直线段 1 - 2 为侧平线;同样,直线段 1 - 4 为正平线,直线段 2 - 3 则为水平线。所以,此三段直线段的实长线可由它们的真形投影分别在侧面、正面和平面上直接取用。而直线段 2 - 4 和 3 - 4,其与三个投影面都不平行,所以它们在三个面上的投影均非实长而有收缩变形,需伸长求得它们的实长线。

求实长的作图步骤如下(图 3 - 8):

(1)在图面任一空白处作求实长线图。

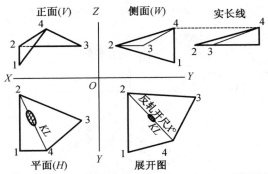

说明：━●为折角线KL的施工用加工符号X°需放样求出

**图3－8　用直角三角形作图法求折角肘板的各边长**

（2）量取直线段2－4的平面投影长置于求实长线图的水平线上；再量取2－4的正面高度差置于求实长线图中的垂直线上，构成一个直角三角形。斜边直线段2－4即为目标直线2－4的实长线。以同样方法求得目标直线3－4的实长线。

（3）进一步地，用已知的三条实长线和两条伸长线求得的实长线作出两个三角形，即为此折角肘板的展开图，具体的展开方法在第5章的展开中详细介绍。

展开图折角线工艺标识说明：反轧，指向下折角（向上则为正轧）；开尺，折角大于90°（小于90°称拢尺，等于90°则称角尺）；所附角度（X°）系由展开法得到的实际折角加工角度，后将详述。

本题要点：

（1）首先就是依据直线段的真形性投影特征，分析哪些直线段的投影线为其真形以直接取用。

（2）必须注意的两直角边选取时的差异：一条必是投影长（即$\sqrt{x^2+y^2}$），另一条则必须是长、宽或高度差（即$z$），除非这一差值恰恰就是投影长。为避免混淆，通常将投影长设为水平边，而将长、宽或高度差设为垂直边。

直角三角形作图法求直线段实长的优点是操作简单、实用，可以在图面任意空白处作图求实长。但缺点是需作必需的辅助线，图面不清洁。在需伸长求实长线太多（在船体的肋骨线形图中经常遇到）的情况下，较易混淆而不易找到对应线段。

2. 计算法

计算法就是按直角三角形的勾股弦定理计算求得目标直线段的实长线，为直角三角形作图法的计算变形。直角三角形作图法求实长是用作图的形式，而计算法求实长则使用计算公式。以下就是正、平面组合下勾股弦定理的应用公式（通常省略侧面）：

公式1：实长 $=\sqrt{\text{平面投影长}^2（即x^2+y^2）+\text{正面对应高度差}^2（即z^2）}$

公式2：实长 $=\sqrt{\text{正面投影长}^2（即x^2+z^2）+\text{平面对应宽度差}^2（即y^2）}$

用计算法求取长度的优点是：图面清洁，对应关系一目了然，特别是在须伸长求的实长线很多的情况下，计算法优于用直角三角形作图法。

例3－2：用计算法求取板缝（符号：MYM）间区域的艏部舷墙板展开伸长线（图3－9）

分析：作业要求就是要求取目标物轮廓的实长线。本题目标物是一块艏部的曲面舷墙板投影视图，其板缝边界线段也均为曲线而非直线。这里，我们以折直线段组拟合替代这些曲线。并且，由于目标物为曲面，我们采用工程近似的方法，将其分解成若干小平面三角形以接近拟合。这里，将舷墙ABCD的下口曲线A－D六等分，然后过等分点在水线面图上

作曲线段 $B-C$ 的垂线,得到 13 个小平面三角形(图3-10),并作好标识,然后用计算法求出这些小三角形的实际边长(即实长)。

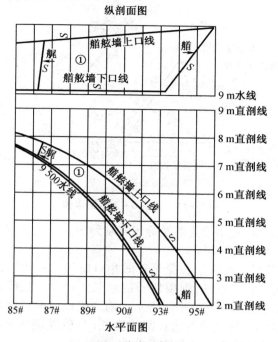

图 3-9　艉部舷墙板一

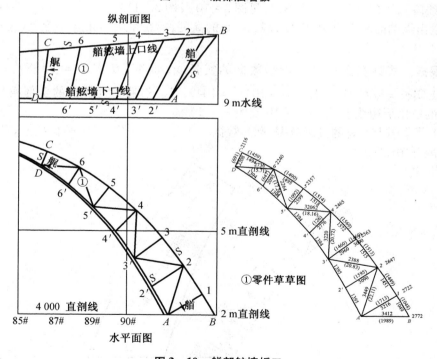

图 3-10　艉部舷墙板二

在船体制图中,正面图通常称为纵剖面图;平面图通常称为水线面图;而侧面图则通常称为横剖面图。

具体步骤(图 3 – 11):

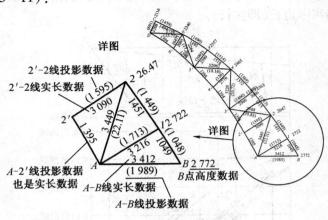

**图 3 – 11　实例 3 – 2 作图步骤**

(1)将平面投影轮廓线、三角形连线及标识复制到图面空白处,作为零件草图供放样计算实长线用。

(2)将平面所有三角形的投影边长量至草图相对应的位置线上,并判断该尺寸是否为实长线。若是,可直接取用;若不是,则用括号括起来供计算实长线用。由纵剖面图,舷墙下口线 A – D 是水平线,即线段 A – D 平行于水平面。按线段的投影特征,其在水平面的投影长,也就是水线面图上 A – D 间的各边长都是实长(尽管线段 A – D 为曲线,但由于六等分后的折线组已可足够精确地接近拟合这一曲线,故线段 A – 2′、2′ – 3′至 6′ – D 的线段均可看作直线段),不用括号可直接取用(见图 3 – 10 及图 3 – 11)。

(3)量出纵剖面图上点 B,C 及 1,2,…,6 的高度,标在草图的相应位置上(见图 3 – 10 及图 3 – 11)0

(4)根据公式计算出括号里投影数据的实长线,如 A – B 实长 $= \sqrt{1989^2 + 2772^2} = 3412$;B – 1 实长 $= \sqrt{(2772 - 2772)^2 + 1048^2} = 1049$,等。然后将计算出的全部实长线数据标在相应的三角形边线上(见图 3 – 10 及图 3 – 11)。

(5)将草草图上所有的投影数据、标高数据和所有标识去除,只留实长数据。作为下料草图供画展开图(图 3 – 12)。

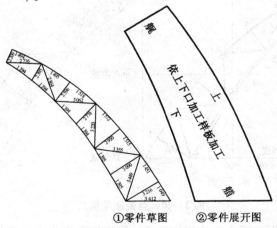

①零件草图　　②零件展开图

**图 3 – 12　下料草图**

（6）展开对应草图上每个三角形的实长数据，作出实际三角形，即为以三角形撑线法的展开，（图 3 - 12）具体将在后面第 5 章的展开中详细介绍。

### 3.5.2 变换求直线段实长的方法

根据前述的直线段真形性投影特征，凡目标直线段平行于投影面，则其在此面上的投影就是它的真形，可直接取用。变换法就是根据这一真形性特征，设法变换目标直线位置，或是改变投影面位置，使目标直线与对应投影面相互平行，以直接得到它的真形投影求出其实长线。

*1. 旋转法*

旋转法是根据直线段的投影特性，将任意直线段围绕一点作平面旋转，使之与某一投影面平行。依据直线段投影的真形性特征，该直线段旋转后在所平行的投影面上得到的投影线即为它的实长线。如图 3 - 13 所示，将平面直线段 $A - B$ 围绕点 $A$ 水平旋转到与 $X$ 轴平行，得线段 $A - B'$（即使 $A - B$ 水平旋转为正平线 $A - B'$）；再将线段 $A - B'$ 投影至正面：因该线段平面旋转时高度未变，所以正面上点 $A$ 不变；点 $B$ 高看齐并与平面长对正得点 $B'$，即得直线段 $A - B'$ 在正面上的投影线，也就是直线段 $A - B$ 的实长线。

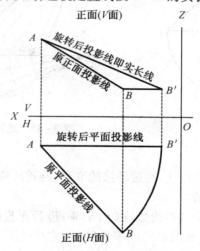

**图 3 - 13 旋转法原理图解**

旋转法求直线段实长的优点为操作简便、易懂、实用；缺点为适用范围有限，只适合放射线、直线段。

例 3 - 3：用旋转法求斜锥台展开伸长线（见图 3 - 14）

分析：这是一个斜锥台的正面和半个平面图（因为另外半个和它对称，所以不必画出来），目标物的投影线为典型的放射直线段，现在用旋转法求斜锥台展开伸长线。

作图步骤（见图 3 - 15）：

（1）延长正面斜锥台的两边边线 1,7 交于点 $O$。将点 $O$ 投影至平面得平面交点 $O$。

（2）平面直线段 $O - 1$ 和 $O - 7$ 平行于 $X$ 轴，为正平线，故正面的 $O - 1$，$O - 7$ 为实长线，可直接取用。

（3）六等分平面半圆弧得点 2,3,…,6 五点。

（4）分别连接平面直线段 $O - 2$,…,$O - 6$。

（5）以平面点 $O$ 为圆心、$O-2$ 为半径画圆,交正面底边线点 $2'$。连接正面 $O-2'$ 即为 $O-2$ 的实长线。

（6）同样方法得 $O-3',\cdots,O-6'$ 及 $O-3$ 等的实长线。

（7）进一步地,用旋转法展开斜锥台,详细作法将在第 5 章展开中再详细介绍。

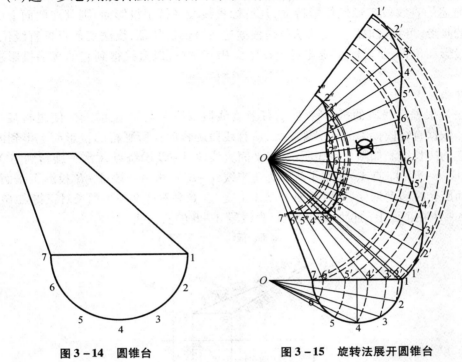

图 3-14　圆锥台　　　　　　　　　　　　图 3-15　旋转法展开圆锥台

### 2. 变换投影面法

变换投影面法亦称投影改造法,是旋转法的变种:旋转法变换的是线(图面目标物),变换投影面法变换的则是投影面。

正常投影是按规定向三个基本投影面($V,H,W$)进行正投影。如果直线段与三个基本投影面都不平行,则按直线真形投影的收缩性特征,它在这三个基本投影面上的投影线均非其实长线。为求得该直线段的实长线,除前述各种方法外,还可以根据直线(还包括平面任意线段、平面)投影的真形性特征,建立一个平行于该直线的新的投影面($P$)。这样,该直线在新投影面 $P$ 上的投影就是它的实长线。这一新建的投影面就是变换投影面,被称为变换面,见图 3-16。

从图 3-16 中我们看到,我们是在原三视图中的 $V$ 面和 $H$ 面间建立了一个 $P$ 面,$P$ 面垂直于 $H$ 面并且与 $H$ 面上的 $A-B$ 投影线平行,当然也可以与 $A-B$ 投影线重合(即 $P$ 面平行于目标线)。然后将 $P$ 面绕 $H$ 面和 $P$ 面的公共线即 $O1-X1$ 轴线旋转 90°,将 $P$ 面旋转到与 $V$ 面、$H$ 面的同一平面中。从而在原三视图体系的基础上建立了一个新的三视图体系,新的三视图体系中三投影面间的对应关系是:$P$ 面和 $H$ 面的对应点朝新的坐标轴($O1-X1$)垂直投影(决定于正投影的规定),$P$ 面和 $V$ 面的对应点高相等,即:$P$ 面上点 $A$ 距新轴 $X1-O1$ 的高度等同于 $V$ 面上点 $A$ 距原轴 $X-O$ 的高度,点 $B$ 亦如此。本质上,$P$ 面就是 $V$ 面绕 $O-Y$ 轴旋转至与直线段 $A-B$ 平行并在 $H$ 面上作适当平移的新的投影面。至于旋转后 $P$ 面的平移则是为作图的清晰需要,并无特别的平移距离要求,甚至可与直线段 $A-B$ 重合。

如前所述,为作图的方便和清晰,可去掉投影面的边框和轴线(投影面的公共交界线)。但在变换投影面法中,为投影的需要,原轴线 $O-X$ 和新轴线 $O1-X1$ 应暂时保留以作新三视图的投影用,而其他边框等则可省去,见图 3-17。

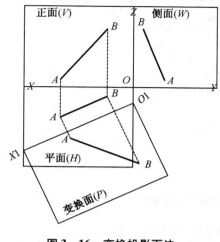

图 3-16　变换投影面法

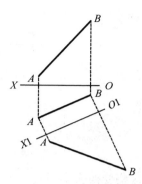

图 3-17　变换投影面法

对应于 $P$ 面之被称为变换面,由于相邻的 $H$ 面与 $P$ 面之间为直接投影关系,$H$ 面也被称为直接面;而相隔的 $V$ 面与 $P$ 面之间,其投影关系则为通过 $H$ 面的间接投影关系,故 $V$ 面也被称为间接面。原轴线 $X-O$ 被称为间接轴线或间接轴,新轴线 $X1-O1$ 则为变换轴线或变换轴。

在三视图中,任意两个投影面之间均可建立变换面。因此也可以在 $V$ 面上建立变换面 $P$,这时 $P$ 面就必须垂直 $V$ 面并且与 $V$ 面上直线 $A-B$ 的投影线平行或重合。新的三投影面之间的相互关系是:$P$ 面和 $V$ 面对应点向变换轴直接垂直投影;$P$ 面和 $H$ 面的对应点宽相等。此时,变换面 $P$ 实际上是间接面 $H$ 绕 $O-Z$ 轴旋转至与直线段 $A-B$ 平行后作适当平移在直接面 $V$ 上形成的,见图 3-18。

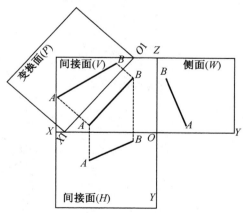

图 3-18　直接面为 $V$ 面的变换投影法

当然,也可以在 $W$ 面上建立变换面 $P$,这时 $P$ 面就必须垂直 $W$ 面,并且与 $W$ 面上的投影线平行或重合。这时的新三投影面间的相互关系是:$P$ 面和 $W$ 面的对应点向变换轴直接投影,$P$ 面和 $V$ 面的对应点长相等。此时,变换面 $P$ 就是间接面 $V$ 绕 $O-X$ 轴旋转至与直线

段 *A* – *B* 平行后作适当平移在直接面 *W* 上形成的,见图 3 – 19。

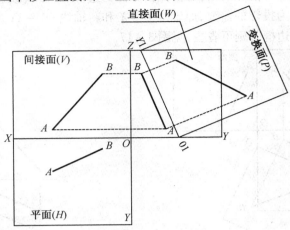

图 3 – 19    直接面为 *W* 面的变换投影法

以上这些变换投影面法求出的直线段实长线是完全一样的。

通常,多在 *H* 面上建立变换面,因为它和 *V* 面是高相等关系,对应投影目标较直观,也较易理解。其次是在 *V* 面上建立变换投影面,它和 *H* 面是宽相等关系,投影目标也较好找,较易理解。而在 *W* 面上建立变换面时,它和 *V* 面是长相等关系,投影目标相对不直观,较为别扭,因而较难理解。当然,变换面也不能随意地在任意面上建立,而应当在积聚直线的所在面上建立,这是根据投影的真形性特征,由投影的目的决定的,是变换面建立的一般原则,否则无法通过投影改造求出线段的实长线。只要不悖于这一原则,通常应尽量在 *H* 面上建立变换面。

实例 3 – 4:用变换投影面法求取正面点 *A* 到圆锥表面的垂线(图 3 – 20)

分析:由平面图可见,点 *A* 不在圆锥的水平中线上,即点 *A* 在正面图中与圆锥的外轮廓投影不在同一平面内。所以,不能直接在正面图上向圆锥轮廓线作垂线。可以通过变换投影面,将点 *A* 与圆锥的外轮廓面处同一变换面中。

作图步骤(见图 3 – 21):

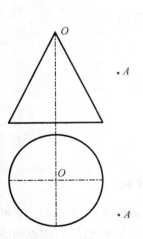

图 3 – 20    实例 3 – 4 图

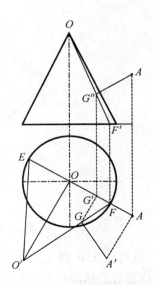

图 3 – 21    实例 3 – 4 作图步骤

（1）在平面图中连接点 $A$ 与平面圆心 $O$，并延长与平面圆锥底圆相交，得交点 $E$，$F$。

（2）以平面 $A-E$ 为变换轴作变换面：过点 $O$ 作 $A-E$ 的垂线 $O-O'$，并将正面点 $O$ 的高度量至该垂线上得点 $O'$；分别连接 $E-O'$ 和 $F-O'$；再过点 $A$ 作 $A-E$ 的垂线 $A-A'$，并将正面点 $A$ 的高度量至该垂线上得点 $A'$。

（3）过点 $A'$ 作 $F-O'$ 的垂线得垂足点 $G$。线段 $G-A'$ 就是所求的真实垂线。

而后，将变换面垂足点 $G$ 投影回平面、正面。

（4）将平面点 $F$ 投影到正面圆锥底边上得正面点 $F'$，连接正面 $O-F'$。

（5）将变换面上的垂足点 $G$ 直接投影到平面直线 $A-O$ 上，得平面垂足投影点 $G'$。

（6）再将平面垂足点 $G'$ 直接投影到正面 $O-F'$ 上，得正面垂足投影点 $G''$，连接 $A-G''$ 即为正面点 $A$ 到圆锥表面的垂线投影。

通过上面对投影改造法的详细介绍，可总结出在投影改造法中，变换面的建立所必须符合的三个条件：

（1）必须建立在三视图中的任意两个投影面之间；

（2）必须以这两个投影面中具积聚直线的一个为直接面并与其垂直；

（3）变换轴必须与直接面上的积聚直线段平行或者重合（特殊平行），这是由投影改造法的原理决定的：利用平面线段投影的真形性特征，使变换面平行于此线段而直接得到其真形线的投影。

# 3.6　多次投影改造法

上面介绍的投影改造法非常实用且常用，与其他仅适用于直线段的方法不同，投影改造法还适用于平面任意线段、平面（包括后面的课程将会讲到的剖切面、向视面等）。并且，按工程目标物及求解问题的不同，投影改造不仅可以如前面介绍的一次进行，它还可以连续二次、三次，甚至多次进行，直到达到工程求解的目的为止，如二次投影改造求加工角度等。当然，一般不会超过三次。

正是因为投影改造法的好用与通用，它才成为工程展开的实用、常用方法，应当很好地学会并掌握这一方法。所以，本课程在此专门单列一节以作重点分析，特别是对多次进行的投影改造，总结出它的特有规律，以帮助读者掌握运用。

## 3.6.1　投影改造的基本概念与定义详解

为便于叙述，本节对前面已提及的变换面、直接面、间接面、变换轴（线）、间接轴（线）等概念术语作进一步的详细说明，以便读者理解、学习并掌握多次投影改造的作图规律与方法。

如图 3-22，新建的变换投影面 $P$ 称为变换面；与变换面相邻的投影面 $H$（图示为平面）可与变换面直接投影，故称之为直接投影面，简称为直接面；而与变换面间隔一个直接面的投影面 $V$（图示为正面），与变换面不能直接投影，是通过直接面投影后的间接投影关系，故被称为间接投影面，简称间接面。

变换面与直接面之间的公共轴线 $X1-O1$ 称为变换轴线（或称"变换轴"），而直接面与间接面之间的公共轴线 $X-O$ 则称为间接轴线（或称"间接轴"）。

由投影改造的原理，它总是按变换面、变换轴、直接面、间接轴、间接面的顺序相连，这三面两轴组成了一个变换投影体系。在这个变换投影体系中，点的投影规律如下：

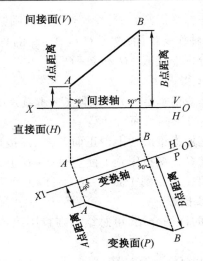

**图3-22　投影改造的基本概念**

(1)垂直投影:直接面上的点与变换面上对应点的连线必垂直于变换轴,间接面上点与直接面上对应点的连线必垂直于间接轴。即相邻两面上对应点的连线必垂直于两面间的公共轴线,这是由我们视图系统的正投影法规定所决定的。

(2)变换面上的点到变换轴的距离等于间接面上对应点到间接轴的距离。

这样的变换投影体系每应用一次,就是一次投影改造。多次投影改造,则是按工程求解的需要而对一个目标物多次重复这样的投影改造,直至达到求解目的。

### 3.6.2　多次投影改造应用实例

这里,我们通过求平面多边形真形的实例来详解三次投影改造法的实际应用,并通过这一实例,进一步总结、归纳投影改造法的作图规律以及具体作图时的要点、重点和注意事项。

实例3-5:以变换投影法求平面多边形 $abcdef$ 的真形(图3-23)。

作图步骤如下(图3-24):

(1)第一次变换投影

以 $H$ 面为直接面、$V$ 面为间接面,作变换面 $P$,形成新的变换投影体系进行变换投影的投影改造。

(1.1)在直接面 $H$ 上作直线 $a1-f1$ 的平行线 $X1-O1$ 为变换面 $P$ 和直接面 $H$ 间的公共轴,即变换面 $P$ 的变换轴。形成一个新的投影体系:变换面 $P$、变换轴 $X1-O1$、直接面 $H$、间接轴 $X-O$ 和间接面 $V$。

(1.2)将直接面 $H$ 上的点垂直投影到变换面 $P$ 上:过 $H$ 面上的点 $a1$ 作变换轴 $X1-O1$ 的垂线,并将间接面 $V$ 上对应的点 $a$ 到间接轴 $X-O$ 的距离量到此垂线上,得点 $a1$ 在变换面 $P$ 上的投影点 $a2$($a2$ 到 $X1-O1$ 的距离等于 $a$ 到 $X-O$ 的距离)。对其他各点重复此步骤,得到 $P$ 面上相应的点投影 $b2$、$c2$、$d2$、$e2$ 和 $f2$。

(1.3)连接 $P$ 面上这这些投影点,得到平面多边形 $abcdef$ 在第一次变换投影体系中变换面 $P$ 上的第一次变换投影。由于变换面平行于 $a1-f1$,故 $a2-f2$ 为直线 $a1-f1$(当然也是直线 $a-f$)的实长线。

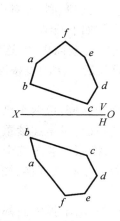

图 3 – 23　实例 3 – 5 图

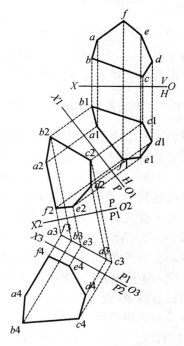

图 3 – 24　实例 3 – 5 作图步骤

（2）第二次变换投影

以 $P$ 面为直接面、$H$ 面为间接面作变换面 $P1$，形成第二次新的变换投影体系进行变换投影的投影改造。

（2.1）作直接面 $P$ 上 $a2 – f2$ 的垂线 $X2 – O2$，为新的变换轴，形成第二次变换投影体系：变换面 $P1$、变换轴 $X2 – O2$、直接面 $P$、间接轴 $X1 – O1$ 和间接面 $H$。

（2.2）同（1.2）的步骤，将直接面 $P$ 上的各点垂直投影到变换面 $P1$ 上（注意变换面、变换轴、直接面、间接轴和间接面已变更而不同于第一次变换投影（1.2）的步骤），得到相应的各点投影 $a3，b3，c3，d3，e3$ 和 $f3$。

（2.3）同第一次变换投影（1.2）的步骤连接各投影点，得到平面多边形 $abcdef$ 在第二次变换投影体系中变换面 $P1$ 上的第二次变换投影。

由于多边形 $abcdef$ 为平面多边形，变换面 $P1$ 垂直于 $a2 – f2$ 即垂直于该平面多边形（平面上任意直线垂直于另一平面，则两平面必相互垂直）。所以，按平面真形的积聚性投影特征，多边形 $abcdef$ 在 $P1$ 面上的第二次变换投影必为一积聚直线。我们可以逆运用积聚性特征，作下面的第三次平行变换，就能得到多边形 $abcdef$ 的真形。当然，若多边形 $abcdef$ 非平面，则其第二次变换投影就不会积聚为直线。此时，投影方法将无法得到它的真形而只能展开后经加工才能得到，其将于第 5 章展开中详细介绍。

（3）第三次变换投影

同第二次变换对三面两轴按序变更的步骤，以 $P1$ 面为直接面、$P$ 面为间接面作变换面 $P2$，形成第三次新的变换投影体系进行变换投影的投影改造。

（3.1）作直接面上积聚直线 $a3 – c3$ 的平行线 $X3 – O3$ 为变换轴，形成第三次变换投影体系：变换面 $P2$、变换轴 $X3 – O3$、直接面 $P1$、间接轴 $X2 – O2$ 和间接面 $PO$

（3.2）重复（1.1）/（2.1）步骤，在新变换面 $P2$ 上得到各相应点的投影 $a4，b4，c4，d4，e4$

和 $f4$。

(3.3)连接上述各点,即得平面多边形 $abcdef$ 在变换面 $P2$ 上的第三次变换投影。

由于变换面 $P2$ 平行于积聚直线 $a3 - c3$,它必平行于平面多边形 $abcdef$,故这第三次的变换投影就一定是平面多边形 $abcdef$ 的真形。

### 3.6.3 多次投影改造作图规律

投影改造法中三面两轴变换投影体系的建立十分重要,通过上述实例,可对投影改造、多次投影改造(即投影改造的多次进行)的作图规律和注意事项作如下归纳。

(1)新体系中直接面、间接面是相对于变换面的,随变换面的更新而更新:连续进行的投影改造过程中,会连续产生新的变换面。前一次的变换面成为后一次的直接面,而前一次的直接面就成为后一次的间接面,如此循环、连续进行。

(2)不管连续进行几次,新投影体系建立的方法都与首次变换相同:以两个已知投影面为间接面和直接面,并间隔间接面、相邻直接面建立一个新的变换面,只是连续重复若干次而已。唯一不同的是:对于首次变换,其间接面和直接面必须选择原三视图三个基本投影面中的任意两个(通常为正面和平面),而对于后续的变换,则是基于首次变换,按投影改造原理形成的规律而顺序形成。

(3)首次变换时,直接面应当选择积聚直线所在的投影面。若两个投影面都有积聚直线存在,则应选择平行积聚直线较多的那个面。若两个面的积聚直线都不平行,或两个面都不存在积聚直线,则可任选一面为直接面。

(4)首次变换的变换轴总是平行或垂直于直接面的某一投影直线(下称变换目标直线,简称"变换线")。变换轴的确定就是确定变换面,直接决定了求取目标物真形的目的能否正确、快速达到,因而非常重要。变换轴确定的原则首先是正确确定变换线,其次是在多次进行的后续变换中新变换轴的确定规律。

①变换线的确定

变换线的确定决定于工程的任务目标,服从于简捷、快速的要求。对于前者,如前例3-1折角肘板加工角度的求取,所要用到的二次投影改造(将在后面的课程中详述),就必须以其折角线为变换线,否则就无法达到求取这一加工角度的工程任务目标。而对于例3-5的三次投影改造,下面即将继续详解这一实例,通过适当的变换线选取,可以使原本的三次变换仅需两次即可达到目的等。通常,应当尽量以平行的积聚直线为变换线。

②变换轴的确定规律

首先,变换线一经确定,在后续的变换中就不能再行更改;其次,首次变换的变换轴总是平行或垂直于变换线,后续变换时,新变换轴则总是平行或是垂直于变换线在相应新直接面上的投影线;第三,这种平行或垂直是交替进行的:即随变换的首次、再次、第三次……的进行,变换轴(新变换轴)对变换线(变换线的投影线)是以平行、垂直、平行……或是垂直、平行、垂直……的方式交替进行的。至于首次变换时是平行还是垂直,同样决定于我们的工程任务目标这些规律是由投影改造的基本原理决定的。

(5)在变换了的投影体系中,点对各投影面的投影仍然遵守视图系统的正投影规定,即相邻两个投影面上的对应点,其连线垂直于这两个面的公共轴线(间接面与直接面间为间接轴,直接面与变换面间为变换轴);变换面上投影点距变换轴的距离等于间接面上对应点距间接轴的距离。因为新的变换投影体系变更的只是投影面,而没有变更视图系统及其投影规定(这是必须遵守的,否则就不是视图系统,更不用说在此系统下的投影规定了)。

上述的规律与注意事项,决定于投影改造的性质、原理和我们的工程任务目标:投影改造中新建的变换面并非随意新建,而是规定了它在垂直于直接面的前提下,由间接面的旋转、平移得到。对同一变换线及其投影线的交替平行、垂直(或垂直、平行),保证了任一变换面与其直接面必然垂直的交替变换。

### 3.6.4 变换线正确确定实例

前例 3 - 5 是常规按三次投影改造法求得平面多边形 *abcdef* 的真形。如果我们应用平面线段真形投影的积聚性特征,建立与平面多边形 *abcdef* 垂直的变换投影面,则多边形 *abcdef* 在变换面的投影必然是一根积聚直线 *abcdef*;再应用真形投影的真形性特征建立与此积聚直线平行的新变换面,就可得到平面多边形 *abcdef* 的真形。这样,只要二次变换就可达到求真形的目的,较前例的三次变换减少一次投影改造。

为此,可在例 3 - 5 的正面 *V* 上过任意点(本例选择点 *a*)作一根水平辅助线,并以它在平面 *H* 上的投影线作为变换线,垂直于此变换线,在直接面 *H* 上建立变换面 *P* 即可实现上述设想,详见如下作图步骤(图 3 - 25):

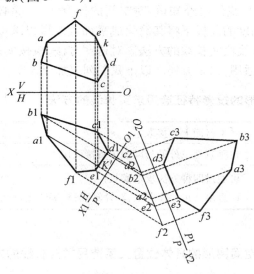

**图 3 - 25    选择适当变换线减少变换次数的实例**

(1)在 *V* 面上过点 *a* 作水平辅助线交 *ed* 于点 *k*,并投影到 *H* 面上交 *e1 - d1* 于点 *k'*,连接 *a1 - k'* 为变换线。

(2)垂直于此变换线,在直接面 *H* 上作直线 *X1 - O1*,为变换面 *P* 和直接面 *H* 间的变换轴。

(3)将直接面 *H* 上的点 *a1* 投影到变换面 *P*:过点 *a1* 作变换轴的垂线,并将间接面 *V* 上点 *a* 到间接轴 *X - O* 的距离自变换轴 *X1 - O1* 起量到变换面 *P* 的这一垂线上,得点 *a1* 在变换面 *P* 上的投影点 *a2*(即:*P* 面上点 *a2* 到变换轴 *X1 - O1* 的距离,等于隔开直接面 *H* 的间接面 *V* 上的点 *a* 到间接轴 *X - O* 的距离)。以同样方法得点 *b2*,*c2*,*d2*,*e2* 和 *f2*。

(4)点 *a2*,*b2*,*c2*,*d2*,*e2* 和 *f2* 的连线即为变换面 *P* 上平面多边形 *abcdef* 的第一次变换投影,且必为一条积聚直线。

（5）平行于此积聚线，在新直接面 $P$ 上作直线 $X2 - O2$，为新变换面 $P1$ 和新直接面 $P$ 间的变换轴。

（6）按前述方法得直接面 $P$ 上各点在变换面 $P1$ 上的投影点 $a3$，$b3$，$c3$，$d3$，$e3$ 和 $f3$。

（7）连接点 $a3$，$b3$，$c3$，$d3$，$e3$ 和 $f3$ 得 $P1$ 面上多边形 $abcdef$ 的第二次变换投影，该投影也就是平面多边形 $abcdef$ 的真形，与前例 3－5 用三次投影改造法求得的真形完全一样。

由上例我们可以看到：

（1）正确选择适当的变换线，可以直接有效减少我们的作图工作量；而间接地，也减少了因作图，特别是繁复作图时可能的差错。因此，选择合适的变换线非常重要，也是体现技术能力高低的重要因素之一；

（2）变换线并非一定是现成的目标物投影线，必要时完全可以临时添加辅助线作为变换线。纯熟的作图、展开技术必然要求持经达变：持经者，不违背基本原理；达变者，为快捷、便利的灵活与变通。它真正考验着一个技术人员的技术经验与技术能力。

# 3.7　求直线段实长方法的选用

通过上面的课程学习，我们已经知道，对空间的任意线段，除必须通过展开方法外，大都可以在满足工程要求精度的前提下将其简化成平面直线段以求取它的实长。同时，我们还介绍并论述了多种求直线段实长线的方法。对这些方法，应按实际工程作业的具体情况加以选用。其原则：一是适用，二是方便。以下我们列表加以说明。

### 3.7.1　按直线段真形的投影特征选用求实长线的方法

| | | |
|---|---|---|
| 直线段 | 一、真形性特征 | 在平行面上直接取用 |
| | 二、积聚性特征 | 在垂直面以外的另两面中直接取用 |
| | 三、不平行性特征 | 可通过四种方法求取实长：<br>1. 直角三角形作图法；2. 计算法；3. 旋转法；4. 变换投影面法 |

### 3.7.2　按投影面和空间图形的具体位置关系选用求实长线的方法

| 投影面和空间图形位置 | 选用方法 |
|---|---|
| 不改变投影面、不改变空间图形位置 | 直角三角形作图法或计算法 |
| 不改变投影面，改变空间图形位置 | 旋转法 |
| 改变投影面，不改变空间图形位置 | 变换投影面法（投影改造法） |

# 3.8　曲　线　段

曲线段可分为平面曲线与非平面的空间曲线。

对于平面曲线，它也具有与直线段略有不同的真形性、积聚性和收缩性三个真形投影特征。并且与直线段一样，只要符合真形性特征条件，就可直接取用曲线段的真形投影；凡不符合真形性特征的则需展开求取曲线段的实长。

对于空间曲线,则由其不存在对投影面的平行态和垂直态,所以也不存在它的真形性与积聚性特征,只存在它的收缩性特征。因此,对空间曲线,其实长只能展开求得。

### 3.8.1　平面曲线段真形的投影特征

如同直线段,平面曲线在视图系统中的空间位置也不外平行、垂直和非平行三种状态。根据平面曲线在这三种位置状态下的投影,同样可以得出平面曲线与直线段略有不同的三个真形投影特征如下:

(1)真形性　平面曲线平行于某一投影面时必垂直于另两个投影面(特殊垂直态,与直线段不同)。此时,该曲线在其平行投影面上的投影为真形,而在另两个投影面上的投影则必为平行于 $X$ 轴或 $Y$ 轴的积聚直线,见图 3 – 26(船体线型就是利用该特性进行"格子线"作图的)。

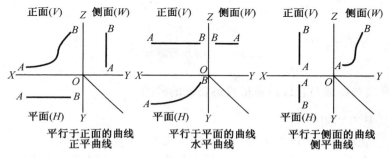

图 3 – 26　多种平行状态下的曲线

如图 3 – 26 所示,凡平行于正面的曲线被称为正平曲线;平行于平面的被称为水平曲线;平行于侧面的则被称为侧平曲线。该特征和直线段的真形性特征完全相同:不论是直线、曲线还是其他目标物,凡平行投影面的投影均为真形,可直接取用。

(2)积聚性　平面曲线垂直于某一投影面而倾斜于另两个投影面时(与直线段的特殊平行态不同),则该曲线在与其垂直投影面上的投影就聚集(积聚)成一直线段(即目标物在其垂直投影面上的投影积聚线,不同于直线段的积聚点),而在另两个投影面上的投影则为收缩变形了的曲线。三个投影面上的投影均非此曲线段的真形。

同样,按所垂直的不同投影面,垂直态曲线也分为正垂曲线、平垂曲线和侧垂曲线,见图 3 – 27。这一积聚性特征是使用投影改造法的特征条件:在具积聚性直线的情况下,通常可用投影改造法求取曲线的真形。

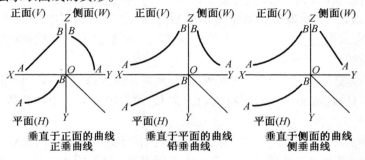

图 3 – 27　各种垂直状态下的曲线

（3）收缩性　平面曲线与投影面倾斜（即既不平行也不垂直），则其在此投影面中的投影不是真形而是收缩变形了的曲线。而非平行态曲线是指曲线与三个投影面都倾斜，当然，它在三个投影面的投影均为收缩变形曲线，见图3-28。对收缩变形的曲线，需通过展开伸长才能获得该曲线的实长。实际上，非平面的空间曲线与此类似，亦需通过展开伸长才能获取它的实长。

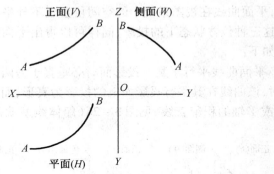

图3-28　非平行态曲线

### 3.8.2　平面曲线段与直线段真形投影特征的异同

（1）相同或基本相同处

①真形性　在与之平行的投影面上的投影为真形。

②积聚性　在与之垂直的投影面上的投影为积聚直线（直线垂直态下为积聚点）。

③收缩性　在与之不平行的投影面上的投影为不等比例的收缩变形而非真形。

（2）不同处

①平面曲线的平行态为特殊垂直态：平行于一个投影面时必同时垂直于另两个投影面。而对于直线，则其垂直态为特殊的平行态：垂直于一个投影面时必同时平行于另两个投影面。就平行、垂直的特殊状态，直线与平面曲线正好相反。

②垂直态下，平面曲线的投影为积聚直线，而直线的投影则为积聚点。

③名称略有不同。特别是对投影面的垂直状态，直线时称为铅垂线，平面曲线则为平垂曲线（铅垂线通常指的都是直线）。

### 3.8.3　曲线实长与直线实长的不同

求取曲线段实长与求取直线段实长，两者最大的不同点是：

（1）对于直线段，只要得出其首末两端的端点即可（两点确定唯一直线）；而对于曲线段，除了必要的首末端点，还必须在首末端点间插入适量的辅助点才能求出它的实长（两点不能确定唯一曲线）。

（2）对于直线段，其长度为两点的直线间距；而对于曲线段，则有两种取法：以折直线组拟合求曲线段实长时，取相邻点的间距（弦长）之和；而以展开方式求曲线段实长时，则取相邻点的围长（弧长）之和。

图3-29所示的就是直线 $A-B$ 与曲线 $A-B$ 间的上述区别：对于曲线 $A-B$，除首末端的点 $A$ 和点 $B$ 外，必须在其中插入点1,2,3,4等辅助点；对于折线段组 $A-1,1-2$ …… 等，若直接以其直线距离的弦长之和作为曲线 $A-B$ 的实长，就是以折线段组拟合曲线的方式；

而展开方式的弧长(围长)之和,则为曲线的实际实长。

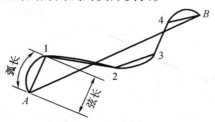

图 3 − 29　直线与曲线的长度

显然,以折直线拟合方式求得的曲线"实长"一定小于它的实际实长(等分点越多,越接近曲线的实际实长),而展开方式求得的则一定是曲线的实际实长。

### 3.8.4　求取曲线实长的方法

由投影必然存在的收缩性特征,工程应用中也必然需要对曲线段求实长。基于上述讨论,可以归纳出求曲线段实长的三种方式:

(1)折直线组的拟合方式;

(2)展开方式;

(3)对平面曲线,在具积聚性特征的前提下,可由投影改造法求得其真形曲线后以上述两种方式之一处理。

对于方式(1),重要的是决定怎样的折线组:原则就是在保证要求精度的前提下,工作作业的简便。折线组决定后的具体处理,前述各求直线段实长的方法都可根据实际情况选用,不再赘述。本节重点讨论后两种方式。

**1. 展开法求取曲线实长**

图 3 − 30 所示的是一根空间曲线 $A − B$,它与三个投影面都不平行。由于空间曲线不在一个平面内,所以必须通过展开方法以得到平面展开曲线。

所谓展开,对曲线而言,就是"拉直";对曲面而言,就是"摊平"(后面的展开课程中将做详细讨论)。因此,对于空间曲线 $A − B$,我们将其在平面上的投影"拉直",以得到它在正面"摊平"了的平面曲线,而后就可方便地以折线的弦长,或是继续展开的弧长得到曲线 $A − B$ 的实长线。

具体展开方式如下(见图 3 − 30):

(1)在平面过点 $A$ 作正平线 $A − B'$,并以点 $A$ 为起点,将平面上的曲线 $A − B$ 各段间的弧长量至正平线 $A − B'$ 上,得点 $1', 2', 3'$ 和 $B'$(实际上就是"拉直"平面上的曲线 $A − B$);

(2)过点 $1', 2', 3'$ 和 $B'$ 作正平线 $A − B'$ 的垂线:这些垂线称为曲线 $A − B$ 相应点的展开线;

(3)将正面曲线 $A − B$ 上的点 $1, 2, 3$ 和 $B$ 按高看齐规定投影到对应的展开线上,得正面点 $1', 2', 3'$ 和 $B'$;

(4)光滑连接正面点 $A, 1', 2', 3'$ 和 $B'$,形成的正面曲线 $A − B'$ 就是空间曲线 $A − B$ 的平面展开曲线,也是它的实长线。

注意,本题所求得的是曲线 $A − B$ 的实长线而非其真形线:平面展开曲线能反映空间曲线的实际长度和单向曲度,但不能反映空间曲线的真实形状,空间曲线需通过加工才能成形得到空间曲线的真实形状,即真形线。

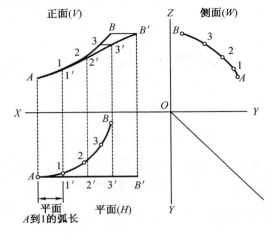

图3-30　用展开法求空间曲线实长

**2.投影改造法求取平面曲线的真形**

结合平面曲线真形投影的积聚性特征,以积聚直线所在的投影面为直接面建立变换面,通过投影改造获取真形曲线。

图3-31所示为一根垂直于 $W$ 面而倾斜于 $V$ 面和 $H$ 面的平面曲线(因为其在 $W$ 面上的积聚线为一直线段)。此时,投影改造法求取这一曲线的真形是很好的选择。由于积聚线 $A-B$ 在 $W$ 面,所以变换面 $P$ 就只能建立在 $W$ 面上,即以 $W$ 面为直接面。变换面 $P$ 与直接面 $W$ 的点通过变换轴 $O1-Z1$ 对准,与间接面 $V$ 的对应点距各自轴线( $V$ 面为 $O-Z$ , $P$ 面为 $O1-Z1$ )的对应距离相等,所得投影线即为曲线的真形线。

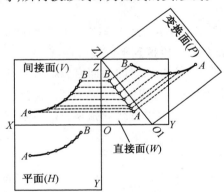

图3-31　投影改造法求平面曲线真形

## 3.9　本章小结

对于工程应用的最终目标,就是为了求取目标物的真形,而线段真形的求取是求取目标物真形的基础。正确并快速地求取线段的实长线,有利于构件的顺利展开,因为工程应用的最终目的是要求得构件的展开图。

由于大部分的线段都可以归于直线段处理,故直线段的投影规律是线段投影的基础规律。本章开篇的重点就是直线段真形的投影特征,并进一步将之扩展到平面线段与平面的真形投影特征。掌握并熟练地灵活运用线段真形投影的真形性、积聚性和收缩性特征,有助于我们快速判断投影线的性质,并快速找出求取目标直线段真形的便捷方法。

　　本章逐一介绍了求取直线段实长线的两类四种方法:直角三角形作图法、计算法、旋转法和变换投影面法(亦称投影改造法)。同时,简要介绍了对空间曲线求实长的展开法(详细的展开介绍将在第 5 章中进行)。

　　变换投影面法(即投影改造法)是求取线段实长的各方法中颇为有效、实用的常用方法,它可一次单独使用,也可根据情况二次、三次等连续多次使用,直至达到目的(如求目标物加工角度时必用的二次投影改造)。本章对其做了重点介绍,总结了这一方式的作图规律与注意事项,目标物也从直线段延伸至平面。学好投影改造,掌握多次投影改造的作图规律,有利于加强我们的立体感,增强制图和识图能力。

　　根据作业的具体情况选用合适的线段伸长方法,灵活运用线段的伸长方法,对最终的构件展开可起到事半功倍的作用,可见学好各种线段伸长法的重要性。

# 第4章 面 投 影

线移动成面。也可以这样定义面:它是由各种封闭线段组成的图形。所以线段真形的投影特征和求线段实长线的方法也完全适用于面的投影。我们已在前面的3.3.2节"任意目标物真形的投影特征"中做了简要的原理说明。

线段只能反映形状和长短而不能反映目标物的形状和尺度。而作为工程应用的制图,其目的是要得到目标物的投影描述和它的平面真实图形(实形)以用于实际的加工生产。这一目的的达成必须由线段投影的扩展——面的投影来完成。

同样,本章的全部内容均以图面投影作业方式讨论面投影,读者当自面投影的图面特征中理解并掌握这些特征所表达的实际(或虚拟)目标面在投影体系中的空间状态。

## 4.1 面的概述与分类

面,是目标物组成的基本元素。无论简单、复杂,目标物都由各种处于不同位置的不同面所组成。以船体为例:这一复杂结构的空间庞然大物,系由千千万万个零部件组装而成:数个、十数个、数十个零件构成一个部件,再由众多零部件构成船体分段,最后总装成船体。船体的图纸设计到生产建造过程中,一个重要的工艺阶段就是上述过程的逆向应用:首先将庞大的船体分解成船体分段,再进一步分解成部件,直至零件,然后求取每一个零件的实形(即展开)。而建造生产的第一道工序就是按此实形在钢板上切割出各平面零件(即下料。多个平面零件在一张钢板上的合理排列以期产生的切割废料最少,被称为套料),经加工成形后组装成部件、分段、总段,直至船体。

船体的每一个零件就是一个面:因为这些零件基本上都是以钢板板材加工成形的。所以,对构成船体最基本单元的零件的制作离不开面的投影,因为展开求取零件实形,其基础就是面的投影。

当然,对于如船体挂舵臂、轴架等铸钢件、复杂的机械零件等复杂目标物,它虽非单一面,但却由多个面构成。所以,面的投影对生产、加工至关重要。

就面而言,情况要较点、线更为复杂,其种类也更繁复。图4-1系按目标面的投影特征所进行的图面作业的面的分类,本章将按此分类一一详述。

掌握不同面的不同投影特征,可大大提高制图和识图能力,并有利于用不同的方法展开不同的面,求取面的实形或真形。

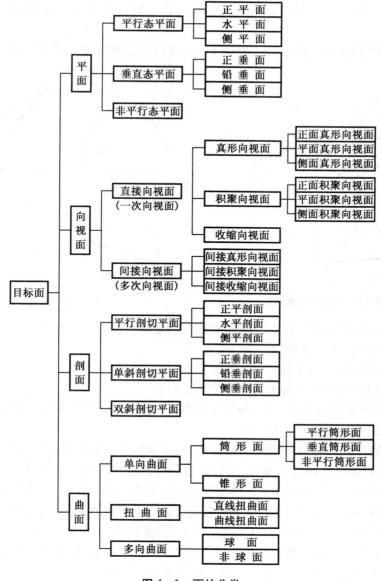

图 4 – 1 面的分类

# 4.2 平 面

投影与展开课程中,平面有多种含义:目标平面(包括其对应的投影面投影)、投影平面、三视图系统中特定的水平投影视图面 $H$ 等,读者按课程内容应当能辨别"平面"的不同含义。

### 4.2.1 平面特性与平面构成法则

1. 平面特性一:三点一平面

除了三点正好处于一条直线的位置(此时只能认为是两点或一直线)这一特殊情况外,

任意三点组成的面一定是平面,如图 4-2 所示,这一特性可称为平面的三点特性或三点法则。

如图 4-3 所示的四点或四点以上的多点组成的非曲面则可能是平面,但却不一定是平面。

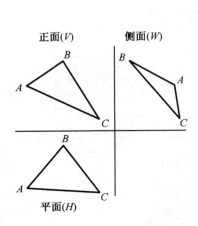

图 4-2　平面的三点法则

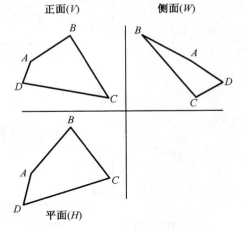

图 4-3　多点面

对多点组成的面是否为平面的判断,可用三点法则来验证。以图 4-3 中的面 ABCD 为例,具体验证方法如图 4-4 所示:

(1)分别延长正面 B-A 和 C-D 相交于点 K。

(2)分别延长平面 B-A 和 C-D 相交于点 K1。

(3)将正面的点 K 投影到平面,若点 K 与点 K1 能够重合(即长对正),则面 ABCD 为平面;若不能,就说明面 ABCD 不是平面。

此方法的原理是:因为直线段 A-B 和 B-C 本就构成一个平面,若面 ABCD 为一平面,则 A-B 和 C-D 也必在同一平面内,它们的延长线就能真实相交于点 K。点 K 与点 B,C 三点可构成一个平面,即平面 ABCD 的所在平面;反之,如果面 ABCD 不是平面,A-B 与 C-D 当然也就不在一个平面:它们只是在空间交错而不可能真实相交。因此,正面“交”点 K 只是 A-B 与 C-D 在正面投影线的交点而不是它们的真实交点:点 K 在线段 A-B 和 C-D 间有一个宽度差。这一宽度差在三视图的正面图无法显示,而在其平面、侧面图上必显示(即图 4-4 平面投影的 K-K' 的间距 s):即点 K 与点 K1 的是否重合。

基于此,图 4-3 所示的面 ABCD 不是平面。对于多边形,可以重复此法一一验证。

若工程需要,我们可以按平面特性一(三点法则),将如图 4-3 所示的非平面四边形 ABCD 修正为一个平面四边形。

以正面 ABCD 为基准的三点法则修正方法见图 4-5:

将正面点 K 投影至平面 B-A 的延长线上,得平面点 K。

(1)连接平面图的点 K 和点 C。

(2)将正面图的点 D 投影到平面图直线 K-C 上得点 D1。

(3)分别连接点 A,D1 和点 C,D1,所得的面 ABCD1 就是对应于正面图面 ABCD 的平面图上的平面四边形投影。

(4)将正面图的点 D 高看齐,平面图的点 D1 宽相等投影到侧面得点 D2。

(5)分别连接点 A,D2 和点 C,D2,面 ABCD2 就是对应正面图面 ABCD 的侧图面上的平面四边形投影。

当然,根据工程目的的不同需要,也可以平面或侧面图为基准进行修正,使非平面四边形成为平面四边形。至于多边形,则可以本方法一一重复修正。

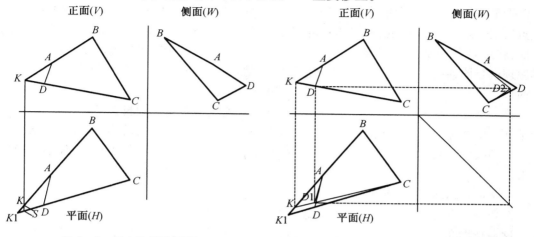

图 4 - 4 三点法则验平面　　　　图 4 - 5 三点法则以正面为基准的平面修正

## 2. 平面特性二:两条相交直线一平面

实际上,这一特性得自于上述平面三点法则的推论:只要不在一条直线上,构成平面的空间任意三点,均可连成两条相连直线。而这两条相连直线在其连接处的延伸,即构成两条真实相交的直线。所以,两条真实相交的直线构成一平面。这一特性可称为平面的相交直线特性或相交法则。该法则对所求面是否为平面的验证特别有效,快捷、方便。如图 4 - 6 所示,对任一面的四边形 ABCD 作对角线相交于点 K,在另两面上点 K 的投影重合,则此四边形就一定是平面。其原理是:由平面的三点法则,对角线构成的三角形一定是平面;如果 ABCD 为平面,则其两根对角线一定能真实相交,结果是其交点在各投影面上的重合。如果不重合,则说明这两根对角线未真实相交——不在一个平面上,亦即四边形 ABCD 不是平面。

同样以图 4 - 3 所示之四点面为例,以相交法则判断它是否为平面的方法如图 4 - 7 所示。

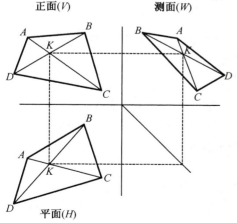

图 4 - 6 相交法则验平面

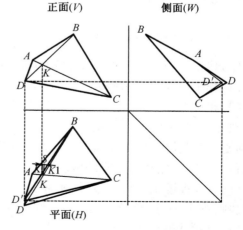

图 4 - 7 相交法则修正平面

可以看出,四边形的两条对角线并不真实相交:正面的投影交点 $K$ 投到平面后,与平面投影交点 $K1$ 并不重合而有 $s$ 间隔,同样说明了这一四边形非平面四边形。

相交法则也可用于非平面的平面修正。我们同样保持正面不动,调整平面和侧面的点 $D$ 以作平面的修正:作平面点 $B$ 和点 $K'$(正面到平面点 $K$ 投影轨迹线 $K-K$ 与平面 $A-C$ 的交点)的连线,并延长至投影轨迹 $D-D$,交于点 $D'$。连接 $A-B-C-D'$,即为平面修正后的平面;将点 $D'$ 投影至侧面,得侧面点 $D'$,连接侧面 $A-B-C-D'$,即为侧面修正后的平面。其原理就是使各投影面对角线交点在各投影面的投影重叠,即使对角线真实相交而形成平面。

这一情况表明该非曲面四边形一定是以某一对角线为折角线的折角面:因为它不是一个平面。此情况下,必须与原设计者确认,若系平面,则须更改设计;若确非平面,则须决定哪一对角线为折角线。因为下一步的展开必须以折角线为依据求出加工角度,经加工形成真形。

**3. 平面特性三:两条平行直线一平面**

两条不重合且相互平行的直线构成一个平面,直线上的对应点当然也就在这个平面上。这一特性亦可称为平面的平行直线特性或平行法则。因此,三视图任一视图面上由两条不重合的平行直线段构成的面都一定是平面。图 4-8 中,直线 $A-B /\!/ C-D$,且点 $A,B,$ $C,D$ 都在这两条平行直线上,所以四边形 $ABCD$ 必定是平面四边形。对此,可以上面的相交法则进行验证(见图 4-9):

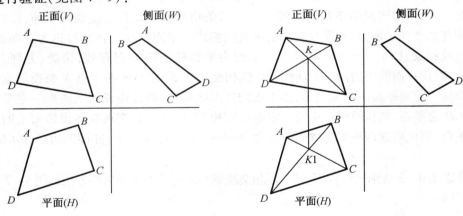

图 4-8 平面的平行法则          图 4-9 相交法则验平行法则

(1)作正面四边形 $ABCD$ 的两条对角线 $A-C$ 和 $B-D$,相交于点 $K$。

(2)作平面四边形 $ABCD$ 的两条对角线 $A-C$ 和 $B-D$,相交于点 $K1$。

(3)正面点 $K$ 投影于平面,与点 $K1$ 重合。即:四边形 $ABCD$ 为平面四边形。

现在,以图 4-10 所示的四边形板 $ABCD$ 为例,验证、判断其是否为平面四边形。若不是,则要求将其修正成平面四边形。修正基准:正面点 $A,B,C$ 和 $D$ 不变,平面和侧面的点 $A,B$ 和 $C$ 不变,只能修正平面和侧面的点 $D$。

分析:该板近于平行四边形,通常不用三点法则,因为连线交点距图面很远;当然可用相交法则验证、修正,但这里用平行法则进行验证与修正。具体步骤如下(图 4-10):

(1)分别通过正面、平面的点 $C$ 作 $A-B$ 的平行线。

(2)延长正面直线 $A-D$ 与平行线相交于点 $K$ 并将其投影至平面相应的平行线上得点 $K1$。

（3）明显地，点 $K1$ 不在平面的 $A-D$ 线上，故四边形 $ABCD$ 非平面四边形。

按要求的平面修正步骤如下（图 4－11）：

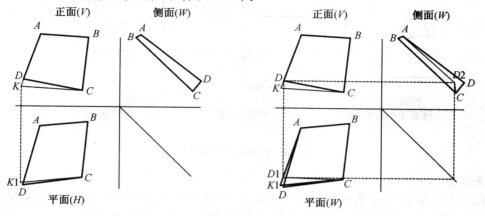

图 4－10 平行法则验平面　　　　　　图 4－11 平行法则以正面为基准的平面修正

（1）将正面点 $D$ 投影于平面相应的 $A-K1$ 线段上，得点 $D1$。

（2）连接平面 $C-D1$，即得平面上的平面四边形投影 $A-B-C-D1$。

（3）将正面点 $D$ 高看齐、平面点 $D1$ 宽相等投影到侧面，得侧面点 $D2$。

（4）分别连接 $A-D2$ 和 $C-D2$，即得侧面上的平面四边形投影 $A-B-C-D2$。

### 4.2.2　平面真形投影特征

除特定的名词术语略有不同外，平面的投影与第 3 章第 3.8.1 节所分析的平面曲线完全相同，也具有平行态下的真形性、垂直态下的积聚性和非平行态下的收缩性三个真形投影特征，如图 4－12 所示。

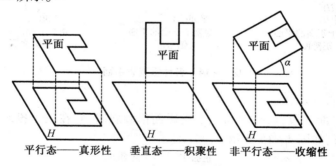

图 4－12　平面真形投影特征

1. 平行态

当平面平行于某一投影面时即为平行态平面。与平面曲线相同，它必定同时垂直于另两个投影面（特殊垂直态）。与之平行的投影面上的投影为该平面真形，即平面平行态下的真形性特征；而在另两个与之垂直的投影面上的投影则为平行于轴线（轴 $X$、轴 $Y$ 或轴 $Z$）的积聚直线段。

不同于平面曲线的名称，对应于所平行的视图面，这些平面被称为正平面（平行于正面）、水平面（平行于平面）和侧平面（平行于侧面），如图 4－13 所示。

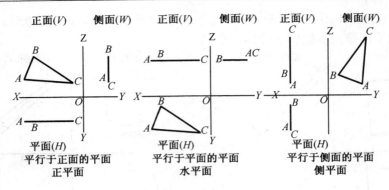

**图 4 – 13　各种平行态平面**

### 2. 垂直态

同样同平面曲线,当平面垂直于某一投影面(垂直态平面)而倾斜于另两个投影面时,与之垂直的投影面上的投影为一积聚直线段,即平面垂直态下的积聚性特征;而在另两个倾斜投影面上的投影则为收缩了的变形投影。

同样不同于平面曲线的名称,对应于所垂直的视图面,这些平面被称为正垂面(垂直于正面)、铅垂面(垂直于水平面)和侧垂面(垂直于侧面),如图 4 – 14 所示。

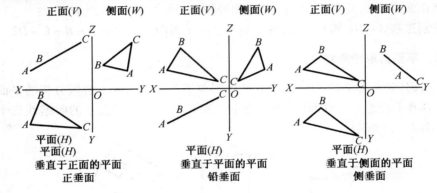

**图 4 – 14　各种垂直态平面**

### 3. 非平行态

还是等同于平面线段,当平面与三个投影面都倾斜时,它在三个投影面上的视图都是收缩了的变形投影,如图 4 – 15 所示。

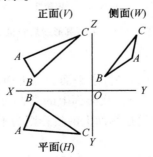

**图 4 – 15　非平行态平面**

因此如同前章所述的平面线段,由平面在视图系统中的不同位置,它们的真形投影也

有如下三个特征:

　　(1)真形性特征　平行态平面,投影面上的投影为平面真形。

　　(2)积聚性特征　垂直态平面,投影面上的投影为一积聚直线段。

　　(3)收缩性特征　非平行态平面,投影面上的投影为收缩了的变形投影。

　　**4.平面特性四:积聚直线一平面**

　　三视图中任一视图面中由积聚直线构成的面一定是平面,这一特性可称为平面的积聚直线特性或积聚法则。如图 4 - 16 所示,由于四边形 ABCD 在侧面的投影为一积聚直线,所以它一定是平面,系 4.2.2.2 垂直态平面中的侧垂面。

　　这一法则可通过投影改造扩展应用:空间的任意面,通过一次或多次投影改造,若能在变换面上积聚成一直线,则此面就一定是平面。如图 4 - 17 所示,四边形 ABCD 并未在三视图的任何一面积聚为一直线,但通过投影改造,它在变换面 P 上的投影为一积聚直线 A1 - C1。因此,ABCD 一定是平面四边形。反之,若面的投影无法形成积聚直线,则该面一定不是平面。

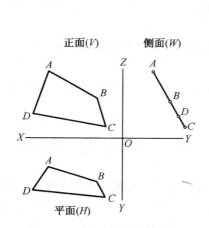

图 4 - 16　平面的积聚法则

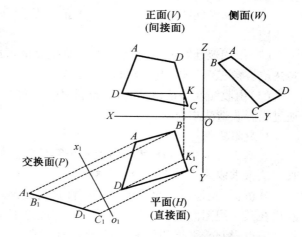

图 4 - 17　平面积聚法则通过投影改造的应用

　　平面的这一法则完全得自于平面真形投影的积聚性特征而非几何原理的平面固有特性,但这一积聚法则对投影改造时变换轴的确定有特殊意义。

### 4.2.3　平面法则与平面真形投影特征的应用

　　**1.平面的判断**

　　由前述的平面特性及构成平面的各法则,我们已经知道,单一投影面上多点面(四边形或多边形)的外形投影视图无法判断这一多点面是否为平面:具有相同外形轮廓的多点平面、折平面或是曲面,其外形在特定投影面上的投影视图完全相同。因此,就平面的工程投影与展开作业,必须首先判断投影视图是否为平面:可由同一多点面的不同视图,按实际需要选用上述四法则的任何一种进行验证。

　　唯经验证为平面,才能应用平面的真形投影特征进行平面的工程投影或展开作业;未经验证判断而随意应用,则将导致作业的差错,甚至可能依差错作业加工出无法装配到位的零件而导致报废损失。

　　实际上,只要视图完整无缺,单一视图完全可以准确表述多点不同面:对于平面,即为其外形投影视图;对于折平面,则在其外形投影视图上另有明确的折角线表示;对于曲面,则须有表述该曲面的素线组(在下面的课程中会详细介绍)。

仅有外形轮廓投影而实际非平面的视图,实际上是这些非平面投影视图的不完整:折平面投影遗漏了折角线;曲面则未添加必需的素线组。造成视图不完整的原因很多,其中,设计差错是其最重要的因素之一(却又经常无法避免)。因此,平面的工程投影或展开作业开始前,对视图的平面验证判断尤为重要:对作业视图条件进行验证校对,以避免可能的工程差错损失。

若经投影验证为非平面,需联系视图供方(设计者),确认可能的两种情况:一、若确为非平面,则应责成该供方补全必要的视图信息:折平面的折角线信息或曲面的素线组信息等,以完整作业视图条件;二、若确为平面,则应责成供方确认平面的修正条件,按实际需要选择前述各法则之一进行平面的修正。

2. 目标面真形的求取

根据平面真形的投影特征:

(1)由真形性特征,凡平面投影为正平面、水平面或侧平面时均为该平面的真形,可直接取用;

(2)由积聚性特征,对垂直于投影面的平面可通过投影改造求取它的真形,也可通过旋转法或直角三角形作图法求取它的真形;

(3)由收缩性特征,对倾斜于投影面的平面可用直角三角形作图法求取它的真形,也可通过投影改造法求取。

3. 应用实例

实例4-1:图4-18所示为由6个零件组成的一个六面体,要求用求实长线的几种伸长方法来求取这6个零件的平面真形。

分析:首先是对六个零件的平面性进行判断。根据平面的积聚法则,零件①②③⑤和⑥均在某一视图面上有积聚直线投影,因此这五个零件一定是平面零件。对于零件④,不符合三点、相交、平行和积聚法则,无法直接判断。现在,我们用相交法则进行判断,具体步骤如图4-19所示。

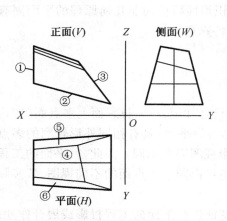

图4-18　平面真形运用实例

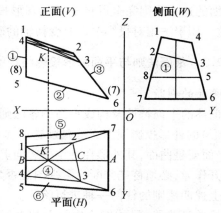

图4-19　相交法则验平面

在进行必要的标识后,分别作平面、正面零件④的对角线相交于点K,经投影,正面点K与平面点K重合。因此,零件④也是平面零件。

解决了零件的平面前提,开始求取各零件真形。

零件①是目标物的侧平面,它在侧面上的投影就是零件①的平面真形,可直接取用,如图 4－19 所示;

零件②为目标物的正垂面,在正面投影为一积聚直线,一般可用投影改造法求取它的平面真形。但若以正面积聚直线 5－6 为变换轴,容易导致图面的重叠。这里,旋转法当更为方便。

旋转法求取零件②平面真形的具体步骤如下(图 4－20):

(1)对正面零件②的积聚直线 $A－B$,以点 $A$ 为圆心作圆,与过点 $A$ 的水平线相交得点 $B'$(旋转);

(2)将点 $B'$ 投影至平面中线上得同名点 $B'$;

(3)过平面点 $B'$ 作直线 5－8 的平行线并将点 5 和点 8 投影至该平行线上得点 5′ 和点 8′;

(4)连接点 7,8′ 和点 6,5′,四边形 5′－6－7－8′ 即为零件②的平面真形。

同零件②,零件③也是正垂面,同样可用旋转法,也可用投影改造法求得它的平面真形。但这里,旋转法相对繁复,而投影改造法则相应简洁。投影改造求取零件③平面真形的具体步骤如下(图 4－21):

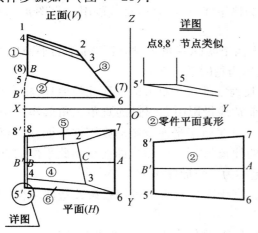

图 4－20 旋转法求 2 真形图解

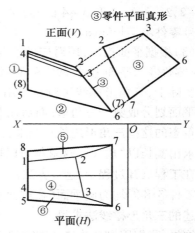

图 4－21 投影改造法求 3 真形图解

以正面积聚直线 2－6 为变换轴,正面为直接面,平面为间接面构建变换投影体系。

(1)分别通过正面零件③的积聚直线 2－6 上的点 2,3,6 和 7(点 6 和点 7 重合为一点)作直线 2－6 的垂线得同名 2,3,6,7 三根直线(6,7 直线重合)。

(2)将平面上同名对应点至间接轴 $O－X$ 的距离,以变换轴 2－6 为起点量至对应同名直线上,得同名 2,3,6,7 四点。

(3)连接点 2,3,6 和 7,即为零件③的平面真形。

零件④是非平行态平面,由平面真形投影的收缩性特征,我们用三角形撑线法伸展求零件④的平面真形。具体作法如下(图 4－22):

(1)同前章实例 3－1,对平面上的零件④(四边形 1234),连接其对角线 2－4,将之变成两个三角形。

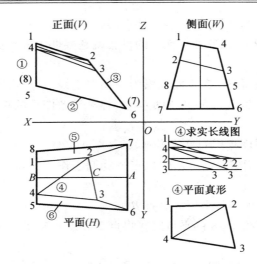

**图 4 – 22　三角形撑线法求 4 真形图解**

（2）用直角三角形作图法求伸长线：以平面投影线长作为直角的水平边，以正面对应投影线的高度差作为直角的垂直边，其斜边即为该直线段的伸长线。以此方法分别求出直线段 4 – 2，2 – 3，2 – 1 和 3 – 4 的实长线（1 – 4 为侧平线，可在侧面直接取用），见图 4 – 21 中的④号零件求实长线图。

（3）根据平面投影，用对应的实长线作出两个实际三角形，构成零件④的平面展开图（由于零件④为平面零件，故它的平面展开图即为它的平面真形）。

实际上，三角形撑线法就是应用三条边长确定唯一三角形的平面几何原理，将直线边界的平面划分成数个三角形；而后用我们在前章线投影中介绍过的直角三角形作图法，对非平行态的这些三角形边长直线求实长。由于非平行态平面投影的收缩性特征，必须对其边界求出实长以"放大"，这就等于以投影线的伸长"撑大"收缩平面而得到此平面的真形，因此在工程展开过程中，这一方法被习惯性地称为三角形撑线法。

零件⑤和⑥均为侧垂面（在侧面上积聚为直线段），其真形可用投影改造法求得，也可用上述的三角形撑线法求得。

这里，我们用投影改造法求零件⑤的平面真形，具体作法如下（见图 4 – 23）：

直接以侧面直线 1 – 7 为变换轴，侧面为直接面，平面为间接面、O – Y 为间接轴构建变换投影体系。

（1）分别通过侧面上零件⑤的积聚直线 1 – 7 上的点 1，2，8 和 7 作直线 1 – 7 的垂线，得同名垂线 1，2，8 和 7。

（2）将平面对应点的对应长度（至间接轴 O – Y 的距离）自变换轴 1 – 7 起量至对应垂线上，得同名点 1，2，8 和 7 四点。

（3）连接点 1，2，8 和 7，即为零件⑤的平面真形。

零件⑥真形的投影改造求法同零件⑤，只是将变换轴设为侧面零件⑥的积聚线 4 – 6 即可。

为与下面将要讲到的折平面进行比较，这里我们以三角形撑线求一遍零件⑥的真形（见图 4 – 24）：

（1）与零件④相同，对平面零件⑥（四边形 3 – 4 – 5 – 6）作对角线 5 – 3，将之分为两个三角形。

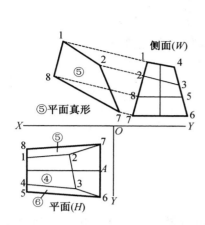

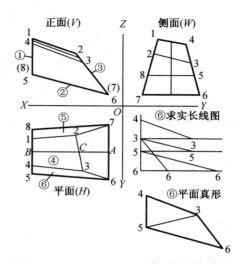

**图 4 – 23　投影改造法求⑤真形图解**　　　**图 4 – 24　三角形撑线法求⑥真形图解**

（2）用直角三角形作图法，以平面投影长为水平边，正面对应投影线的高度差为垂直边，分别求出 5 – 3，4 – 3，3 – 6 和 5 – 6 的斜边——实长线。直线段 4 – 5 为侧平线，可在侧面直接取用。

（3）根据平面投影，用对应的实长线作出两个实际三角形，构成零件⑥的平面展开图。同零件④，这一展开图即为零件⑥的平面真形。

对本题，我们分别介绍了旋转法、投影改造法和三角形撑线法等各种方法的具体应用，希望有助于读者对平面特性的领会、掌握和应用。对这些方法，我们还会在后面的展开一章中详细介绍。

### 4.2.4　折平面及其应用实例

如同折直线组，由两个或多个单一的平面相连组合而成的不在同一平面里的立体面被称为折平面（或折角面），其在具体工程应用中非常常见：用于加强的折边板、用于过渡连接的折角板等，船舶工程中的折边肘板，就是最典型的由两个平面构成的折平面零件。

如前述，若未在投影视图中明确折角线，就图面而言，平面与折平面很难区别，特别是它们的展开：平面展开后的展开图就是平面的真形，可直接取用；而折平面展开（在同一平面内的"摊平"）后的展开图仅仅是其平面下料依据的实形而非其真形，必须求出加工角度，按实形下料并经加工后才能得到它的真形折平面。因此，平面作业前，必须判断图面视图为平面，或是折平面，否则必导致差错。

前述实例中，全部六个零件都是平面零件。现在，我们对实例 4 – 1 略作改动作为实例 4 – 2，使之产生一些非平面的折角面零件以作比较。在原图 4 – 18 中，保持正面不动，将平面的点 5 和点 8 间的宽度改成同点 6 和点 7，使之成一矩形；侧面亦作相应改动，见图 4 – 25。同样要求用求实长线的几种伸长方法来求取这 6 个零件的平面真形。

同前例，首先验证零件的平面性。1a，2a 和 3a 仍为平面零件（由投影面的积聚投影判断），4a 在三个投影面上的投影形状都未变动，它也是平面零件。而 5a 和 6a，很容易以相交法则判断出它们不是一个平面，一定是折平面。

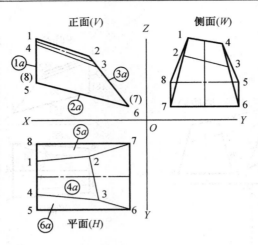

**图 4 – 25　折平面运用实例**

对于 $1a,2a,3a$ 和 $4a$，其真形求法同例 4 – 1，不再赘述；$5a$ 和 $6a$ 情况相同，我们以 $6a$ 进行分析，并与前述的零件⑥作比较。

由于是折平面，$6a$ 与⑥的主要区别如下：

（1）真形求取方法的不尽相同：作为平面零件，⑥可任意用投影改造法或是三角形撑线法进行真形求取；而 $6a$ 则因非平面而不能采用投影改造法，只能用三角形撑线法伸长展开。

（2）展开后的形状对平面的⑥而言即为其真形；而对折平面的 $6a$，则为其实形而非真形，只能作为下料（零件外形切割）的依据。因此，展开后还必须求出其折角的加工角度，供该零件下料切割后加工成真形。

（3）同样是对角线 5 – 3，在平面多边形零件中为添加的辅助线，展开图作成后，应去除以免混淆；而对折平面，它则是必不可少的加工工艺信息，必须在展开图中标注清晰以为角度加工的依据。

具体步骤如下（图 4 – 26）：

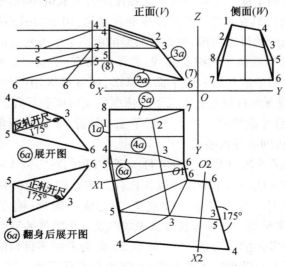

**图 4 – 26　折平面展开及加工角度求取**

（1）以三角形撑线法作 $6a$ 的平面展开图，除对角折角线 $5-3$ 已标出而无需另作外，步骤同图 $4-24$ 的⑥。

（2）用二次投影改造求 $6a$ 折角的加工角度。原理：使折角直线通过投影改造而垂直于某一变换面，以使折角的两个平面都垂直于这个变换面，形成两条交汇于折角直线积聚点（折角点）的积聚直线。当然，这两条积聚直线的夹角就是此折平面的真实折角角度。为此，以折角线为变换线，先作平行变换轴 $X1-O1$ 进行变换（先求折角线真形），而后以平行变换后的折角线 $5-3$ 为变换线作垂直变换轴 $X2-O2$，经这样的两次变换，折角的两个平面在最新的变换面上积聚成 $6-5$ 和 $5-4$ 两根积聚直线，量出其夹角即为折平面 $6a$ 的实际折角角度，也就是我们要求的实际加工角度。

（3）如前章线投影中的实例 $3-1$，在展开图上标注加工工艺：在展开图的折角线旁标注折角加工符号、加工角度（角度以及按锐角、直角和钝角的区别标注"拢尺"、"角尺"和"开尺"），并判断这一角度的正轧与反轧情况。对于本例，展开图的工艺标注为"反轧开尺 $175°$"。

（4）提请注意的是，对于反轧折角零件，应当"翻身"作对称图，使之成为正轧零件图提供下料、加工。因为加工折角的折压机械（水压机、油压机等）通常总是正向下压而非反向上顶，反轧零件图下发，意味着施工时对零件的翻身：不仅实际零件的质量导致施工不便，易出危险，还会增加正面加工工艺线（即此折角线）的反向驳画工作量。较之图面的对称"翻身"，施工成本将大大增加。一个优秀的工程技术人员，最起码的基本素质就是一切为了下道工序，予人方便……因此，对于折角、折边等折平面零件，其最终完成下发的零件展开加工图，都应当是正向加工工艺零件。即使是兼具正、反加工要素的零件，也应尽可能减少反向加工量，使正向加工量最大，除非加工机械为反向顶压机械。

对 $5a$，全部作业步骤同 $6a$，不再重复。

### 4.2.5 平面的旋转

我们详细介绍了求取平面真形的几种办法：分别是旋转法、三角形撑线法和投影改造法。根据平面的真形投影特征，对求取平面真形，我们总是设法使所求平面平行于某一投影面，应用真形性特征而直接取用其真形。对垂直态平面，应用平面的积聚性特征，我们通常采用旋转法或投影改造法，使目标平面平行于某一投影面而求得其真形。而对于非平行态平面，可以通过多次投影改造法，也往往采用更为直接的三角形撑线法。

除上述的三种方法外，我们还可以采用平面的旋转方法（以下称"平面旋转"）求取平面的真形。

#### 1. 直线旋转与平面旋转

实际上，前述旋转法是直线的旋转：在第 3 章的线投影中，求直线段实长线所用的旋转法，是直线段绕某一点的旋转，使之平行于某个投影面而求其真形；本章前述的旋转法，尽管是对平面求真形，但形式上仍是直线的旋转：是垂直态平面的积聚直线绕此平面上旋转轴的积聚点的旋转。

所谓平面旋转，是指平面绕此平面上特定轴线（以下称"旋转轴"）的旋转。旋转轴不在旋转平面上的旋转，称之为平面的空间旋转，不在本课程范围。与前述旋转法的直线绕点旋转不同，平面旋转为绕轴旋转。由于规定了旋转轴在旋转平面上，故唯旋转轴垂直于投影面时，平面旋转才等同于直线旋转法（此时的平面必为垂直态平面）。因此，前述的旋转法(本质上是直线旋转)是垂直态平面的旋转特例:它仍是直线的旋转,仅适用于垂直态平面。

本节的平面旋转,是非平行态平面绕其上特定轴线的旋转。

由非平行态投影的必然收缩变形,平面旋转的旋转轴也往往非其真形:经常同时为非平行态直线,即非实长直线。而作为作图依据,平面正确旋转的前提就是其所绕之旋转轴必须是真形,也就是这一轴线的实长线。否则,任意旋转不可能得出符合要求的结果:所作的旋转角度一定会偏离工程任务要求的角度,所求出的旋转后的平面也一定不会是任务所要求的平面。因此,平面旋转时,必须首先判断其旋转轴是否为实长。若非实长,须先求出它的实长线,而后按要求进行旋转。

这样,对于平面旋转作图依据的旋转轴,它必须符合如下三个条件:

(1)与旋转平面同处一个平面;

(2)直线段;

(3)实长线。

**2. 平面旋转求平面真形**

平面旋转求平面真形,就是平面的旋转展开(在第 5 章的展开中还会详细介绍),它是通过待展开平面投影点(通常选用平面的轮廓顶点)绕其旋转轴的旋转来实现的,实际上就是通过求出各点距旋转轴垂直距离的实长线以得到平面真形的相应点位置:如同直线的收缩性特征,绕轴旋转时,点距轴的最大距离即点距轴距离的实长线。

实例 4-3:以对角线 1-3 为旋转轴旋转展开平面 1-2-3-4(图 4-27)。

分析:这是一个非平行态平面,其平面性可以用相交法则进行验证,略。我们以 1-3 为旋转轴进行旋转展开:由于作为旋转轴的直线段 1-3 为正平线,故正面 1-3 为旋转轴的真形线(当然也是其实长线),可直接以之为轴进行旋转展开。并且,点 1 和点 3 就在轴上,故此旋转展开就是求点 2 和点 4 距 1-3 距离的实长线。具体步骤如下(见图 4-28):

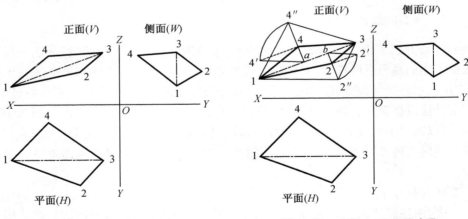

图 4-27　实例 4-3 图　　　　图 4-28　实例 4-3 作图步骤

(1)过正面点 4 作旋转轴 1-3 的垂线,得垂足点 $a$。4-a 即为点 4 到旋转轴间距离的正面投影长。

(2)过正面点 4 作 1-3 的平行线(当然也垂直于 4-a),并将平面点 4 至平面旋转轴 1-3 的距离(即点 4 到 1-3 距离的平面宽度差)自正面点 4 起量至这一平行线上得线段 4-4'。由直线段求实长线的直角三角形作图法,直角三角形 a-4-4' 的斜边 a-4' 即为点 4 至旋转轴 1-3 距离的实长线。

(3)以点 $a$ 为圆心, $a-4'$ 为半径作圆,交直线 $4-a$ 的延长线于点 $4''$。点 $4''$ 即为正面点 4 绕 $1-3$ 旋转后展开的真形位置点(点距实长线的距离,必垂直于此实长线(此处的实长线为实长旋转轴 $1-3$);而 $a-4''$ 等于 $a-4'$(圆半径)为点 4 距实长旋转轴 $1-3$ 的实长距离,且又垂直于 $1-3$)。

(4)同样方法求出正面点 2 绕 $1-3$ 旋转后展开的真形位置点 $2''$。

(5)连接正面 $1-2''-3-4''$,即为所求的平面真形。

作图补充说明:通常,为了清楚说明投影目标的是否可见,我们规定了投影线条的虚、实之分,也规定了投影点是否需要加带括号。并且,对一些辅助线条,如投影轨迹、中心线等目标物的虚拟特征线,有点画线、虚线的规定等。但是,在实际的工程应用中,一些特殊的需要导致这些规定不能被严格执行。主要原因如下:

(1)对于投影、展开作业,重要而频繁的是求交点。虚线、点画线的间隙经常导致无法交点。

(2)对复杂作业,如船体线型图,线条的繁密,时常导致标识凌乱、困难。

(3)对于投影展开的工程应用,最终提交的是任务要求的零件图。所有作业过程中的标识、步骤均为中间过程而不体现于最终产品中。

所以,实际作业时经常以实线替代虚线、点画线,并且并不强求不可见点的加带括号。本题就是因为交点因素,而将正面旋转轴 $1-3$ 由点画线改作实线。后面的课程中,随作图手段的叠加,经常会出现这样的工程简化,甚至擦去已完成投影的一些轨迹线以保证图面的简洁、不凌乱,在此做一总说明。

实例 $4-3$ 中旋转轴恰好是实长线,我们再以非平行态旋转轴的平面旋转为实例,以充分说明平面的旋转。

实例 $4-4$:以对角线 $1-3$ 为旋转轴旋转展开平面 $1-2-3-4$(图 $4-29$)

分析:此例基本同 $4-3$,但旋转轴 $1-3$ 为非平行态直线。所以,必须先求出 $1-3$ 的实长线,再以上述同样的平面旋转方法展开这一平面。

具体步骤如下(图 $4-30$):

(1)以任一投影面为直接面,作旋转轴 $1-3$ 的平行线 $X1-O1$ 为变换轴(平行变换直接求 $1-3$ 的实长线;垂直变换只能求出它的积聚点,与我们的任务不符)进行投影改造,求出 $1-3$ 的实长线。

(2)在变换面上按实例 $4-3$ 的方式,旋转求出点 2、点 4 展开后的真形位置点 $2''$ 和点 $4''$。

(3)连接变换面 $1-2''-3-4''$,即为所求的平面真形。

图 $4-30$ 所示的是以平面为直接面的变换后平面旋转。

对于本节的两个实例,它们都可以三角形撑线法完成平面的展开。若以三角形撑线法,对于实例 $4-3$,需要求出四条实长线,而平面旋转仅需求两条;对于实例 $4-4$,三角形撑线法需求五条实长线,而平面旋转,则是一次投影改造加上两条实长线的求取。比较两者,虽然三角形撑线法有易于理解的优点,但有时平面旋转更为快捷。

平面旋转不仅可应用于平面真形的求取,还可应用于特定条件下新建平面(如后面即将讲到的剖面,特别是双斜切剖切平面等)的求取。结合前述的各种求取真形的方法,平面旋转可解决很多常规方法所不可能解决的投影与展开问题,是具体工程应用中不可缺的重要技术手段之一。

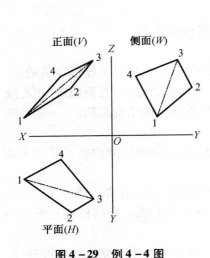

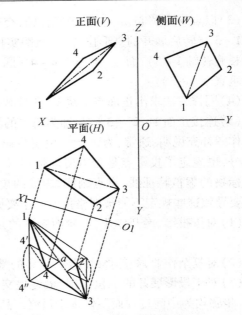

图 4-29　例 4-4 图　　　　　　　图 4-30　以平面为直接面的变换后平面旋转

# 4.3　向　视　面

前述关于平面特性、法则等的介绍,均基于基本投影体系的三视图系统(基本投影),其投影视图的基础是三个两两垂直相交的基本投影面。平面的验证判断、投影特征及其实际应用等的讨论也都基于目标平面在三个基本投影面上的投影,即为基本投影面上的图面作业。

在具体的工程应用中,经常需要在基本投影体系中补充相应的斜向投影体系(变换投影),以完成对目标物中特定斜向目标对象(如船舶的锚泊系统等船舶附件)的工程描述。向视面,是向视投影体系的基本内容。

### 4.3.1　变换投影与向视投影

我们已经知道,变换投影是在正投影规定下倾斜于正投影的斜向投影。变换投影的"斜向"亦相对于"正向"的基本投影——变换投影并不独立存在,而是相对基本投影的存在,变换投影是对基本投影的补充,必须反映与基本投影的对应关系。变换投影用于对工程目标物中特定的斜向目标对象的工程描述。被常称为投影改造的变换投影,是在基本投影体系中补充的斜向投影体系,也是投影作业的重要基础方法之一。通过该方法可以建立向视面,向视图还可以建立剖面、曲面。而在基本投影体系下的向视投影,就是具有明确方向的变换投影。它只能建立向视面、向视图。因此,尽管两者的技术含义不同,但纯就投影的图面作业而言,向视投影就是被称为投影改造的变换投影。

### 4.3.2　变换面、向视面与向视图

与基本投影体系的三个基本投影面一样,变换投影首先需要设置变换投影面。正投影下,建立基于基本投影,能正确并完整反映其与基本视图的对应投影关系的变换投影面,最合适的技术手段就是前面详加讨论介绍的变换投影:它以直接面、间接面、变换轴和间接轴

建立了与基本投影面具有直接投影关系的倾斜变换投影面。这样,变换投影的图面作业,就是依据变换投影面的规定所进行的变换投影。不同于基本投影相对唯一的基本投影面,向视投影下,随向视角度的不同可产生无数对应变换投影面。

本课程将单一目标平面在变换投影面上的投影定义为向视面,非平面、两个或多个平面在变换投影面上的投影则被定义为向视图。即:目标物在变换投影面上的投影被定义为向视图,其内可以包括一个或多个向视面。

变换投影面类似于虚拟的投影幕布。而向视面和向视图则是幕布上的映像。两者在工程意义上是不可分离的结合体。没有图象的空白幕布不复存在,没有幕布图象无从投影。两者的结合体我们通常称为变换面。

本课程定义了向视图为目标物在变换投影面上的投影,它可以包括一个或多个单一的向视面。对于非平面的曲面,其向视投影后只能形成向视图而不存在向视面;对于具有一个或多个平面的目标物(折平面组、平/曲面组等),其向视投影形成的向视图,则包含有这一(些)平面的向视面。即此向视图中具有单一向视面或多重向视面。

包含向视面的向视图,是具体工程投影作业经常遇到的,作业时需对各向视面一一进行处理。这就产生了一个重要的基本概念:向视目标平面。

向视目标平面:向视图中的作业对象——向视面。

因此,对工程目标物的向视投影作业,首先就是确定向视目标平面,而后使之积聚成一直线(定义为向视目标),最终得到向视目标平面的真形——向视面。

基本投影视图、变换投影面以及变换投影面上的向视图共同构成了相对完整的向视投影体系。目标对象在向视体系中的图面投影关系是:目标对象→基本投影视图→向视图(或最简的向视面)。即在图面的向视投影作业中,实际目标对象通过基本投影视图的投影后,经投影改造形成向视图(或向视面)的投影(间接投影),而不能直接投影至变换投影面形成向视图(或向视面)。尽管两者结果完全相同,但直接投影略去了不能忽略的与基本体系的关系,导致实际上的基本投影过程而非向视投影过程。

这样,向视面作业完全是图面间按正投影规定的变换投影作业,并不直接对应目标平面,需要作业者具有更强的空间立体感和相应的识图、读图和制图能力。

### 4.3.3　向视面的分类与投影特征

我们已经定义了向视面为单一平面在变换投影面上的向视投影,相当于基本投影中的单一平面投影。向视面可按向视面所在变换投影面与基本投影面的空间位置关系,将之分为垂直态向视面和非平行态向视面。不同于平面,向视面不存在平行态,因为它的平行态即基本投影面。显然,垂直态向视面即一次向视面,而非平行态向视面则一定是二次或三次向视面。

也可按形成向视面的投影改造次数将向视面分为一次向视面、二次向视面和三次向视面。本课程将二次向视面和三次向视面归为多次向视面。即向视面按形成向视面次数分为一次向视面和多次向视面。一次向视面是依据三向投影面中的任意二个投影面上的平面投影,通过一次变换投影直接求得,它与三向投影面有着直接转换投影关系。所以亦可称为直接向视面。而多次向视面,不能通过三向投影面直接投影求得,必须通过一次向视面间接转换投影求得。所以亦称为间接向视面。

1. 直接向视面

按前述平面在基本投影体系中的真形投影特征,本课程将直接向视面分为真形向视面、积聚向视面和收缩向视面三类。

（1）真形向视面

如同平面的真形投影，真形向视面本质上就是目标平面平行于变换面的投影。然而，如前述，向视面作业完全是图面间按正投影规定的变换投影作业，并不直接对应目标平面，故以图面投影特征对真形向视面做如下表述。

在目标平面投影成积聚直线的投影面上，以该投影面为直接面、该积聚直线或其平行线为变换轴建立变换面，该平面在此变换面上的投影即为真形向视面。

真形向视面按所在直接面的名称又可细分为平面真形向视面、正面真形向视面和侧面真形向视面（图4-31）。

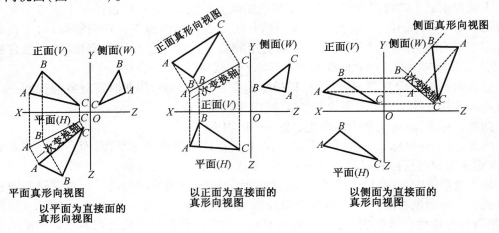

图4-31　真形向视面

①在平面以铅垂面积聚线的重合线或平行线为变换轴，以平面为直接面，正面为间接面，一次变换投影求得的向视面称为平面真形向视面。

②在正面以正垂面积聚线的重合线或平行线为变换轴，以正面为直接面，平面为间接面，一次变换投影求得的向视面称为正面真形向视面。

③在侧面以侧垂面积聚线的重合线或平行线为变换轴，以侧面为直接面，正面为间接面，一次变换投影求得的向视面称为侧面真形向视面。

（2）积聚向视面

目标平面垂直于一次变换面，在一次变换面上形成积聚直线的向视面即为积聚向视面。然而，如前述，向视面作业完全是图面间按正投影规定的变换投影作业，并不直接对应目标平面，故以图面投影特征对积聚向视面作如下表述。

作与三向投影面中的平面真形水平线（真形正平线、真形侧平线）垂直的一次变换面，在该一次变换面上形成积聚直线的向视面即为积聚向视面。如三向投影面中无平面真形水平线（真形正平线、真形侧平线），可添加辅助水平线（正平线、侧平线），从而求得真形水平线（真形正平线、真形侧平线）。

积聚向视面反映平面积聚直线。也可以说，积聚向视面是向视面作业中形成真形向视面的重要特征过程。

积聚向视面按所在直接面的名称又可细分为平面真形向视面、正面真形向视面和侧面真形向视面（图4-32）。

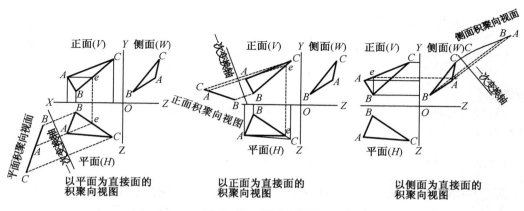

**图 4 - 32　积聚向视面**

①在正面添加辅助水平线,将正面辅助水平线投影至平面,得平面真形水平线。在平面以真形水平线的垂线为变换轴,以平面为直接面,以正面为间接面,一次变换投影求得的向视面称为平面积聚向视面。

②在平面添加辅助正平线,将平面辅助正平线投影至正面,得正面真形正平线。在正面以真形正平线的垂线为变换轴,以正面为直接面,以平面为间接面,一次变换投影求得的向视面称为正面积聚向视面。

③在正面添加辅助侧平线,将正面辅助侧平线投影至侧面,得侧面真形侧平线。在侧面以真形侧平线的垂线为变换轴,以侧面为直接面,以正面为间接面,一次变换投影求得的向视面称为侧面积聚向视面。

（3）收缩向视面

同非平行态平面投影的收缩性特征,收缩向视面本质上就是目标平面既不平行、也不垂直,而是倾斜于变换面的投影。就图面而言,凡非真形向视面、积聚向视面的向视面均为收缩向视面。

向视面投影作业,就是通过投影改造这一技术手段,由收缩向视面形成积聚向视面,最终形成真形向视面的过程。

对同一块非平行态平面作不同方向的向视面,得到的是不同的收缩向视面。反映的平面收缩变形的形状也不同。图 4 - 33 是同一块三角形平面,分别在正面、平面和侧面作平行三角形边线 $A - C$ 的向视面,可见正面、平面和侧面的向视投影三角形是完全不一样的。

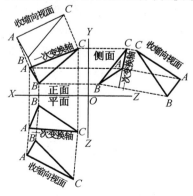

**图 4 - 33　收缩向视面**

### 4.3.4 直接向视面的特征

(1)真形性特征 平行于垂直态平面积聚直线的向视面,反映平面真形。

(2)积聚性特征 垂直真形水平线(真形正平线、真形侧平线)的向视面。反映平面积聚直线。

(3)收缩性特征 同一非平行态平面不同方向的收缩向视面,反应的平面收缩形状各不同。

### 4.3.5 间接向视面

前述间接向视面是通过一次变换面间接与三向投影面转换投影求得。投影在二次、三次变换面上的向视面同直接向视面一样,也分间接真形向视面、间接积聚向视面和间接收缩向视面。

### 4.3.6 间接向视面的特征

(1)凡是与变换面平行(重合)的向视面为真形平面。

(2)凡是与变换面垂直的向视面为积聚直线。

(3)凡是与变换面倾斜的向视面为收缩平面。

### 4.3.7 向视面分类的目的作用

向视面分类的目的主要是突出直接向视面(一次向视面)与三向投影面的关系和特性。特别重点表述真形向视面和积聚向视面的特性。目的为读者熟练掌握和灵活应用该特性,对以后的展开、求截交线和求相贯线有很大的帮助。

前述向视面分类名称仅作介绍特征而用,实际在以后的作业中是不分向视面名称的,统称向视面。因为根据向视面的所在位置和特性,读者自然会知道该向视面是何向视面。

### 4.3.8 向视面应用实例

实际上,第3章的例3-5以及平面特性四之积聚法则等的投影改造手段应用中,我们已经应用了向视面原理(如图3-29所示),只是未提及向视面这一概念。这里,特以船舶坑锚锚箱的变形体,相对完整地详述向视面概念的实际应用。

例4-5:图4-34是由六个零件组成的六面体(船舶坑锚锚箱的变形体)。要求根据向视面的特性,用变换投影作业求取这六个零件的真形。

分析:由基本投影面视图,零件①和零件⑤分别在正面和平面上为积聚直线(垂直态平面的正垂面和铅垂面),符合形成真形向视面特征,一次投影改造即可求得这两个零件的真形向视面。而其他四个零件则均为收缩变形面,待用向视面积聚法则验证其是否为平面后再作处理。

作图步骤如下:

(1)根据向视面的真形性特征对垂直态平面用一次投影改造法求取零件①和零件⑤真形(图4-35)。

(1.1)作正垂面零件①积聚直线的平行线为变换轴,以正面为直接面、平面为间接面、$X-O$ 为间接轴进行投影改造,作垂直态真形向视面求得零件①的真形。

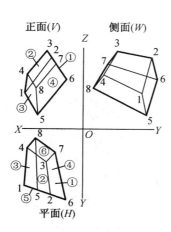

图 4-34  向视面应用实例

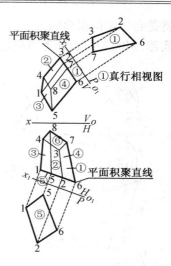

图 4-35  ⑤真形相视面

（1.2）类似于 1.1 的步骤，以平面为直接面、正面为间接面作垂直态真形向视面求得零件⑤的真形。

（2）根据向视面的积聚性特征作一次投影改造验证收缩面的平面性（图 4-36、4-37）：

（2.1）零件②1-2-3-4 和零件⑥3-4-8-7 在正面具可作图共同点 4，故同时验证零件②和零件⑥（图 4-36）：

（2.1.1）过正面点 4 作辅助水平线 4-b，分别交零件②边线 1-2 于点 a、零件⑥边线 7-8 于点 b。

（2.1.2）分别将点 a 和点 b 投影至平面的对应投影目标，并分别连接平面 4-a 和 4-b，4-a 和 4-b 为真形水平线。

（2.1.3）在适当位置分别作平面 4-a 和 4-b 真形水平线的垂线为变换轴，以平面为直接面、正面为间接面、X-O 为间接轴进行投影改造，得到零件②和零件⑥的积聚直线，形成零件②和零件⑥的积聚向视面，即零件②和零件⑥经验证为平面，系非平行态平面。

（2.2）零件③1-4-8-5 和零件④5-6-7-8 在正面具可作图共同点 8，故同时验证零件③和零件④（图 4-37）：

（2.2.1）过正面点 8 作辅助水平线 a-b，分别交零件③边线 1-4 于点 a、零件④边线 5-6 于点 b。

（2.2.2）同样方法，将点 a 和点 b 投影至平面，分别连接平面 8-a 和 8-b。

（2.2.3）分别变换投影后零件③和零件④未积聚成一直线：它们不是平面。据向视面的定义，零件③和零件④的变换投影为向视图而非向视面。

（3）投影改造作积聚向视面的真形向视面求取平面真形（图 4-36）

零件②和零件⑥经验证为非平行态平面，可直接以其积聚向视面上的平面积聚直线为变换轴、积聚直线本身为直接面进行第二次投影改造，形成它们的真形向视面，求得零件②和零件⑥的真形（此步可在第二步经平面验证后直接完成）。

（4）非平面零件的处理

零件③和零件④不是平面：其在一次变换面上投影为向视图而非向视面，无法求得它们的真形面。有两种解决办法：一是将零件③或零件④一分为二，作为两个平面零件展开，

具体方法就是自积聚向视面向真形向视面的投影改造;二是将零件③或零件④作为折平面
展开求其实形,但需要向设计者明确折角线位置。

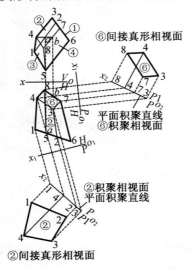

图 4－36　求取平面真形示意图

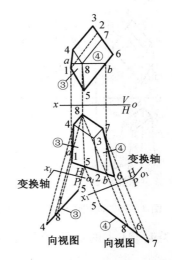

图 4－37　非平面的向视图

　　由上述实例,可以知道应用向视面概念求平面真形,就是以投影改造手段进行变换投
影,建立平行于目标平面的变换面,并在其上形成真形向视面。它的一般规律如下:
　　(1)以能否形成积聚向视面验证目标面的平面性;
　　(2)在积聚向视面上以平面积聚直线为变换轴、积聚直线为直接面进行变换投影以得
到该平面真形向视面。
　　因此,积聚直线是向视面作业最重要的过程目标特征。

# 4.4　剖　　面

　　剖面,系剖切之面,用于对一些复杂结构目标物的内部剖视,以显示其无法以外形视图
完整表达的整体结构,是基本投影制图的重要辅助手段。在通常的制图课程中,剖面也常
被称为剖视面(或剖视图),即剖切视图面。
　　剖面,并非对目标物的实际剖切而是虚拟剖切。在需要的特定位置进行这一虚拟剖
切,用以清晰勾划目标物在此特定位置的构造情况。实际上,剖面就是依据目标物的实际
几何特征,以投影的方式在其基本视图的基础上建立目标物新的剖切面视图,属虚拟目标
面而非真实目标面。这种剖切,可根据工程的实际情况,在任何需要的位置进行,更可以在
目标物的不同位置多次进行:将目标物剖切若干次、若干段,从而得到它的若干个剖面投
影。这对于具有复杂内外轮廓的目标物而言是非常有用的:特别是按需要的若干个不同位
置的平行剖面重叠在一个投影面里,不但可以反映出实际目标物难以通过单一投影显示的
包括它内部轮廓在内的各种复杂形状,并可清晰表达目标物外形轮廓的走向变化,从而动
态地、完整地全面反映复杂的工程目标物。
　　剖面这一辅助手段功能极强,可以完成许多平面投影所无法完成的任务,特别是对于
后面课程将要讲到的曲面投影,它可以辅助曲面投影建立曲面线型,从而得到一个完整的

目标物曲面投影图。船舶工程中最基础的船体线型,以及更为常用的肋骨线型,就是剖面的工程应用的典型案例。另外,剖面还可以起到简化图纸的作用:如船舶的布置总图、基本结构图、舯横剖面图、分段结构图等。若用机械类制的规定严格制图,背景虚线太多,线条的重叠而导致图面不清,增加画图和识图的困难;而剖面方式就能将复杂的图面分解成若干个简化、清晰的易画、易懂的互有关联的图面,使制图和识图都变得容易。

同时,根据对目标物描述的需要,剖面的剖切方式还有平面剖切、转角剖切与阶梯剖切等不同剖切方式,如图 4-38 所示,不同的剖切方式产生不同的剖面视图(转角、阶梯方式的剖切角度往往决定于目标物的特征需要而不一定是 90°。如对轴承的转角剖面视图,其角度往往决定于其滚珠/滚柱等的位置)。

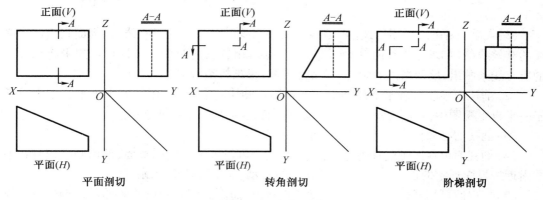

**图 4-38　剖切形式**

不同的工程专业,按其对不同工程目标物的描述需要,对剖面有着各自不尽相同的规定:有的规定只能使用单一的平面剖切方式,有的则可以多种方式混用;有的只能反映剖切处的目标物特征,有的则可以包括在剖切处一定范围内的目标物特征;有的必须完整反映剖切处的所有特征,有的仅需反映对任务目标有效的部分特征而无须完整反映;有的必须标注,有的则不应标注等。

正由于剖面使用灵活,不论机械制图,还是非机械类制图,都离不开剖面这一重要手段。但灵活并不意味着随意:无论如何,剖面只是基本投影视图的补充辅助手段,离不开投影的基本规定。任何工程专业,无论对剖面进行怎样的简化、繁化或是移位、放大等改变以适合其专业的需要,对剖面的使用都有其专门的严格定义与规定。

对于主要应用于船舶工程等大型复杂结构件的投影与展开课程,我们的任务目标是最终的展开,求取目标物的实形与真形。因此,本课程的剖面规定为剖切平面,也就是单一的平面剖切形式。它是在三视图系统中的任意投影面上,对目标物视图的任意位置进行平面剖切,形成一个在目标物特定位置、特定方向的虚拟剖切平面(下面均以"剖面"称之,而通常的其他剖面则称之为"剖视面"或"剖视图")。这样,由本课程的剖面定义,它的投影完全等同于平面:同样具有真形性、积聚性和收缩性三个真形投影征。与前述的平面投影一样,按剖面投影的空间位置不同,也有其平行态、垂直态和非平行态之分,只是称呼不同:分别为平行剖切平面、单斜剖切平面和双斜剖切平面。

剖面的变换面投影本质上也属向视面。

然而,剖面与前述平面的概念和作用并不完全相同:

第一,前述各平面是实实在在的实际平面目标物,而剖面则是按一定要求新建的虚拟平面。这一虚拟平面的建立依据只有两个:目标物的真实特征(任务要求的描绘细节)和投影的全部规定(投影要求的增设辅助投影目标)。

第二,平面的投影必须完整地完成其唯一的特征(轮廓、外形等)投影;而剖面则是虚拟平面,通常只是根据我们的任务需要来反映目标物必要的剖切线条而忽略一些不必要的目标物投影线条,甚至经常并不完整地反映目标物的外形轮廓。

第三,平面的投影是将目标物从前到后、从上到下、从左到右的所有轮廓和特征按正投影规定投影到三向视图上,属必不可少的基本视图;而剖面投影则必须在基本视图的基础上,将剖切到的所有有效线段投影到规定的相应投影面上,属辅助视图。

除与平面的不同外,本课程的剖面与常规制图课程的剖视面(剖视图)也不同,主要如下:

(1)与实际平面的区别二相同:剖视面必须反映剖切面中的所有线条;剖面只需画出必要的有效线条(如求相贯线时,每次剖切只要画出相贯点的两根交线即可。如果将剖面内的所有线条画出,反而增加麻烦:图面杂乱无章,很难找到所求相贯点)。

(2)剖视面不能有若干个重叠于一个投影视图中;剖面则可以将若干个平行剖面重叠于一个投影视图中,是剖面动态、全面反映目标物特征的重要功能之一。

(3)剖视面必须标注尺寸;剖面一般不标尺寸。

(4)剖视面可在图纸的任意空白处绘制,甚至可以置于不同的页面;剖面则必须画在原图附近按投影规定的位置,仅可按规定做适量移动,决不可随意绘制。

(5)剖视面可用任何比例进行放大/缩小作图;而剖面则必须以原图的原比例进行全投影作图。

除特别说明外,本课程提及的"剖面",均指经这样定义了的剖切平面,其特征是:平面剖切、反映剖切的有效线条、平行剖面可重叠、无尺寸标注与特定位置原比例的全投影。其他剖面在本课程中一般称为剖视面或剖视图。

### 4.4.1 平行剖切平面

即平行态剖面:当剖面平行于某一投影面时,必定同时垂直于另两个投影面。此剖面被称为平行剖切平面(平行剖面),该剖面在所平行的投影面上的投影即为真形面;在与之垂直的另两个投影面上的投影则分别为平行于相应轴线的积聚直线(与平面和平面线段的真形性特征完全一致)。

如同平行态平面,由所平行的投影面的不同,平行剖面分为正平剖切平面(正平剖面,平行于正面剖切的剖面)、水平剖切平面(水平剖面,平行于平面剖切的剖面)和侧平剖切平面(侧平剖面,平行于侧面剖切的剖面)。

对于船体这样的复杂目标物,必须使用剖面才能完整准确地反映它的全部特征与形状。为此,我们通常以纵向、水平向和横向三个方向(即船的长、高、宽方向)对船体进行剖切。按目标物船体的特征,对于沿船体宽度方向的纵向剖切线,我们称其为纵剖线或直剖线(LL),所切剖面为纵剖面或直剖面,系船体的正平剖面;沿船体高度方向的水平剖切线被称为水线(WL),所切剖面为水线面,系船体的水平剖面;沿船体长度方向的横向剖切线则被称为站线(用于船体线型图的站号处,始于初始设计,一般由船体的艉柱垂线到艏柱垂线之间分为20站,艉柱垂线到艏柱垂线间的长度被称为两柱间长或垂线间长,系船体的重要船型特征之一)或肋骨线(XX#,用于施工图的肋位处,始于深入设计),所切剖面为横剖面或肋骨面,系船体的侧平剖面。根据不同的具体图纸,上述名称会略有不同,如船体线型的三向光顺图(见图 4 - 39),主要系船体线型,故其名称突出了"线"。

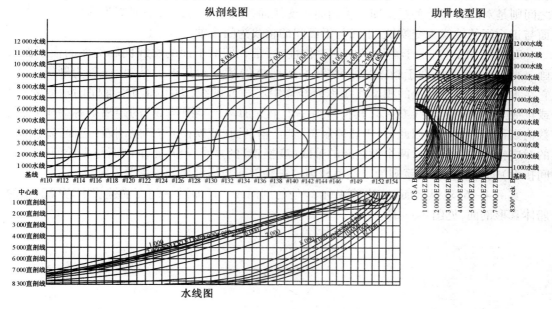

**图 4 - 39　船体线形三向光顺图**

在船体的三向光顺图中,纵剖线图就是正平剖面,水线图就是水平剖面,肋骨线型图就是侧平剖面(可以看出:各视图面中重叠着多个平行剖面,组成了船体的线型)。纵剖线图中的纵剖线为船体在此剖切面处的真形纵向轮廓线,其在水线图和肋骨线型图中分别为平行于水平轴和垂直轴的同名积聚性直线的直剖线;水线图中的水线为船体在此剖切面处的真形水平轮廓线,其在纵剖线图和肋骨线型图上为平行于水平轴的同名积聚性直线的水线;肋骨线型图中的肋骨线为船体在此剖切面处的真形横向轮廓线,其在水线图和纵剖线图中为平行于垂直轴的同名积聚性直线的肋骨线(在船体线型图中则为站线)。

正由于平行剖面的平行态特征,除了在所平行的投影面上反映真形外,剖面群在另两个垂直投影面上的积聚性投影直线构成了正交的"格子线"。这些格子线不仅有着平面垂直投影的积聚特征,同时也提供了一个相对坐标系统,可方便地对目标物特征进行定位。同时,这些重叠在一个投影面的剖切线,构成了能够精准描述船体这一复杂曲面的素线组。因此,对复杂目标物的工程应用而言,剖面的重要性是不可替代的。

### 4.4.2　单斜剖切平面

单斜剖切平面即垂直态剖面,是在三视图的任一投影面上垂直剖切,而与另两个投影面倾斜剖切的剖面,其被称为单斜剖切平面(单斜切剖面或单斜剖面)。

同样,由所垂直的投影面的不同,单斜剖面也分为正垂剖切平面、铅锤剖切平面和侧垂剖切平面。由单斜剖面的积聚性特征,它们的实际工程应用基本上都采用前述的投影改造法。

1. 正垂剖切平面

与正面垂直,而与平面、侧面倾斜剖切的剖面称为正垂剖切平面(正垂剖面)。

正垂剖面与正面间的交线即为这两个面的轴线(即投影改造中的变换轴)。按视图系统的正投影规定,正垂剖面与正面之间是向此轴的对应垂直投影关系;而正垂剖面与平面之间则是对应宽相等关系。即正垂剖面系变换面,正面系直接面,平面则为间接面;正垂剖面与正面间的轴线为变换轴,正面与平面间的轴线为间接轴。

对于船舶工程,由于船体横向的对称性,通常我们对平面的水线面和侧面的横剖面只画一半。此时,为区别于船体的宽度,我们将船体的某点到其正中纵剖面(称为舯纵剖面,它在水线面和横剖面上的积聚直线称为船体中心线或舯线,即正面与平面间的轴线 $O - X$ 或正面与侧面间的轴线 $O - Z$,其符号由一个整圆加两个半圆构成)的距离被称为半宽,其数值则称为半宽值。因此,对于船体制图,其正垂剖面(变换面)与其纵剖面(正面,直接面)的对应投影关系为向这两个面之间的轴线(变换轴)的垂直投影;正垂剖面与水线面(平面,间接面)的对应投影关系则为半宽值相等。正垂剖面与横剖面的投影关系类推。

实例 4 - 6:求纵剖面上锚链管中心线处的剖面 $A - A$(即沿纵剖面锚链管中心线剖切的船体真形剖面,见图 4 - 40)。

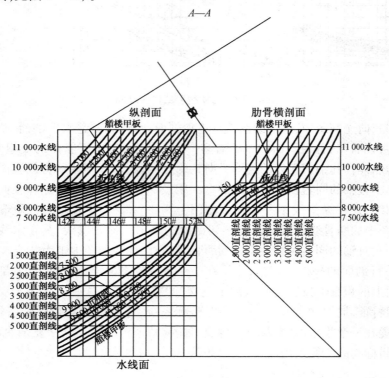

**图 4 - 40　实例 4 - 6 图**

作图步骤如下(图 4 - 41):

(1)在图面空白处作纵剖面锚链管中心线的平行线为变换轴(利用平行投影的真形性特征),该轴对应水线面舯线(间接轴),也就是 $A - A$ 剖面(变换面)的舯线。

(2)在 $A - A$ 剖面上作纵剖面锚链管中心线与各纵剖线交点的对应直剖线 $150LL$, $175LL, \cdots, 500LL, 525LL$(即水线面半宽值)。

(3)将纵剖面锚链管中心线与各纵剖线的交点垂直投影至 $A - A$ 剖面的各对应直剖线上。

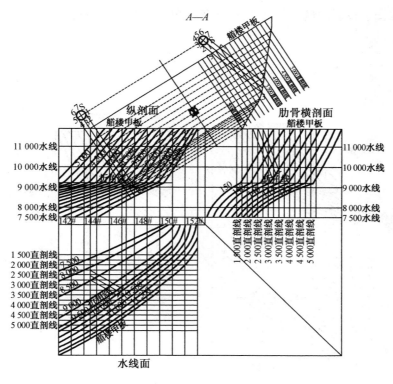

**图 4 - 41 实例 4 - 6 作图步骤**

（4）纵剖面锚链管中心线与艉楼甲板边线及折角线的交点不在已知半宽的直剖线上，故只能在水线面图上投影后量取其半宽值，再各自向 $A-A$ 剖面垂直投影。

（5）连接各点，即为 $A-A$ 剖面处的船体外板实形轮廓线。

（6）作 $A-A$ 剖面处的锚链管中心线：过纵剖面锚链管中心线的上、下出口点。

（7）作 $A-A$ 剖面变换舳线的垂线，再将水线面对应点的半宽值量至 $A-A$ 剖面的对应垂线上。连接二点，得 $A-A$ 剖面的锚链管中心线，并截去其多余的部分。

2. 铅垂剖切平面

与平面垂直而与正面和侧面倾斜剖切的平面，称为铅垂剖切平面（铅垂剖面）。

同样由投影改造法，铅垂剖面与平面间是向两个面间轴线（变换轴）的对应垂直投影关系；而与正面间则是对应高相等关系。即铅垂剖面为变换面，平面为直接面，正面为间接面；铅垂剖面与平面间的轴线为变换轴，平面与正面间的轴线为间接轴。

实例 4 - 7：求水平面上锚链管中心线处的剖面 $A-A$（即沿水线面锚链管中心线剖切的船体真形剖面，图 4 - 42）。

具体作图步骤如下（图 4 - 43）：

（1）在图面空白处作水线面锚链管中心线的平行线为铅垂剖面的变换轴线，它对应纵剖面船体的 7000 水线。也就是 $A-A$ 剖面的 7000 水线。

（2）在 $A-A$ 剖面上作水线面锚管中心线与各水线交点的对应水线 8000WL，9000WL，…，10000WL，11000WL（即纵剖面高度值）。

（3）将水线面锚链管中心线与各水线交点投影至 $A-A$ 剖面的各对应水线上。

（4）水线面锚链管中心线与艉楼甲板边线及折角线的交点不在已知高度的水线上，故只能在纵剖面图上投影后量取其高度值,再各自向 $A-A$ 剖面垂直投影。

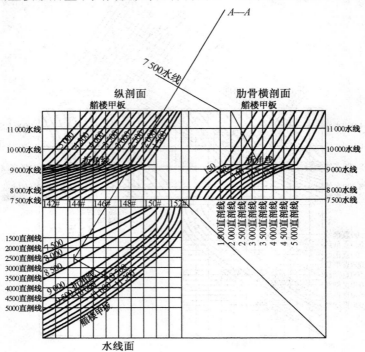

图 4 - 42　实例 4 - 7 图

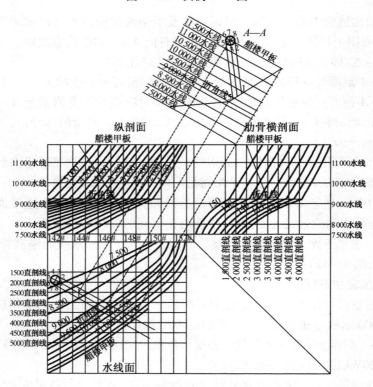

图 4 - 43　实例 4 - 7 作图步骤

（5）连接各点，即为 $A - A$ 剖面处的船体外板实形轮廓线。

（6）作 $A - A$ 剖面处的锚链管中心线：将水线面中的锚链管上、下出口点垂直投影至 $A - A$ 剖面，并将纵剖面的对应高度值量至对应投影垂线上。连接两投影点，得此剖面的锚链管中心线。

### 3. 侧垂剖切平面

与侧面垂直而与正面和平面倾斜剖切的平面，称为侧垂剖切平面（侧垂剖面）。

同样，侧垂剖面与侧面间的投影是向两个面之间的轴线（变换轴）的对应垂直投影关系；与正面之间是对应长相等关系。即侧垂剖面为变换面，侧面为直接面，正面为间接面；侧垂剖面与侧面间的轴线为变换轴，侧面与正面间的轴线为间接轴。

实例 4 - 8：求横剖面上的斜剖线 $A - A$ 剖面（图 4 - 44）。

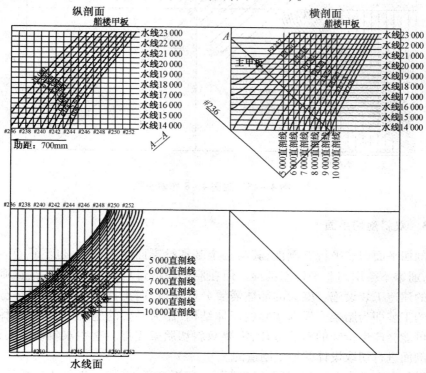

**图 4 - 44　实例 4 - 8 图**

具体步骤如下（图 4 - 45）：

（1）在图面空白处作横剖面上 $A - A$ 剖面线的平行线为侧垂剖面的变换轴，它对应纵剖面的 236# 肋骨线。也是 $A - A$ 剖面的 236# 肋骨线。

（2）在 $A - A$ 剖面上作横剖面斜剖线 $A - A$ 与各肋骨交点的对应肋骨线 237#，238#，…，252#（即纵剖面长度值）。

（3）将横剖面斜剖线 $A - A$ 与各肋骨线的交点投影至 $A - A$ 剖面上各对应肋骨线上。

（4）连接各点得 $A - A$ 剖面的船体实形轮廓线。

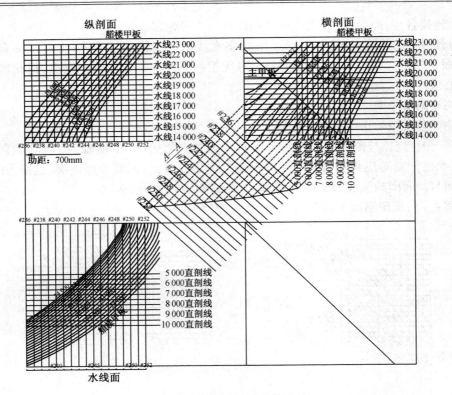

图 4-45　实例 4-8 作图步骤

### 4.4.3　双斜剖切平面

　　双斜剖切平面即非平行态剖面,其与三个基本投影面既不平行,也不垂直。仅就船舶设计而言,通常不会用到非平行态剖面。但在船舶建造过程中,非平行态剖面则频繁用于如胎架等的建造工装设施。庞大的船体需要分段建造,而支持分段、保持船体分段线型并确保精度的工装即为胎架。根据实际的船体结构,作为必要的施工工艺,在具体的船体分段划分中可能会产生特殊的斜置分段,需要双斜切胎架支撑。这些双斜切胎架,就是应用非平行态剖面进行切取设计并加工制造的。

　　相较平行态和垂直态剖面,非平行态剖面的情况要繁杂得多:以何为基准倾斜,倾斜的方向和度量等,都首先需要多个参照依据,否则无法在基本投影面上直接描述它。这些都决定了很难在基本投影面上直接确定非平行态剖面的投影目标。因此,一般将非平行态剖面分解成在单斜切的基础上以另一方向再行斜剖的两次斜剖,通过虚拟"第一次"的垂直态剖面(基础剖面,简称"基面")确定参照基准和直接投影目标,再行"第二次"倾斜剖切,形成要求的剖面。因此,非平行态剖面通常被称为双斜剖切平面(双斜切剖面或双斜剖面)。

　　双斜切中第一次斜切(即单斜切)的剖面位置很容易按要求确定,这是由正交视图系统以及单斜切垂直态剖面的规定决定的。如图 4-46,纵向斜切 20°,剖切高低位置确定后,这一单斜剖面的三向投影视图很容易确定并作出。

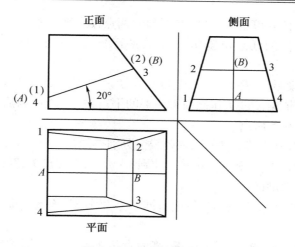

**图 4 - 46 双斜剖切平面**

由基面必然与基本投影面的倾斜,作为投影作图依据的视图系统随第一次的虚拟单斜切而变得不再正交。因此,以基面为基础的第二次斜切就相应地较为困难:主要体现在非正交的新视图系统中对目标物投影关系的理解与把握。作为原则,无论怎样斜切,其变动的依据必须是目标物投影的真形:真形面、真形线或实长线等。这样有助于我们确定投影目标,完成正确的双斜剖面投影。

双斜剖面,不仅要求有很好的空间立体感,更要求有扎实的投影基本功,特别是对投影目标的确定。可以说,双斜剖面是全部剖面中最难并最具精华的部分,是船舶建造工程中不可缺少的技术手段。

对于第一次斜切之后的第二次斜切,以什么为第二次斜切的依据,由具体的任务要求,一般会给出两个条件:斜切的基准(简称"基准")与斜切的位置(简称"位置")。就基准而言,系指经第一次斜切后基面上的某一特征投影线条。作为第二次斜切的基准,必须保证这一基准投影线条的不变:在第二次斜切后基准的位置与长度不变。就位置而言,系指第二次斜切要求所在的投影面。由基准与位置的不同组合,第二次斜切通常分为投影斜切与旋转斜切两种。

在本节中,我们将以图 4 - 46 的目标物为实例 4 - 9,在如上述第一次斜切的基础上,通过不同的技术要求,详细介绍双斜剖面第二次斜切的作图要领。

**1. 投影斜切**

投影斜切系指第二次斜切的基准和位置在不同投影面的斜切。

要求一:正面基面的中心线 $A - B$ 不动;侧面投影斜切 10°,前高后低。

这是典型的投影斜切:基准为正面斜剖中心线 $A - B$,位置则在侧面,两者不在同一投影面。

分析:要保证正面 $A - B$ 不动,须以正面 $A - B$ 为基准作图。正面点 $A$ 所在平面 $c - f$ 为侧平面,侧面投影为其真形,因而侧面点 $A$ 可为斜切依据;正面点 $B$ 所在平面 $d - e$ 为正垂面,侧面投影非其真形,故侧面点 $B$ 不能作为斜切依据。而单一依据只能得出单一点而无法得出要求的斜切线,故需增设辅助真形面以增加必要的投影点完成本作业。

作图步骤如下(图 4 - 47):

(1)在侧面过点 $A$ 作前高后低斜切 10°的第二次斜剖线(即以侧面点 $A$ 为依据斜切),

分别交前后轮廓线于点 4′ 和点 1′,再将点 4′ 和 1′ 两点投影至正面 $c-f$ 上得同名 4′,1′ 两点。

（2）在正面 $c-d$ 内的任意位置作 $c-f$ 的平行线 $E-F$（即增设一个辅助真形面）交 $A-B$ 于点 $J$。

（3）将正面点 $J$ 投影到侧面中心线上得交点 $J'$。由于正面点 $J$ 所在面同为侧平面,故侧面点 $J'$ 亦可为斜切依据。过 $J'$ 作侧面 1′-4′ 的平行线（同样前高后低倾斜 10°）,分别交侧面前后轮廓线于 6 和 5 两点。

（4）将侧面点 5 和 6 投影到正面 $E-F$ 线上分别得同名交点 5,6 两点。

（5）分别连接正面 1′-5 和 4′-6 并延伸到 $e-d$ 上,得交点 2′,3′;连接 1′-2′-3′-4′,即为所要求的正面双斜剖面。

（6）分别将正面点 2′ 和 3′ 投影到侧面得同名点 2′ 和 3′;连接侧面 1′-2′-3′-4′,即为所要求的侧面双斜剖面。

（7）将点 1′,2′,3′ 和 4′ 按正面长对正、侧面宽相等对应地投影到平面上,得同名点 1′,2′,3′ 和 4′ 的平面投影;连接平面 1′-2′-3′-4′,即为所要求的平面双斜剖面。

要求二:正面基面的后边线 1-2 不动,侧面投影斜切 10°,前高后低。

分析:同前题,也是投影斜切。由题意,须以正面 1-2 为依据作图。同样,由作图依据的真形要求,我们以侧面点 1 为斜切依据,并同样需要增设辅助真形平面。

作图步骤如下（见图 4-48）:

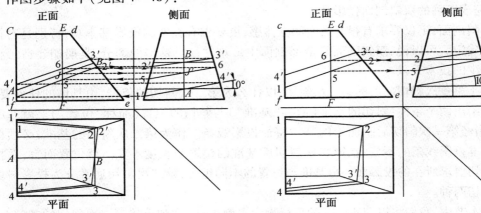

图 4-47　实例 4-9 要求一作图步骤　　　　图 4-48　实例 4-9 要求二作图步骤

（1）在侧面过点 1 作前高后低斜切 10° 的第二次斜剖线,交前轮廓线于点 4′,再将点 4′ 投影到正面 $c-f$ 上得同名点 4′。

（2）在正面 $c-d$ 内的任意位置作 $c-f$ 的平行线 $E-F$（增设辅助真形平面）交 1-2 于点 5。

（3）将正面点 5 投影到侧面的后轮廓线上得同名交点 5,再过点 5 作 1-4′ 的平行线,交前轮廓线于点 6。

（4）将侧面点 6 投影到正面 $E-F$ 上得同名交点 6。

（5）连接正面点 4′,6,并延伸到 $d-e$ 得交点 3′;连接正面 1-2-3′-4′,即为所要求的正面双斜剖面。

（6）将正面点 3′ 投影到侧面,得同名点 3′。连接侧面 1-2-3′-4′,即为所要求的侧面双斜剖面。

（7）将点 3′ 和 4′ 按正面长对正、侧面宽相等对应地投影到平面上，得平面点 3′ 和 4′ 的投影；连接平面 1 – 2 – 3′ – 4′，即为所要求的平面双斜剖面。

2. 旋转斜切

旋转斜切系指第二次斜切的基准和位置在同一投影面上的斜切。由于基准在基面上，以及基准经斜切后不变的规定，此时的斜切必然是以基准为旋转轴的基面旋转斜切。

这里的旋转，同样是平面旋转，但与前述的平面旋转展开有所不同：旋转斜切的任务目标是按旋转要求建立一个新的剖面；而旋转展开则是要求得平面真形。任务目标的不同，决定了旋转斜切更为复杂，它要求的是精确的旋转角度下正确的剖面投影生成；而旋转展开只要求出相应点距旋转轴距离的实长即可，无须考虑具体旋转角度。

就旋转新建剖面，需要三个条件。

（1）旋转中心

即围绕什么旋转。就平面旋转而言，就是确定旋转轴。当然，它决定于任务需要。如在前述平面旋转展开中的介绍，正确旋转的作图依据，要求旋转轴为与旋转平面（这里就是基面）同一平面的直线（通常由任务目标决定），且需为实长线（经常需要变换作图获得）。

（2）旋转量

即向什么方向旋转多少，通常由任务目标决定。

（3）参照体系

即旋转的基准，是正确旋转作图的重要依据。就平面的旋转作图，参照体系为两面一线：正确的旋转必须在垂直于实长旋转轴的面（即"参照面"）上进行。平面旋转展开时所求投影点距实长旋转轴距离的实长，就是规定了所求点在与轴垂直的参照面上的绕轴旋转。而一个面只能求出一组点，无法形成需要的剖面连线，通常须作两个平行的参照面，此为两面；一线则为平面旋转起始基准的参照线，为旋转平面（此处即基面）上的某条投影直线。由于旋转轴在与之垂直的参照面上为一积聚点，它无法提供旋转的起始依据。因此，通常以垂直于实长旋转轴的投影线为参照线作旋转的起始依据。垂直参照线在参照面上的投影一定是真形线，是可靠的正确参照依据；当然，平行于实长旋转轴的真形直线亦可为参照线：与旋转轴一起，在参照面上的两个积聚点同样可以连成直线以作旋转依据。然而，平行参照线只能交到与旋转轴相交的轮廓而很难交到与之相对的轮廓（确定新建剖面的重要投影目标），故参照线一般总是垂直于实长旋转轴。

参照线必须是与基面处于同一平面、垂直（或平行）于实长旋转轴的直线在参照面上的真形投影。参照线对旋转轴的垂直或是平行由作图的方便决定，通常是垂直。

除非旋转轴的位置恰好满足参照线的条件，通常旋转轴不能作为参照线，必要时可增设辅助线作为参照线。

要求三：正面基面中心线 $A – B$ 不动，围绕正面中心线 $A – B$ 旋转 10°，前高后低。

分析：基面为 1 – 2 – 3 – 4，其上的旋转轴 $A – B$ 为正平线，故正面 $A – B$ 为实长线。如前面的平面旋转所述，正面 $A – B$ 可直接为旋转作图的依据。对于本题，要求的是新建一个旋转 10° 的剖切平面而不是平面的旋转展开。旋转作图，只能在垂直于旋转轴的参照面上完成，但本题的旋转轴 $A – B$ 与所有面都不垂直，必须先作出与 $A – B$ 垂直的两个辅助参照面（同前例：一个参照面仅能形成一个点，不同位置的另一参照面可形成另一点，两点可连成一斜剖线），以便在这两个参照面上正确作出经旋转的要求剖面积聚线，再向正面投影，求出该旋转剖面的正面投影。有了正面的要求剖面投影，平、侧两面的投影也就可以解决了。

作图步骤如下(图4-49):

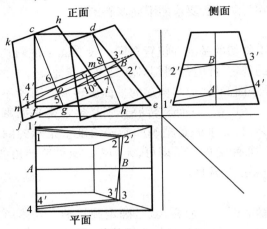

**图4-49 实例4-9要求三作图步骤**

(1)投影改造建立参照面:

(1.1)过正面点 $c$ 作 $A-B$ 的垂线延伸至底边得交点 $g$。

(1.2)以 $c-g$ 为变换轴、侧面 $A-B$ 为间接轴,正面为直接面、侧面为间接面进行投影改造,在正面作侧面 $h-i-j-k$ 的变换参照面 $h-i-j-k$。

(2)旋转作图:

本题的参照面作于正面,故旋转轴 $A-B$ 恰好满足参照线条件:在基面上的真形直线,且参照面重叠在正面,使正面的真形 $A-B$ 同时成为垂直于 $A-B$ 且在参照面上的真形投影线(正面 $A-B$ 在参照面 $h-i-j-k$ 上为积聚点 $o$)。所以,$A-B$ 可直接作为参照线而不必另作。

(2.1)过 $c-g$ 与 $A-B$ 的交点 $o$ 作与 $A-B$ 夹角 $10°$ 并前高后低的直线与 $h-i$ 相交于 $m$、与 $k-j$ 相交于 $n$(点 $o$ 即旋转轴 $A-B$ 在与之垂直的变换面上的积聚点,为旋转中心;$m-n$ 即要求的旋转剖面在此变换面上的积聚线)。

(2.2)由于变换面 $h-i-j-k$ 为真形,可直接将点 $m$ 和点 $n$ 垂直投影到 $c-g$,分别得交点 6 和 5。

(3)投影改造建立另一辅助面:过正面点 $d$ 重复上述(1),(2)步骤,得交点 7 和 8。

(4)分别连接 5-7 和 6-8 并向两端延伸至正面目标物原两侧轮廓线 $c-f$ 和 $d-e$,得交点 $1'$,$2'$,$3'$和 $4'$,连接 $1'-2'-3'-4'$ 即为所要求的正面双斜剖面。

(5)分别将正面点 $1'$,$2'$,$3'$ 和 $4'$ 投影到侧面的对应端面轮廓线,得同名投影点 $1'$,$2'$,$3'$ 和 $4'$,顺序连接这些点即为所要求的侧面双斜剖面。

(6)按正面长对正、侧面宽相等将点 $1'$,$2'$,$3'$ 和 $4'$ 投影到平面上,连接平面 $1'-2'-3'-4'$ 即为所要求的平面双斜剖面。

要求四:平面基面的后边线 1-2 不动,围绕后边线 1-2 旋转 $10°$,前高后低。

分析:同样,以基面 1-2-3-4 上的 1-2 为轴旋转,必须以投影改造作出 1-2 实长线的参照面。但 1-2 为非平行态直线,正、平、侧三面的 1-2 投影均非真形,不能直接作为旋转依据。所以,本题须行二次投影改造:首先求出旋转轴 1-2 的实长线,然后如前例建立 1-2 实长线的参照面。同时,由于本例须经多次投影改造,参照面不可能建在任何基本视图面上,且基本视图面上的旋转轴1-2也不是实长线,所以,还必须作出参照线。这里,若作平行参照线,则无法交到与1-2相对的3-4而只能交到与1-2相交的1-4和2-3,而作业要求的是3-4经旋转后的3'-4',显然,参照线当以垂直1-2为宜。

作图步骤如下(见图4-50):

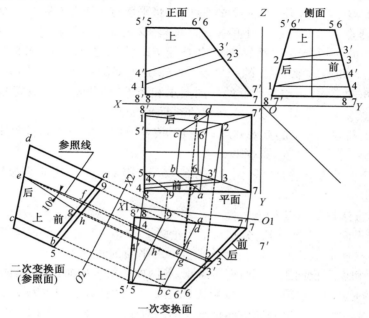

**图4-50 实例4-9要求四作图步骤**

(1)平行1-2的投影改造求出1-2真形(向视投影作业,只求直线1-2真形而不求平面1-2-3-4的真形向视面):

(1.1)在图面的适当位置作平面变换线1-2的平行线$X1-O1$为变换轴,以平面为直接面、正面为间接面进行第一次投影改造(变换面为$P1$)。

(1.2)将平面基面1-2-3-4和前端面5-6-7-8投影至$P1$内(前端面的投影变换是在1-2真形条件下的目标物外形轮廓投影线,为必须的投影目标)。如过平面点7作$X1-O1$的垂线,并将正面点7的高度量至该垂线上,得点7在$P1$上的同名投影点,其他点类似。

(1.3)连接$P1$的1-2-3-4、5-6-7-8,即为平面这两个面在$P1$上的变换投影($P1$上的直线1-2即为1-2的真形线)。

(2)在面$P1$建立1-2实长线的参照线和参照面:

(2.1)在$P1$上的5-6适当处点$b$作1-2实长线的垂线,交1-2于点$e$,交3-4于点$f$。直线$e-f$即为参照线的投影线:在基面1-2-3-4上,垂直于实长旋转轴1-2的直线(但非参照面上的真形,不能直接作参照线)。

(2.2)将点$e$和点$f$投影到平面的相应投影目标上,得平面1-2上的点$e$和平面3-4上的点$f$。

(2.3)作为下一步投影的投影目标,延长$b-f$,交7-8于点$a$,并投影至平面的相应投影目标上,得平面7-8上的点$a$,并连接平面$a-b$。

(2.4)过$P1$点5重复作1-2实长线的垂线,交7-8于点9,并投影至平面的相应线上,得平面 7 – 8 上的点 9,并连接平面 5 – 9。

（3）二次投影改造在参照面上求出真形参照线并旋转作图：

（3.1）在图面的适当位置作 P1 变换线 1 – 2 的垂直线 O2 – X2 为变换轴,以 P1 为直接面、平面为间接面进行第二次投影改造（变换面 P2 即为要求的参照面）。

（3.2）过 P1 点 e 和点 f 作 O2 – X2 的垂线,并将平面点 e 和点 f 距 X1 – O1 的距离量至相应的垂线上,得点 e 和点 f 在 P2 上的投影。连接 P2 的 e – f,即为真形参照线 e – f。

（3.3）将 P1 的 a – b,5 – 9 按同样步骤投影至 P2,得 P2 上的 a – b 和 5 – 9。

（3.4）P2 点 e 即旋转轴 1 – 2 的积聚点,故 P2 点 e 即旋转圆心。过 P2 上的点 e 作与 e – f 向下夹 10°角的直线（由前高后低的作图要求和面 P2 的投影位置决定）,交 a – b 于点 g,5 – 9 于点 h：点 g 和点 h 均为按要求新建的剖面上的点。

（4）将 P2 上新建剖面上的点 g 和点 h 经 P1 按各自的对应投影目标投影回平面,完成平面的要求剖面：

（4.1）将 P2 上的点 g 垂直投影到 P1 的 a – b 上,得 P1 点 g；再垂直投影到平面 a – b 上,得平面点 g。

（4.2）同样方法得平面点 h。

（4.3）连接平面 g – h 并延长,分别与平面轮廓 4 – 5,6 – 7 交于点 4′、点 3′。

（4.4）连接平面 1 – 2 – 3′ – 4′,即为作业要求的平面剖面投影。

（5）将点 4′ 和点 3′ 投回正、侧面,即可得正、侧两面的所求剖面投影,具体步骤略。

提请注意的是点 4′,它须经侧面投影再向正面投影而无法直接投向正面。即对于点 4′,侧面是它的投影面,正面则是它的间接投影面。对于点 3′,则正、侧两面都可作为它的直接投影面。

不同要求的双斜剖面,作图方法完全不同：

（1）实例 4 – 47 和 4 – 48 为投影斜切 10°,所以在三向视图中可直接投影获得所需双斜剖面。

（2）实例 4 – 49 为绕待转平面中线旋转 10° 的旋转斜切,这就必须使用平面旋转的技术间接投影：用投影改造法建立垂直于真形旋转轴的参照面,然后在参照面上进行正确旋转以求得所需双斜剖面。由于此例的旋转轴为正平线,正面轴线已是实长线而无需再求,所以可直接用一次投影改造建立参照面。同时,旋转轴恰好符合参照线的条件,直接以其为参照线就能进行正确旋转。

（3）实例 4 – 50 同样为绕待转平面某一轴线旋转 10° 的旋转斜切,但旋转轴为非平行态直线。此要求的剖面作图相对较为困难：必须先行求得旋转轴的实长线,并添加合适的参照线。如果不去判断旋转轴的是否为实长线,很可能会错误地直接在平面轴线 1 – 2 上垂直剖切建立参照面,用一次变换投影面法求出错误的双斜剖面。

通过这些实例,我们可以对双斜旋转斜切的作图步骤与要点归纳如下：

第一步：必须首先判断旋转轴是否为实长线。若是,可直接进行作业；若不是,则须以投影改造法先求其实长线,而后进行下一步作业。

要点：作图依据。对于第一步而言,对应于实长旋转轴的基面、目标物的必要轮廓,系对应投影目标,是进一步作业的基础依据。因此,对旋转轴非实长的情况,在以投影改造法求得实长旋转轴的同时,应将基面以及必要的目标物轮廓投影至相应的变换面上,以作下一步投影的对应投影目标。

第二步:两面一线参照体系的建立。在实长旋转轴的投影面上选取适当位置作两道垂直于实长旋转轴的参照面,并在其中一个参照面上确定参照线的投影线。两面一线的原理与建立原则如前述,不赘。

第三步:以投影改造法求出参照面、参照线的真形;

此次投影改造,必须完成四个要素的投影作业:

①真形参照线。

②用作投影目标的参照面、目标物的必要轮廓。

③旋转中心:即旋转轴的积聚点。

④旋转方向与旋转量——通常需作业者按任务目标判断确定。

第四步:在第三步的基础上旋转作业,并将旋转后的交点投影至实长旋转轴所在面的各对应投影目标上,连接相应点形成剖切投影线。必要时延长投影线交于目标物轮廓,在实长旋转轴所在面上完成新建的旋转斜切剖面投影。

第五步:将此旋转斜切面投影投至三个基本投影面,完成作业。

要点:投影目标。

如第3章点投影所述,投影目标为待投影点的投影必在其上的可确定线段(轮廓线、交汇线、辅助线等)。实长旋转轴的求得、参照体系的建立,是旋转作业的基准,但作业的完成仍是基本的投影原理,故投影目标极为重要,须随旋转基准的确定同时求出。由参照体系的建立要求,基面轮廓一定是作业必须的投影目标,故基面必须随旋转基准确定的同时作相应投影。

由于新建剖面总是与原目标物的轮廓相交,最终的投影目标一定是目标物的轮廓。但在具体作业时,为求作业尽可能的简洁、清晰和快捷,并不需要全部轮廓线条,可以参照面(亦为剖面之一)投影线作投影目标,对求得的投影点连线延伸至目标物轮廓,即可求得新建剖面与目标物的交点或交线。

# 4.5 曲 面

曲面就是屈曲的面,在自然界中,小到鹅卵石,大到星球,其表面都由曲面构成。在工程应用上,曲面更为常用:船舶产品、航天航空器、电站建筑等。曲面常见,但对曲面的描述却殊为不易:变化多端、形状各异,即便具有相同的轮廓,其屈曲情况也各不相同。本课程系以工程应用曲面的最终加工成形为目标,讨论它们的各项特征。

## 4.5.1 曲面概述

点移动成线、线移动成面。如同平面系由恒定的直线(动线)沿另一直线轨迹平移运动而形成的一样,曲面也是由动线按一定条件沿一定轨迹在空间连续运动所形成的。只是形成曲面的动线不一定是直线,其在空间的运动轨迹也不一定是直线。如图 4-51 所示的曲面 $A-A'-H'-H$,它就是直线动线 $L$ 沿曲线轨迹 $a-b-c-d-e-f-g-h$(称为动线 $L$ 或该曲面的"导线",意即动线运动的引导之线),过点 $A$ 作平行运动所形成的。曲面上任一位置的动线(直线或曲线)称为母线,如图 4-51 所示的 $B-B'$,$C-C'$ 等。

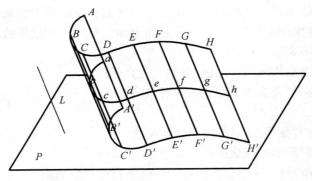

图 4–51　曲面

曲面情况复杂,屈曲各异。由不同的任务需要,人们对曲面有着各种不尽相同的区分。如:类似于板或梁的不同受力变形,按照不同的屈曲情况,将曲面分作弯曲面、扭曲面及弯扭面(见图 4–52);对于弯曲面,由具体弯曲方向的不同,将之分为单向曲面、多向曲面等。

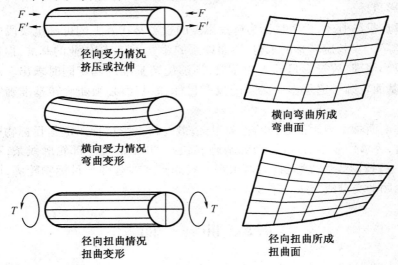

图 4–52　受力变形与曲面

在具体工程应用中,通常依据曲面的展开与加工特性,将工程曲面分为简单曲面和复杂曲面两类,这是由曲面的不同形状和不同加工方法决定的。

动线和导线的不同组合,导致产生不同的面:直线动线与直线导线的结合,通常产生平面或简单曲面,甚至复杂曲面(决定于动线沿导线运动时的变化与否,即母线是否变动);直线动线与曲线导线,或是曲线动线与直线导线的结合,通常产生简单曲面或复杂曲面(同样决定于动线运动时是否变化);而曲线动线与曲线导线的结合则一定产生复杂曲面。

对于不同的曲面,其母线有恒定与变动之分:对于图 4–51 所示的曲面,其母线是恒定的一条直线。而变动母线,则情况要复杂得多:不仅有长短的变动,也包括其方向的变动、形状的变动等。由变动母线构成的曲面一定是复杂曲面。

曲面也可由其动线的不同运动方式加以区别:动线以平行方式运动,产生的是平行曲面,如图 4–51 所示的就是这样的平行曲面;动线绕一固定轴进行回转运动,产生的是回转曲面;动线的运动既不平行,又非回转,则产生任意曲面,通常为复杂曲面。

　　无论简单、复杂,曲面在三向视图上的投影,必须通过展开的方法将其展开成平面(即"摊平"),并按此展开平面下料,经弯曲加工后才能得到真形或近似真形曲面。曲面在三向视图上的投影通常只有其轮廓线,因而无法反映该曲面轮廓内的具体弯曲状态(俗称"弯势")或扭曲状态(俗称"裂势")。所以,仅靠曲面轮廓线的投影是无法描述、展开并加工曲面零件的。应用母线概念,以剖切的方式在曲面轮廓线内按一定规定生成一组剖面,产生相应的曲面剖面轮廓投影线组,即工程曲面的母线组。该组母线连同该曲面的轮廓投影线重叠在同一投影平面内,构成完整的曲面线形投影图(线形图),可动态、完整地反映这一曲面在不同位置的各种弯势与裂势(即曲屈要素:形状、方向、曲率等)。这样,才能对曲面进行展开,并进而加工成形。

　　母线的工程定义:能够完整表达曲面曲屈特征的曲表面元素称为母线。母线有直线母线、圆母线、椭圆母线和曲线母线等。由于直线和圆作图比较容易。故特将有直线母线和圆母线单例出来,称为素母线,简称素线,便于今后尽量用素线来表达曲面的属性。实在无法用素线表达曲面属性只好用母线来表达。

　　⊙对基本几何体(柱体、柱台、锥体、锥台、球体等):构成几何体表面基本动线元素的直线或圆称为素线。

　　⊙对复杂曲面体(船体外壳等):构成曲表面基本元素的三向线型,如船体的肋位线(肋骨线)、水线、纵剖线(直剖线)等仍称母线。

　　这样定义的母线,简化了各种曲面的动线元素,使之便于曲面的工程建模和具体应用:直线或圆,根据具体应用条件,只要明确两个点就能精确作出而无须专门求取。尽管基本几何体的表面也存在其他形式的动线元素,但都不如直线或圆基本、简单和直接。故除直线或圆外,这些其他线条都不是几何体的素线而是几何体的母线。对于复杂曲面体,则不可能简单地以直线和圆完整表达曲面的曲屈特征,而只能以其剖面组的三向轮廓线投影(即线形)为其素线。

　　在曲面的线形图中,轮廓线决定了曲面的展开范围大小;母线或素线则决定了曲面的曲屈状态。对于不同的曲面,其线形图中的母线或素线线会反映其相应特征,可以根据曲面母线或素线线的不同特征区分不同曲面并以适当的相应方法展开。

### 4.5.2　简单曲面

　　三维空间中仅在其中的两个维度上弯曲而在第三维度上无弯曲的曲面称为简单曲面,图 4-51 所示的曲面即简单曲面之一(筒形面)。之所以称为简单曲面,不仅由于它是曲面的最简单形式,也是由于它加工成形方式的简单:简单曲面仅需通过冷轧加工(如通过油压机或三芯辊等机械冷加工)即可成形,且加工依据也较简单:只要订制一块或两块平面加工样板即可。由于简单曲面单一的弯势方向和冷轧加工方向(或正或反,或上或下,总在一个维度方向,即一条直线方向而不是前后左右),简单曲面也常被称为单向曲面或单曲面。当然,单向曲面的素线决定了它的弯势和加工方向。

　　由其素线的不同特征,单向曲面又可分为筒形单曲面和锥形单曲面。

　　1. 筒形单曲面

　　筒形单曲面系由直线动线沿两维曲线作平行运动所构成的曲面,是直线平行曲面(也可认为它是绕与之平行的轴线回转而成的直线平行回转曲面),其素线特征为一组间距不等的平行直线。由于这样形成的曲面既符合单向曲面特征,又类似于筒形柱体,故称为筒形单曲面,简称筒形面。

筒形面平行素线的可相交垂线(即曲面的导线,如图4-51所示的曲线轨迹$a-b-c-d-e-f-g-h$,俗称"角尺线")即为筒形面展开的基准线(即未展开的"准线"),又是筒形面的加工位置线(工艺标识线,简称"标识线")。该垂线的平行态投影就是筒形面的真实弯曲形状,也就是它的加工形状。如同线段与平面,由在三向基本投影面中的位置不同,筒形面又可分为平行态筒形面,垂直态筒形面和非平行态筒形面,它们的素线都有自己的各自特征。

(1)平行态筒形面——真形性

所谓平行态筒形面,是指素线平行于某一投影面的筒形面,称为平行筒形面。对于平行筒形面,其素线必平行于某一投影面而倾斜于另两个投影面。

其中,在所平行的投影面上的素线投影为真形素线(实长素线),而在另两个投影面上的素线投影则为平行于轴线的缩短了的直线素线,如图4-53所示。

同样,按所平行的投影面的不同,平行态筒形面亦可分为正平、水平和侧平筒形面,如图4-53所示。

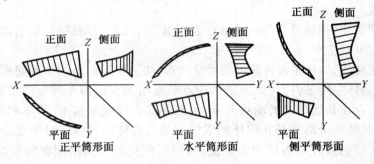

图4-53 各种平行态筒形面

作平行投影面上实长素线的垂线,并用投影改造法作该垂线的平行变换剖面,即可反映该曲面的真形弯势。此垂线既为该曲面的标识线,也是它的准线,如图4-54所示。

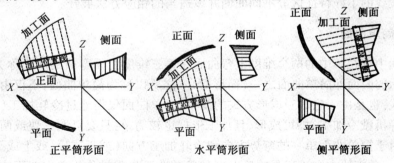

图4-54 平行态筒形面的加工面与表识线

(2)垂直态筒形面——积聚性

垂直态筒形面是素线垂直于某一投影面的筒形面,称为垂直筒形面。垂直筒形面为特殊的平行筒形面:素线组垂直于某一投影面时,必定平行于另两个投影面。此时,在所垂直的投影面上,素线组的积聚投影点连成一积聚曲线。该曲线即为该曲面的导线,反映了该曲面的真形弯势。此时,素线在另两个投影面上的投影为平行于轴线的实长直线。其中,任一平行投影面上真形素线的相交垂线(其平行剖切投影即前述的积聚曲线),即为该曲面的准线,也是它的标识线。

由素线所垂直投影面的不同,垂直筒形面也可分为正垂、铅垂和侧垂筒形面,见图4-55。

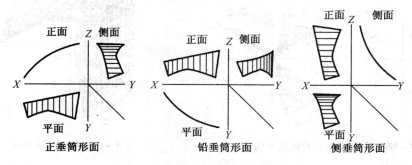

图 4-55　各种垂直态筒形面

(2)非平行态筒形面——收缩性

非平行态筒形面即其素线与三个投影面都不平行的筒形面,称为非平行筒形面。非平行态筒形面的素线组在三个投影面上的投影均为缩短了的直线段(见图4-56)。即三个投影面中的素线投影均非实长素线。

为此,可用投影改造法作非平行筒形面素线组的平行变换面,并将筒形面的剖面素线组重叠于该变换面,形成一个具有一组实长素线的曲面线形图;在该线形图上作与该组实长素线的相交垂线,而后投影改造作该垂线的平行剖面,即可得该筒形面的弯势真形。此垂线即为该曲面的标识线,也是它的准线(见图4-57)。

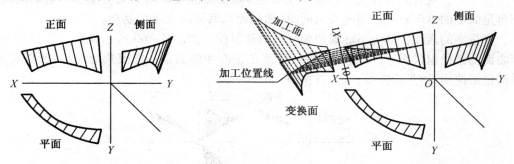

图 4-56　非平行态筒形面　　　　图 4-57　非平行态筒形面的加工面与标识线

2. 锥形单曲面

锥形单曲面简称锥形面,系直线动线以恒定角度绕某一与之不平行的固定轴线进行回转运动所构成的单向曲面,是直线回转曲面(动线与轴线平行时回转产生筒形面),其素线特征为一组放射直线。由锥形面的形成特征,其放射直线素线组在任一投影面(基本投影面或是任意变换面)上的投影都能直接或是延长聚焦到一点。这是锥形面素线的独特特征:只要曲面的直线素线组在任何投影面上的投影呈可聚焦为一点的放射状,此曲面即为锥形面,而任何不能聚焦为一点的直线素线组所构成的曲面则都不是锥形面,见图4-58。

锥形面板材可通过聚焦点用旋转法展开(见图4-59,具体方法见第5章),方法简单直观,加工依据也比较简单,只需订制一块平面加工样板及加工角度样板即可。

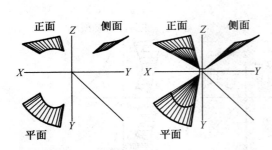

图 4 – 58 锥形面及其素线聚焦特征

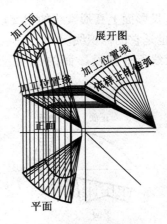

图 4 – 59 锥形面的展开

### 4.5.3 复杂曲面

在三维空间中三个维度上都有弯曲发生,或是有扭曲发生的曲面就是复杂曲面,因为它的展开与加工要较单向的简单曲面复杂得多。对于工程曲面,复杂曲面一般又分为扭曲面和多向曲面,其素线组也有其不同的固有特征。

#### 1. 扭曲面

扭曲面系动线(直动线或曲动线)以变化角度绕固定或不固定轴线进行回转运动所构成的曲面,也是一种回转曲面。对于直线扭曲面(直扭面),其素线特征也是一组"放射"直线。但由于其直线动线做回转运动时对其轴线的角度变化,扭曲面的放射素线组经常不能聚焦为一点。或者只能在某一投影面上聚焦,而在其他投影面上无法聚焦。它如同油条,不再是简单的单向曲面。而曲线扭曲面(曲扭面),其情况就更为复杂。

直扭面的素线特征为不能聚焦为一点的放射线。如图 4 – 60 所示就是一块直扭面板:该曲面的素线组仅在平面能聚焦到一点,而在正面和侧面都不能聚焦为一点,所以它不是单向锥形曲面,而是扭曲面,且为直扭面。

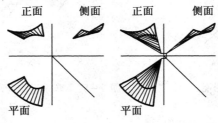

图 4 – 60 直扭面及其素线特征

扭曲面只能以被称为"万能展开法"的三角形撑线法近似展开(见图 4 – 61,具体方法见第 5 章),方法比较繁琐复杂:展开前必须先求出包括上下口线和准线在内的所有投影线的实长线,然后才能一一对应展开。它的加工依据也比较复杂:首先在合适的投影面(本例为平面)上选取扭曲面中间的一根素线为基准素线,再作基准素线的垂线为准线;将此面上的所有素线以其与准线的交点为圆心,旋转到与基准素线平行,再作出重叠在一起的各实长素线,供订制三角样板加工。

扭曲面的扭曲度无法用平面加工样板加工,必须使用三角样板;如果扭曲度大,还须订制专门的样箱进行加工。

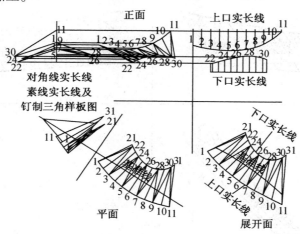

**图 4 - 61　直扭面的展开**

### 2. 多向曲面

除了扭曲面,多向曲面也是复杂曲面。多向曲面,是在三维空间的三个维度上都有弯曲发生的曲面,是曲线动线沿曲线导线运动所形成的曲面。由于它具有两个或两个以上的弯势和加工方向,故被称为多向曲面,如球面,船体的艏、艉部外板等。由曲率的分布情况,多向曲面可分为球形曲面(球面)和非球形曲面(非球面)两大类。

球形曲面的曲率分布均匀,如同球形,其素线为一组自内而外从小到大的同心圆。它的展开较简单,只要量出球形的围长并加放一定的加工余量作为展开图的直径展开即可;其加工一般以模具压制成形。

球面以外的多向曲面统称非球面,它们的弯势均由线形(即剖面素线组)确定。所以,非球面的三向线形建立是其投影与展开的关键。

如前所述,通过一组平行剖切的剖面,将该组剖面重叠在一起投影到投影面上,形成曲面线形图,这些剖面的轮廓投影线就是该非球面的母线。如我们在 4.3.1 节的平行剖面中叙述的,复杂的船体曲面,就是通过船体的纵剖面、水线面和横剖面这三向视图的重叠剖面线型加以表示的。这些线型,就是船体曲面的母线组:纵剖面上的纵剖线为非球面外板的真形母线,在另两个投影面上则为平行于 $X$ 轴和 $Y$ 轴的直线母线;平面称水线面。水线面上的水线为真形母线,在另两个面上为平行于 $X$ 轴的水平线;侧面称为横剖面或肋骨面。横剖面上的肋骨线为真形母线,在另两个面上为平行于 $Y$ 轴的垂直线。三个投影面上的真形母线构成了该非球面外板的弯势情况。图 4 - 62 所示的是船舶艏部某一外板的线形图。

该线形图的外轮廓线确定了该非球面外板在船体的位置情况和它的大小范围;实长母线组是该外板的展开依据线,并可根据这些母线的弯势情况确定用何种方法展开。多向曲面的展开方法有:十字线法、测地线法、菱形线法等准线法,或三角形撑线法等,具体将在下一章中详述。

实长母线组也是加工的依据线和加工的位置线,可根据这些实长母线的弯势情况确定用何种方法加工。多向曲面的加工方法有三角样板或样箱等。订制三角样板时,必须考虑虚拟加工平面和虚拟"拉直线"的确定,以及三角样板与展开板间的夹角角度,以确保实际加工有据可依地顺利进行。

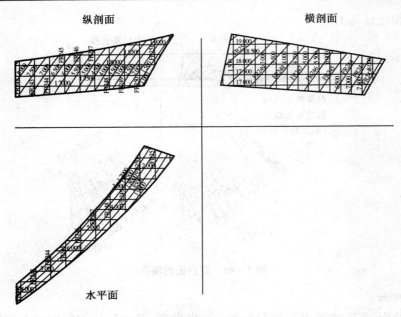

图 4 – 62　非球面线形及母线

# 4.6　本章小结

　　本章从工程投影与展开作业角度出发,对目标面按其在基本投影体系中的不同投影特征作了分类,重点讲解了作为根本基础的平面的各种特性。了解和掌握平面的特征概念,有助于对各种面的投影、画线和作图作业,是展开求目标物实形的必备基础。

　　本章由向视投影的角度对变换投影的投影改造法做了新的描述,定义了向视图即目标物在变换面上的投影,而向视面则为单一平面在变换面上的投影。本章对向视面的特征分类,是平面投影特征的向视延伸,是工程投影与展开作业的重要基础。必须掌握平面的自收缩,至积聚,至最终真形的投影作业规律,特别是在向视图中确定向视目标平面和向视目标。

　　本课程将剖面规定为原比例、全投影的剖切平面,与常规制图中的剖视图、剖视面虽原理一致,但不完全相同:最重要的不同处就在于是否为原比例的全投影,它决定了投影展开作业的基本依据。

　　由本课程的剖面定义,其基本特征完全同平面,不同的只是一些专有名词。因此,剖面在变换面上的投影本质上也属向视面。

　　剖面的特征虽同平面,但其作用却不尽相同:平面为实际目标面,总结其各种实际的投影特征,有助于我们对平面的概念掌握,准确进行各种不同位置的平面投影作业;而剖面则常为虚拟目标面,常用于求取目标物除轮廓边界外的内部投影目标、建立设想的新的平面,以及以剖面组表达、建立曲面素线组或母线组(曲面线形)。

　　剖面中的双斜剖面投影作业的高难度作业,一般很少使用,但在一些特殊的工程条件下需运用该项作图技术。熟练掌握双斜剖面技术,其根本基础就是投影改造和平面的旋转,必须充分重视对投影改造和平面旋转的学习。

　　本章还介绍了曲面。曲面的关键点是剖切出的素线组或母线组,它决定了曲面的屈曲状态,也是曲面的展开依据。由曲面素线或母线,决定了这一曲面的各种屈曲特性,并决定了对它的展开方法。掌握曲面素线或母线的各种特征,有利于提高对曲面的识图和作图能力。

# 第5章 展　　开

　　展开,是本课程的中心内容,也是工程制图描述工程目标物的最终目的。如前所述,投影,是展开的手段;而展开,则是投影的目的。没有投影的规定与规则,展开就没有依据,不可能精确进行;而离开了展开,本课程的投影这一手段也就失去了根本意义。

## 5.1　展 开 概 述

　　如前所述,展开,就是"拉直"与"摊平"。前者系对非直线的线条而言,后者则是对非平面的面而言。通常工程构造物由梁系和板材构成,特别是钢结构(船体也是钢结构之一)。无论梁系还是板材,工程构造物经常不会由简单的直线梁系和平面板材构成。对于非直线梁系和非平面板材,其加工制作的第一步就是展开:非直线梁系"拉直"为直线梁,非平面板材"摊平"为平面板材。只有这样才能提供工程下料,而后加工成形,再进一步地装配生产。对于可看作线条的梁系,其展开相对简单;而对于各种面的板材,其展开就相对复杂,且面的展开也包含着线条展开,所以本课程主要讲述面的展开。

　　如前述,将非平面板材零件表面的实际大小和形状"摊平"在一个平面上,称为展开。展开后所得的图形称为展开图。展开图是板材零件下料、加工、生产的初始依据。

　　根据板材构造物表面的性质,其表面可分为可展开面(可展面)与不可展开面(不可展面)两种。

　　平表面构造物:如棱柱、多平面体等,因其表面都是平面多边形,均为可展面。曲表面中,简单曲面可展而复杂曲面不可展。即相互平行的直素线曲面(筒形面),或可聚焦一点的放射直素线曲面(锥形面),均为可展;其他所有曲面均为复杂曲面,为不可展面,如球体、圆环等。无论是否可展,板材面都必须展开,否则就无法生产。因此,对于可展面,我们加以准确展开;而对于不可展面,则以拟合近似的方法展开,在保证工程要求精度的前提下,作出不可展面的近似展开图。

　　展开图作业就是根据零件的投影图,用作图或计算的方法作出零件表面摊平后实形或近似实形的平面图。

　　展开有多种方法,其选择决定于具体零件及其投影图情况:根据零件的不同几何形状,及其在不同投影面的具体投影情况,选择既保证较高精度,又方便省时的展开投影面和展开方法,是本课程的主要目的。

## 5.2　非锥体曲面"冲势"的定义及作用

### 5.2.1　冲势的产生

　　如图 5-1 所示的近似半圆锥台(平面非半圆):其上、下轮廓线经展开后并非如其在侧面投影的直线,而是一段"上翘"的曲线。此上翘曲线与法向准线间产生着偏移,这一偏移常被俗称为"弓形"。弓形在大多数展开方法中自然形成。如图 5 - 1 近似半圆锥台用三角形撑线法展开,弓形就自然形成。而用准线法展开就必须利用冲势协助展开。因准线法展开的依据是两根互相垂直的十字直线,无法直接表达弓形。必须在这两根互相垂直的十字直线基础上给出弓形值,为展开基准剖面线作为展开依据线。这一供准线法展开用的弓形值通常称为冲势。冲势在曲面不同基准剖面线以及基准剖面线的不同位置处,偏移量是不同的,故冲势一般以特定特征处(通常为角尺准线的中点或曲面轮廓交点、端点等)的数值(冲势值,即偏移量)加以表述。

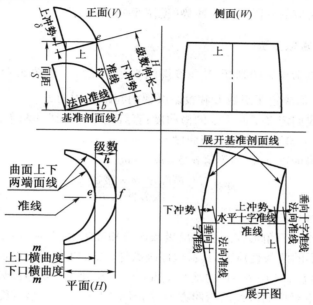

**图 5 - 1  非锥体曲面的冲势定义及应用**

冲势,产生于曲面及折平面的倾斜(通常俗称为"倒势",即倾斜曲面及折平面的倾斜方向与倾斜角度):平面的倾斜不产生冲势,直立的曲面也不产生冲势。曲面倒势的判断与衡量,就是如图 5 - 1 所示的"级数"。级数,即沿与曲面投影的两条母线相交的任意曲线或直线所量取的这两条母线间的距离,如图 5 - 1 平面所示的 $e-f$ 之间的距离,以 $h$ 表示。级数为零时,两母线间的曲面无倒势;级数不为零时,两母线间的曲面具倒势。级数的高度差称为间距,以 $s$ 表示,见图 5 - 1 正面图中 $e-f$ 的高差。

### 5.2.2  冲势的形成元素

形成冲势的三元素(见图 5 - 1)。

①基准剖面线。基准剖面线有时也称基准母线或基准素线。它必定是曲面的水平或垂直剖面。基准剖面线可以是曲面的已知水平或垂直曲母线剖面,也可以根据已知的水平或垂直曲母线剖面所作的水平或垂直剖面。基准剖面线可以是曲面的两端水平或垂直端面,也可以是曲面中间(不一定是严格的中间)的水平或垂直剖面。它和角尺准线是十字准线法展开具有冲势曲面的展开依据线。本例以曲面两端的水平端面为基准剖面线求得两端的两个冲势。当确定了基准剖面线的位置也就确定了冲势的位置。

②角尺准线。角尺准线是垂直或近似垂直于曲面的曲母线组所作的角尺线。当曲面曲母

线组不平行时,可选取中间的一根母线为基准曲母线。作该基准曲母线的角尺线为准线。投影至其他投影面得其他投影面上的准线。准线对应展开曲面时的水平十字准线。

③法向准线。法向准线是通过基准剖面线上的一点作准线的垂向剖面。该垂向剖面可以是正圆,也可以是正圆以外的任何曲线。当用准线法展开具有冲势曲面时它是作基准剖面线的依据线,当用准线法展开没有冲势曲面时它就是展开依据线。法向准线对应展开曲面时的垂向十字准线。

由以上三元素构成的冲势直角三角形中基准剖面线为直角三角形斜边,基准剖面线与法向准线的夹角 $b$ 对应的一段准线为冲势(见图5-1中的正面)。

### 5.2.3　冲势的求取方法

倒势的方向可以由投影图判断,其角度即图5-1中的 $\alpha$。由图5-1,$\sin\alpha = h/H$(级数/级数伸长)。显然 $\alpha$ 值决定于级数 $h$ 和投影级数的间距 $s$;因为 $H = \sqrt{h^2 + s^2}$。

在图5-1中,我们定义了曲母线的横曲度:直线连接曲母线的两个端点,形成弓形母线和直线弦线;弓至弦的最大距离即为横曲度 $m$。

冲势值决定于横曲度 $m$ 和倒势角 $\alpha$:$\delta = m \cdot \sin\alpha$。

即

$$\text{冲势}\ \delta = \frac{\text{横曲度}\ m \times \text{级数}\ h}{\text{级数伸长}\ H}$$

求冲势公式中的名称见图5-1。

我们也可以用直角三角形作图法求出级数伸长和冲势值(见图5-2):分别以级数 $h$ 和间距 $s$ 作直角三角形的两条直角边,其斜边即级数伸长 $H$;以点 $C$ 为圆心、横曲度 $m$ 为半径作圆交 $A-C$ 于 $D$,过点 $D$ 作 $B-C$ 的垂线交 $B-C$ 于 $E$,则 $C-E$ 即冲势值。

冲势方向决定于对应曲母线的弯曲方向,如图5-1所示。作展开图时冲势方向的确定很重要。方向确定错误会造成零件报废。作展开图时冲势方向的确定往往没有如图5-1所示那样明确。需对照投影图来确定冲势方向。

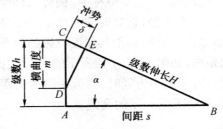

**图5-2　直角三角形作图法求级数伸长和冲势值**

### 5.2.4　冲势的应用

冲势通常适用于用准线法展开的非锥体曲面。由于作为展开基准的十字准线为直线,必须考虑冲势值才能作出展开基准剖面线。即展开基准剖面线在准线法展开时系由法向准线(垂向十字准线)加冲势值形成的。(见图5-1中的展开图)此时,必须考虑冲势方向并计算冲势值。当图5-1中的非锥体曲面不用准线法展开而用三角形撑线法展开时,冲势值在展开过程中可自然展出而不必刻意考虑。但三角形撑线法展开比准线法展开繁难很多。两者相比用准线法展开方便。如将上述图5-1近似半圆锥台稍作改动,正面不变,平面改为半圆。改为图 5 - 3 的半圆锥台。半圆锥台决不可用准线法展开,只能用放射线法或三角形撑线法展开。两者相比当然用放射线法展开方便且精确,且在展开过程中自然形成弓形。用放射线法展开形成的弓形不是定义的冲势。因放射线法展开形成的弓形是依据冲势直角三角形中的斜边展开形成的。而准线法展开形成的弓形是依据冲势直角三角形中的直角边展开形成的。放射线法展开形成的弓度比用准线法展开形成的弓度大。并且两种方法展开的展开图也完全不一样。(图 5 - 3 中的展开图)以上的例子说明冲势是形成弓形的一种方法,而弓形可以除冲势之外的多种方法形成。可见何时需求冲势值与展开方法密切相关。冲势适用于一些特殊的以虚拟准线为基准进行的展开方式(下面即将讲到的准线法展开)。

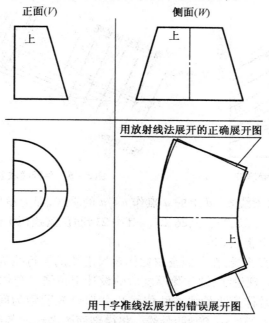

图 5 - 3　锥体曲面的两种方法展开比较

# 5.3　平行线法展开

　　若零件曲面在投影图中存在实长直线素线组,且又相互平行,则该零件的展开首选平行线法。所谓平行线法展开,就是作此平行实长直素线组的垂直线(即"准线",常被称为"角尺线"),以该准线的实长真形为基准,建立一组展开线以展开零件。

　　选用平行线法展开零件,其必要条件是:在零件视图的一个投影面中,零件表面的素线组须同时具备平行、实长、直线三个条件,否则就无法用平行线法展开。

　　实例 5 - 1:舭龙骨展开。

　　图 5 - 4 中,$a - b - c - d$ 是船舶某段舭龙骨在横剖面图上的投影,将其展开为平面真形。

　　分析:在横剖面图中,凡与肋骨面平行的剖面都是真形平面,而真形平面内的所有线条均为实长线,所以,横剖面图所示的舭龙骨 $a - b - c - d$,其全部直线素线均为实长线。并且,由于该段舭龙骨安装角度相同,所以该舭龙骨在横剖面的实长直素线为一组平行线,符合平行线法展开的三个条件。

　　展开步骤如下(见图 5 - 5):

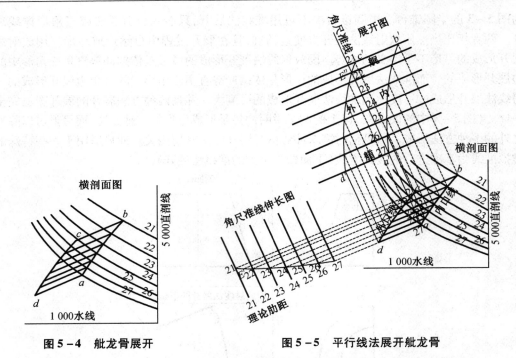

图 5 - 4    舭龙骨展开         图 5 - 5    平行线法展开舭龙骨

（1）作角尺准线：过素线 $a-d$ 上的 $a$ 点作 $a-d$ 的垂线，即为角尺准线。角尺准线与各肋位素线相交得同名各点 22，23，…，26，27。其中 21#肋位素线（即 $b-c$）与角尺线无交点，延伸 21#素线与准线相交于点 21。

（2）求角尺准线的实长线：在图面空白处作角尺准线的平行线为 21#肋骨理论线（线无粗细，而构件总有厚度。理论线，即扣除厚度后的设计定位线。与构件名共同组词时，可省去"理论"：肋骨理论线常称为肋骨线或肋位线），并以已知肋距为间距，作 21#肋骨线的平行线，得实际肋距的 22#，23#，…，27#肋骨线。将横剖面图准线与各肋位素线的交点投影至准线伸长图的各相应肋骨线上，得同名交点 21，22，…，27。连接各点，即为准线的真形线。

（3）作各肋骨素线展开线：在图面另一空白处作素线 $a-d$ 的平行线为 27#肋骨素线，再以角尺准线伸长图上真形准线相应间隔的围长为间距，作 27#肋骨素线的平行线，为展开准线（即将真形曲准线"拉直"为实长直准线作展开基准线）上 27#到 21#肋位的各同名肋骨素线。

（4）将横剖面图上舭龙骨内口线与各肋骨线的交点投影到展开图上的相应展开肋骨素线，连接各点得舭龙骨的展开内口线。同样方法得它的展开外口线。

（5）必须注意外口线上的一个关键点：准线与外口线的交点 $E$。必须确保点 $E$ 投影到相应的展开图中，因为点 $E$ 将作为重要的加工依据，连同展开图一起提交加工。具体投影不赘述。

（6）由此完成的展开图 $a'-b'-c'-d'$，就是该段舭龙骨的真形展开图，标上舾、艉、内、外，完成展开图放样。

实例 5 - 2：舷墙开口面板 $A-B$ 段展开。

图 5 - 6 所示为实船具线型的艉楼舷墙开口，要求展开其上水平安装的面板以确定该段面板的实际加工尺寸。

分析：首先，由纵剖面，此开口是带标准圆角的菱形，但水线面和横剖面均反映出此开口是具线型变化的；其次，唯一反映面板的纵剖面上，面板与之垂直（已知为水平安装），不能直接反映面板曲面的投影,也就无法反映该曲面的素线情况。所以,在展开这块面板前,必先求出该面板的平面水线面投影(先求侧面横剖面投影亦可,但于本例,侧面线型太挤,难以辨清而不易作业),并依据面板曲面的素线情况决定展开方法。

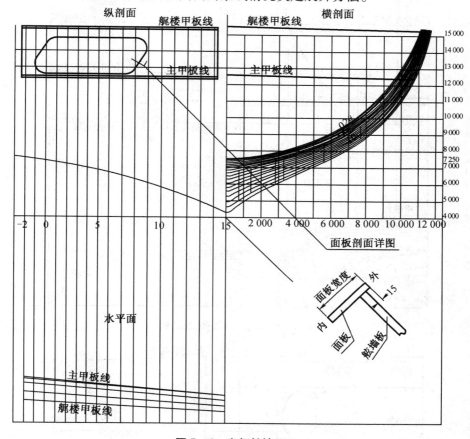

**图 5－6 实船舷墙开口**

具体作法如下(见下页图 5－7):

(1)作面板的水线面投影确定其素线情况:

(1.1)在纵剖面图上作出断线点 $A$,$B$ 点,找出圆弧切点 $C$,$D$,$E$,$F$。

(1.2)作 $\overset{\frown}{CD}$,$\overset{\frown}{EF}$ 和 $D-E$ 的等分辅助点 1,2,…,14,15(用于水线投影)。

(1.3)过纵剖面各点作水线(即水平线),投影到水线面上作为投影目标。如过点 $E$ 作纵剖面和横剖面的水线,交横剖面上的各肋骨线后投影至水线面上的各相应肋骨线,连接各点即为点 $E$ 在水线面上的水线。同样方法得其余各点在水线面的水线。

(1.4)将纵剖面上的各点投影至水线面上各相应投影目标水线上,得各同名点。按作业要求,连接各点即为所求面板在水线面的外口线投影。

(1.5)作面板宽度线:由于面板水平安装,其在纵剖面上为正垂面,故面板宽度线在水线面上为实长垂直线。过各点以给定宽度作垂线,连接各垂线端点即为所求面板的内口线投影,各宽度垂线也就是此面板曲面在水线面上的素线组。

(2)显然,面板曲面在水线面上的素线为平行、实长的直线组,完全符合平行线法的展开条件,故以平行线法展开这块面板(图 5－8):

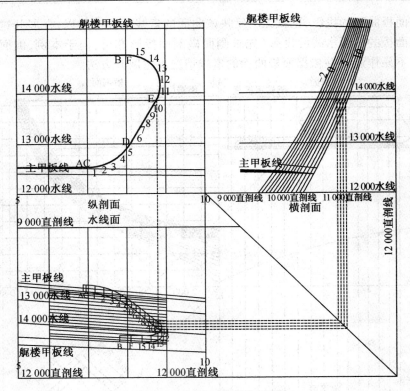

图 5 – 7　实例 5 – 2 作图步骤

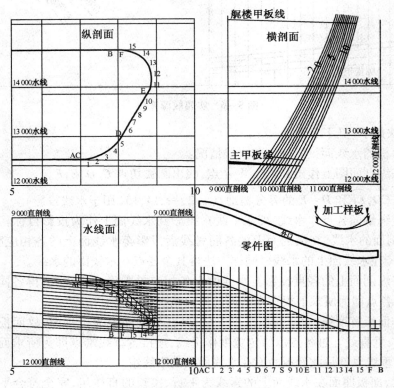

图 5 – 8　平行线法展开面板

（2.1）由于水线面的面板素线为垂直线，可将水线面上的直剖线作为面板素线组的角尺准线。同时，纵剖面的开口投影，即为直剖线的真形（正平剖面），可直接取用而不必另求。

（2.2）在图面空白处作展开图：以水线面 12 000 直剖线（与水线面肋骨线垂直）为准线，并以纵剖面所求段各点间的围长为间距，作水平线 $A-B$，并标出其上各相应点。

（2.3）过各点作平行于水线面肋骨线的展开线（即垂线）$A,C,1,2,\cdots,15,F$ 和 $B$。

（2.4）过水线面上各外口点作 12 000 直剖线的平行线，延伸交展开图上的相应展开线，得各同名点（点的投影），连接各点即为此面板的外口平面展开线。

（2.5）过各点作面板的宽度垂线，连接各端点即为此面板的内口平面展开线。

（3）驳画至零件图，并按加工要求作零件的加工工艺标识（略），完成作业。

由平行线法的展开条件和展开方法，其展开线对应于曲面的实长直素线。而曲面任意位置的直线，其展开仍为直线，所以此展开线上无冲势存在。结论：只要满足平行线法的条件，以平行线法展开，毋须考虑冲势。因为曲面的曲线冲势不在展开线上，可以由展开过程自然得到。

# 5.4　准线法展开

平行线法既方便又准确，但曲面复杂，符合素线组平行、实长、直线三个条件的曲面并不多（仅筒形面），很多曲面无法用平行线法展开。对一些近似平行曲线的非平行实长直素线组曲面构件，通常选用准线法展开零件。准线法展开，就是在曲面投影图中近似平行的实长曲母线组中，按一定的法则虚拟设定作为展开基准的准线，以求取零件的展开数据和形状。此准线的"拉直"展开，就是其展开图中的水平基准线。

平行线法本质上也是准线法的一种：以虚拟的垂直于素线的角尺线为准线，展开后作展开线展开曲面。但它是准线法的特例：应用于素线为平行、实长的直线组曲面。

准线法展开是一种近似展开法，可适用的曲面条件较宽泛：只要曲面的投影具实长母线组，曲、直线均可；并且母线间平行度的要求也不严格，近似平行即可。其基本原理是，以一定的法则作出与各母线相交的准线。通过对此准线的"拉直"展开（为展开图上的水平基准线），在其上建立法向准线，再加上冲势因素后形成展开母线，最终得出曲面的展开图。

由于曲面的弯势情况各异，其在投影图中的母线情况也各不相同。所以，必须根据曲面的不同实长素线情况，按不同的法则作出不同的准线。对应于不同的准线法则，准母线组的建立方法也有相应的不同。由此，准线法展开又可分为准线与母线尽可能近似垂直的十字线法和测地线法，以及准线与母线不垂直的菱形线法等，但其基本原理都是相同的。

## 5.4.1　十字线法展开

十字线法展开俗称一把角尺法展开，适用于平行，或近似平行的实长曲母线组曲面。由于实长母线组为平行或近似平行的曲线，选定基准母线，并作其垂线（角尺线）为准线，即能保证准线与全部母线的垂直或近似垂直。由于这一垂直法则，它被形象地称为十字线法。并且，其展开图上的基准母线也必然垂直于作为水平基准线的准线。

由于实长母线组近似平行而非真正平行，均衡的原则必然要求以该组实长母线的中间母线为基准母线——不同于平行线法，因相互平行而无所谓基准母线。

实例 5-3:图 5-9 所示区域船体外板的展开。

分析:船体外板属复杂船体曲面中的一个部分,横剖面图上的肋骨线就是船体曲面的横向真形母线,为一组近似平行且为曲线的母线组,适合十字线法展开。

展开方法如下(图 5-10):

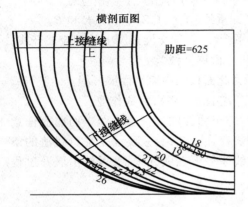

图 5-9　近似平行曲素线组曲面

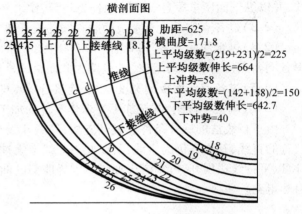

图 5-10　十字准线

(1)作准线(十字线)

(1.1)在横剖面图上选取中间的 22#肋骨线为基准母线。

(1.2)连接基准母线与上、下接缝线的交点 $a-b$ 为弦线。

(1.3)基准母线与弦线构成了一个弓形,其最大弓度即为横曲度 $m$,过横曲度处的点 $c$ 作基准母线的垂线为准线(一把角尺)。

(2)求冲势值(由于基准母线为曲线,故须考虑并计算冲势值):

(2.1)平均级数、平均间距与平均级数伸长(见图 5-11)

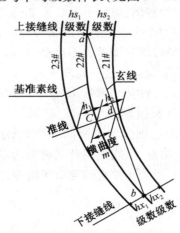

图 5-11　平均级数

明显地,由于实际横剖面线型中,曲母线级数并不相等,为尽可能精确,确定冲势值当取其平均数:简单起见,以基准母线两侧相邻级数的算术平均值为基准母线的平均级数:

$$hs = \frac{hs_1 + hs_2}{2} = 225 ; h = \frac{h_1 + h_2}{2} ; hx = \frac{hx_1 + hx_2}{2} = 150$$

间距不等也同样处理。而本例的间距（即肋距）为等间距，可直接取用为 625。

这样，按本章 5.2 节所述的级数伸长公式：$H = \sqrt{h^2 + s^2}$，则平均级数伸长：

$$Hs = \sqrt{225^2 + 625^2} = 6643, Hx = \sqrt{150^2 + 625^2} = 6427$$

（2.2）冲势值计算：按本章 5.2 节所述的公式：$\delta = \dfrac{m \cdot h}{H}$，则：

$$\delta s = \frac{m \cdot hs}{Hs} = 58.2, \delta x = \frac{m \cdot hx}{Hx} = 40.1, 其中, m 为横曲度值 = 171.8$$

所有上述数据均列于图 5 - 10 中。

（2.3）冲势方向的确定

如我们在 5.2 节所述，冲势的方向由对应曲母线的弯曲方向确定。冲势方向千万不能搞错，否则将造成零件的报废。

（3）求准线和上、下接缝线的实长

（3.1）作伸长线图（见图 5 - 12）：以间距（本题为肋距）方向（即船体纵向方向）为水平轴，并以肋距为间距作水平轴的垂线，为横剖面各母线在伸长线图的相应投影积聚线。

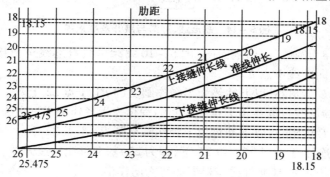

**图 5 - 12　伸长线图**

（3.2）求上接缝线实长：

（3.2.1）在图 5 - 10 的横剖面图中，量取上接缝线与各母线相交点之间的围长（本题上接缝线为水平直线，围长即间距）至伸长线图的各相应垂直母线上。

（3.2.2）连接各相应交点即得上接缝的实长线。

（3.3）用同样方法求得准线和下接缝的实长线。

（4）作展开图（图 5 - 13）

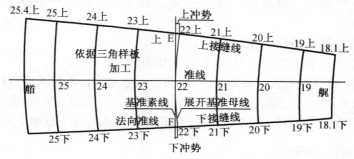

**图 5 - 13　展开图**

（4.1）"拉直"实长准线为水平基准线，并过其中点作垂线为22#法向准线（如无冲势就是22#肋骨母线）。

（4.2）展开基准母线（即22#肋骨母线，详见图5－14）：

**图 5 － 14　基准线、冲势与展开基准素线**

（4.2.1）以22#为圆心，以横剖面图（图5－10）22#母线自准线至上接缝线间的围长为半径作圆 $R1$，交法向准线于点 $E$。

（4.2.2）以点 $E$ 为圆心，以上冲势为半径作圆交圆 $R1$ 于点 22 上。

（4.2.3）以22#母线自准线至下接缝线间的围长为半径作圆 $R2$，交法向准线于点 $F$。

（4.2.4）以点 $F$ 为圆心，以下冲势为半径作圆交圆 $R2$ 于点 22 下。

（4.2.5）光滑连接点 22 上、22 和 22 下，即为22#基准母线的展开线。

注：冲势是有方向的，基准母线应根据冲势方向作出。

（4.3）在展开图的准线上，以22#为起始点，按伸长线图（图5－12）分别向前、后方向量取相应的实长准线围长，在准线上得 点 18，18.15（展开图上简写为 18.1），19，…，25，25.475（展开图上简写为 25.4）等各点。

（4.4）作展开上接缝线（图5－13）：

以准线点 21#为圆心，以横剖面图（图5－10）21#母线自准线至上接缝线间的围长为半径作圆；再以点 22 上为圆心，以伸长线图（图5－12）上接缝实长线自 22 至 21 间的围长为半径作圆，两圆相交得点 21 上。

同样方法得 点 20 上等其余各点，光滑连接点 18.1 上、19 上、……25 上、25.4 上等各点即为展开上接缝线。

（4.5）同样方法作出展开下接缝线。

（4.6）做上必要的加工工艺标识（略），完成作业。

附注：按图5－10展开的这一展开图，须反向加工才能符合投影图这一外板的曲面真形（读者可自己思考其原因）。如同前述的折边加工，通常以正向加工为宜：方便、高效。所以，应当将此展开图作对称"翻身"，提供正向加工的下料加工图，保证下道加工工序的便利。

### 5.4.2　测地线法展开

上述的十字线法，一般应用于近似平行的实长素线组或曲母线组曲面展开。而对不平行的实长曲素线组或曲母线组(如图 5 - 15 的扇形母线组)曲面,十字线法就无法保证精度:因为它的准线仅垂直于中间基准母线,而不可能与其他母线垂直或近似垂直。

测地线法是准线法的一种:它将十字线法的一根角尺准线根据母线情况分为数段(因而也可称为多把角尺法),能使准线与不平行的所有母线都近似垂直,从而具有较高的精度,在工程应用中被广泛采用。

同样由垂直法则,测地线法展开的展开图中,基准母线也必然垂直于准线。由于它准线并非一根直线,故而不能称为十字线。我们以图 5 - 15 为实例,说明测地线法进行所示的曲面展开。

实例 5 - 4。

(1)作准线(测地线,见图 5 - 16)

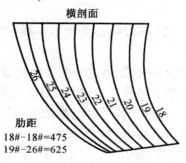

肋距
18#-18#=475
19#-26#=625

**图 5 - 15　扇面曲素线组曲面**

(1.1)开始步骤同十字线法:在扇形实长母线组中选取中间母线(本题选 22#母线)为基准母线,连接基准母线与上、下接缝线的交点 $a - b$,构成弓形,其最大弓度即为横曲度 $m$,以基准母线的横曲度处为点 $22z$。

(1.2)过点 $22z$ 作基准母线的垂线(第一把角尺),交 21#母线于点 $21z$,交 23#母线于点 $23z$。$21z$,$22z$ 和 $23z$ 三点构成了测地线的基本点。

(1.3)过基本点 $23z$ 作 23#母线的垂线(第二把角尺),交 22#母线于点 $22a$,交 24#母线于点 $24b$,见图 5 - 16 详图。

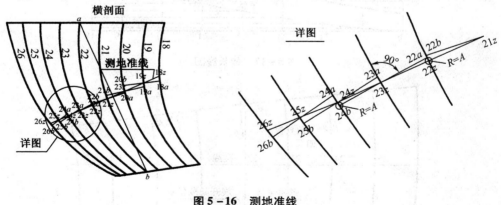

**图 5 - 16　测地准线**

(1.4)在 24#母线上作圆量取 $24b - 24z = 22a - 22z$(见详图)以确定点 $24z$。

量取时应注意点 $24z$ 和点 $22z$ 的相对位置交错:如详图所示,点 $22z$ 在点 $22a$ 的下方,则点 $24z$ 应在点 $24b$ 的上方。

（1.5）同样方法求得点 $25z$ 和 $26z$（第三和第四把角尺）。

（1.6）同样方法,自基本点 $21z$ 起求得点 $20z$ 和点 $19z$（第五和第六把角尺）。

（1.7）自点 $19z$ 起的第七把角尺求点 $18z$:但 18#与 19#间的间距（475）不同于 19#与 20#的间距（625）,此时,量取的数据应按比例算出。计算公式为:

所求数据:所求对应间距 = 已知数据 × 所求对应间距:已知对应间距,即

$$所求数据 = \frac{已知数据 \times 所求对应间距}{已知对应间距}$$

本题的所求数据为 $18a - 18z$,所求对应间距是 475。已知数据为 $20b - 20z$,已知对应间距是 625。代入上述公式即为:$18a - 18z = \frac{(20b - 20z) \times 475}{625}$,按同样方式,以 $18a - 18z$ 的计算数据确定点 $18z$;

（1.8）光滑连接 $18z,19z,\cdots,25z$ 和 $26z$ 即为所求准线（即测地线）,为展开图的水平基准线。

由上述的测地准线作法,我们可以知道这一曲准线何以称为测地线:早先因无计算机手段,船体等大型工程目标物的展开放样工作进行于 1:1 的跑台（英语 Body Plan 的沪语音译,即船体肋骨横剖面线型图,也称样台）。因此,测地线法作准线时,必须在地面跑台上不时测取数据驳至线型图上,故其准线被常称为测地线。

（2）作伸长线图和展开图:除准线的作法不同外,测地线法的冲势求取,准线和上、下接缝线的伸长,及其展开图的作法,均与十字线法展开相同,不赘述。详细的伸长线图和展开图分别见图 5-17 和 5-18。

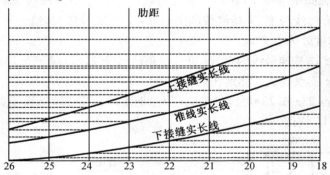

图 5-17　伸长线图

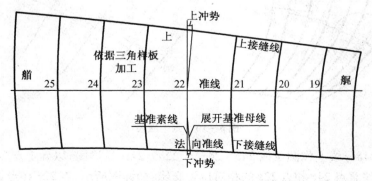

图 5-18　展开图

### 5.4.3　菱形线法展开

当曲面零件的投影如图 5 – 19 呈菱形状实长母线组时,垂直法则的十字准线或测地准线会超出曲面零件的纵向接缝之外(见图 5 – 20)而造成误差,甚至无法展开。所以,必须采用非垂直法则的准线法,即菱形线法展开。

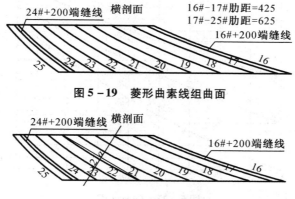

**图 5 – 19　菱形曲素线组曲面**

**图 5 – 20　十字准线超出菱形素线曲面**

菱形法展开的基本要点就是准线与各素线的不垂直(准线与各素线相交的必然要求)。而此不垂直,必须在展开图中进行相应的处理,以保证展开的精确性。

菱形法展开步骤:

实例 5 – 5。

(1)作菱形准线(见图 5 – 21)

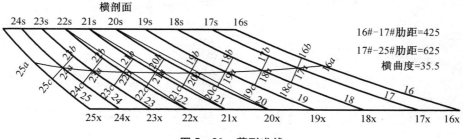

**图 5 – 21　菱形准线**

(1.1)同前述的十字准线、测地准线方法,任意选取中间的 21#母线为基准母线,作其弦线,于其横曲度处的点 $21a$ 作基准母线的垂线,交 20#母线于点 $20b$,交 22#素线于点 $22c$。

(1.2)对基准母线相邻的前后母线,即 20#和 22#两根母线,用上述的同样方法求得点 $19b$,$21c$ 和点 $21b$,$23c$(俗称"连开三把角尺")。

(1.3)在 23#母线上反向量取 $23c – 23a = 21b – 21a$,在 23#母线上得点 $23a$;再过 $23a$ 点作 23#母线的垂线,交 22#母线于点 $22b$,交 24#母线于点 $24c$。

(1.4)同样方法求得点 $24a$,$25a$ 和点 $19a$,$18a$,$17a$。

(1.5)由于 16# ~ 17#母线间的肋距不同于 17# ~ 18#间的肋距,所以 $16b – 16a$ 的数值需通过前述的比例方法求得:$(16b – 16a):(18c – 18a) = 425:625$,按所求数值在 16#母线上求得点 $16a$。

(1.6)连接 $16a$,$17a$,…,$24a$ 和 $25a$,即为菱形准线(注意,菱形准线的作法,决定了其与母线的不垂直）。

（2）冲势值的求法同十字线法，不赘述。

（3）求准线和上、下接缝线的伸长，方法完全同十字线法，不赘述，结果见图5－22。

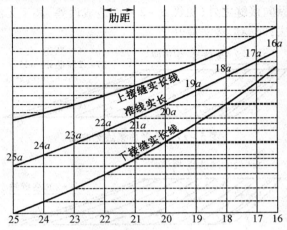

图5－22　伸长线图

（4）作展开图（见图5－23）

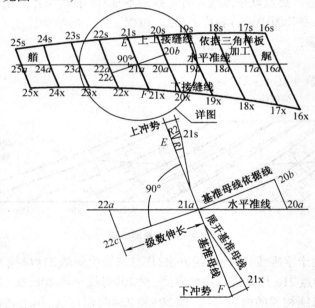

图5－23　展开图

由于菱形准线与母线的不垂直，故展开时应首先确定21#基准母线依据线22c－21a－20b（即图5－21中的级数22c－21a和21a－20b）的展开线，并作此展开线的垂线为21#基准母线，叠加冲势值后求得21#展开基准母线；再自展开基准母线向前、后两端延伸，展开整个曲面。

（4.1）作水平准线，在其上量取各母线之间的准线伸长值，得到各相应点16a，17a，…，24a和25a。

（4.2）作基准素线依据线线：

(4.2.1)按公式 $H = \sqrt{h^2 + s^2}$ 求取图 5－21 中级数 21$a$－20$b$ 与 21$a$－22$c$ 的级数伸长。对于级数 21$a$－20$b$,$h$ 即 21$a$－20$b$ 的量取值 =142.4,$s$ 即肋距 =625,则 21$a$－20$b$ 的级数伸长 $H$ =641.0;同样方法求得 21$a$－22$c$ 的级数伸长;

(4.2.2)以展开后水平准线上的点 21$a$ 为圆心,以 21$a$－20$b$ 的级数伸长为半径作圆;再以水平准线上的点 20$a$ 为圆心,以图 5－21 中 20$a$－20$b$ 的弧长为半径作圆;两圆相交得点 20$b$(注意:相交方位与图 5－21 的一致)。

(4.2.3)同样方法求得点 22$c$(见图 5－23 详图),光滑连接 22$c$－21$a$－20$b$,即为 21#基准素线依据线。

(4.3)过点 21$a$ 作基准母线依据线的垂线,即为 21#准母线(与准线不垂直,若无冲势,则此准母线即为 21#的展开基准素线)。

(4.4)在准母线上按图 5－21 的母线弯势方向确定冲势方向并加上相应的冲势值(方法同前),求得展开基准母线:

(4.4.1)以 21$a$ 为圆心,以图 5－21 中 21#母线上点 21$a$ 至点 21$s$ 间的弧长为半径作圆 $R1$,交准母线于点 $E$;以 $E$ 为圆心,以上冲势值为半径作圆 $R2$,两圆相交得点 21$s$。

(4.4.2)同样方法得点 21$x$,光滑连接点 21$s$－21$a$－21$x$,即为 21#基准母线的展开线。

(4.5)以展开基准母线和水平准线为依据,自点 21$s$ 和点 21$x$ 两点向前、后展开,完成整个曲面的展开,步骤与前述十字准线法完全相同,不赘。

# 5.5 旋转法展开

旋转法展开就是围绕一个旋转中心,将目标投影点或投影线旋转到展开平面实际位置的展开方法。按照实际待旋转展开目标的不同特征,旋转中心可以是一个点,也可以是一根轴线。

以点为旋转中心的旋转仅适用于聚焦一点的放射直线展开,围绕旋转点的旋转法展开也因之被称为放射线法展开。由于锥形面的素线特征是聚焦于一点的放射直线组,故放射线法展开特别适用于锥形面的展开。

对于旋转中心的轴线,可以是中心线、折角线、目标物轮廓边线等,但它必须是实长的直线,在前面 4.2.5 <平面的旋转> 等章节中已有陈述。

旋转展开,实际上就是通过求出目标物各特征点(下称"投影点")距旋转轴垂直距离的实长线以得到平面真形的相应点(下称"展开点")的实际投影位置。因此,不论以何为旋转轴线,展开点一定在其对应投影点对此轴线的垂线上。

### 5.5.1 旋转法展开实例

实例 5－6,见图 5－24 所示为一个斜正锥体,我们以其为例,用旋转法展开它的锥体表面。

实例 5－6 实际上包含有绕点和绕轴的两种旋转方法:由锥体表面为锥形面,其素线特征为聚焦于一点的放射直线组,故可以其聚焦点为旋转中心旋转展开其素线,得到锥体面的展开图;此前,则以过聚焦点的中心线为轴线,旋转求得锥体的上圆或底圆真形(由放射特征,仅需求出其中的一个真形即可),作为锥体面的展开依据。

具体展开作图步骤如下(图 5－25):

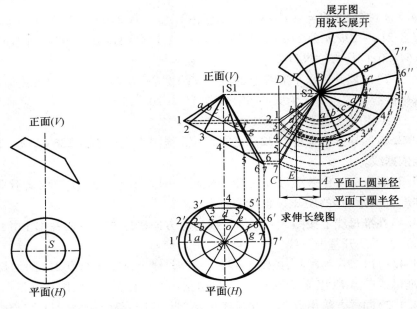

图 5-24　斜正锥体　　　　　　　图 5-25　旋转法展开斜正锥体

（1）验证锥体面放射素线的聚焦性：

在正面延伸斜正锥体的两斜边至中心线,相交得点 S1（若不能交于一点就不能用绕点旋转的放射线法展开）。

（2）准备工作——添加必要的辅助点和辅助线,十二等分平面底圆：

（2.1）由于对称,取底圆的上半圆六等分得点 1,2,…,7 七点,分别连接圆心 S,得平面七根聚焦为一点的投影放射直素线。

（2.2）以正面底圆积聚线为投影目标,将平面的上述等分点投影其上,得同名点 1,2,…,7 七点,分别连接至点 S1,得正面七根聚焦一点的放射直素线投影。

（3）求实长素线：

（3.1）由于这些素线的平面投影长相等（平面底圆与上圆的半径和半径差）,所以可共用为伸长线图的水平直角边:在图面的空白处作水平直线 A-E-C,A-E 取平面的上圆半径,A-C 取平面的底圆半径。

（3.2）分别过点 A,E 和 C 在伸长线图上作三根平行垂线为伸长线图的垂直直角边: C-D（底圆高度差线）、E-F（上圆高度差线）和 A-B（中心线）。

（3.3）将正面中心点 S1 投影至中心线 A-B 上得中心点 S2。

（3.4）将正面底圆积聚线上的点 1,2,…,7 七点投影至伸长线图的底圆高度差线 C-D 上得同名点 1,2,…,7 七点,与中心点 S2 的七根连线 S2-1,S2-2,…,S2-7 即为七根素线的实长线。

（3.5）这七根实长素线分别与上圆高度差线 E-F 相交得点 a,b,…,g 七点,a-1, b-2,…,g-7 即为斜正锥体面上的实长素线段。

（4）以平面底圆中心线 4-S 为旋转轴,旋转展开求底圆实长：

平面底圆中心线 4-S 在正面积聚为点 4,为正垂线。其在平面为实长直线,符合旋转轴的条件,可作旋转轴。

（4.1）因为平面 $1-S$ 垂直于中心轴线 $4-S$，为正平线，所以正面 $1-4$ 的投影长就是平面 $1-S$ 的实长线。以平面点 $S$ 为圆心，正面 $1-4$ 的投影长为半径在平面作圆，与平面 $1-S$ 的延长线相交得平面点 $1'$，对称得平面点 $7'$（展开点 $1'$，$7'$ 在其对应投影点 $1$，$7$ 对中心轴线 $4-S$ 的垂线上）。

（4.2）过平面点 $2$ 作中心线 $4-S$ 的垂线，与中心线 $4S$ 相交得点 $o$；以其为圆心，以正面 $2-4$ 的投影长为半径在平面作圆，与平面 $2-o$ 的延长线相交得平面点 $2'$，对称得点 $6'$（展开点 $2'$，$6'$ 在其对应投影点 $2$，$6$ 对中心轴线 $4-S$ 的垂线上）。

（4.3）同样方法得平面点 $3'$ 和点 $5'$。

（4.4）点 $4$ 为中心点，在平面中心线处原位不动。

（4.5）光滑连接 $1'-2'-3'-4'-5'-6'-7'$，即为此斜正锥体半个底圆的真形。

（5）以点 $S2$ 为旋转中心，旋转作展开图：

因为本例曲面的素线为聚焦于一点的放射直线组，故可绕其聚焦点 $S2$ 旋转展开。

（5.1）以伸长线图的点 $S2$ 为圆心，分别以七根实长素线 $S2-1$，$S2-2$，$\cdots$，$S2-7$ 为半径作圆，得到 $1\#$，$2\#$，$\cdots$，$7\#$ 七只同心圆。

（5.2）$1\#$ 圆与 $A-B$ 相交得交点 $1''$，以之为圆心，以平面底圆真形的 $1'-2'$ 弦长为半径作圆，与 $2\#$ 圆相交得交点 $2''$，$S2-2''$ 即为 $2\#$ 展开素线。

（5.3）同样方法得到 $3''$，$\cdots$，$7''$ 五点及 $3\#$，$\cdots\cdots7\#$ 展开素线。

（5.4）光滑连接 $1''-2''-3''-4''-5''-6''-7''$，即为斜锥体底半圆的展开线。

（5.5）同样，以伸长线图的点 $S2$ 为圆心，分别以实长素线 $S2-a$，$S2-b$，$\cdots$，$S2-g$ 为半径作七只同心圆，与 $1\#$，$2\#$，$\cdots$，$7\#$ 展开素线相交得交点 $a'$，$b'$，$\cdots$，$g'$。

（5.6）光滑连接 $a'-b'-\cdots-g'$ 即为斜锥体上半圆的展开线。

（5.7）以 $S2-7''$ 为对称轴，对称复制斜锥体上、底半圆的展开线，即得斜锥体整个锥面的展开图。

### 5.5.2　曲线的工程近似拟合和弦长值修正

展开时必须以实长线作展开图。这对于实长直线非常简单：按实际伸长值直接取用即可。而对实长曲线（上例第 4 步求得的真形底圆），通常是按第一章中的工程简化处理方式将整根实长曲线分成若干段（参见图 $1-11$），按弦长或弧长分段取用（上例第 5 步的展开即为弦长方式）。

取用分段弦长，系将曲线视作折直线组。待该折直线组的折点全部展开作出后，将之连成一根光顺的曲线，即为弦长方式下的近似拟合展开曲线。显然，这根曲线大于所取用的折直线长之和：展开弧长大于展开弦长。并且，每一分段的伸长都随此曲线的曲率不同而不同：曲率大，伸长就大；曲率小，伸长就小。

另外，取用实长曲线的分段弦长或分段弧长进行展开，所得展开图也不同。如上例（图 $5-25$）中，真形底圆线的实际长度为 14062。若以底圆实长的分段弦长展开，展开后的底圆线长 13976，比实际底圆实长线短 86；若以底圆实长的分段弧长展开，则展开后的底圆线长 14137，比实际底圆实长线长 75。因此，弦长方式与弧长方式的展开形状不相同。

通常，对于小曲率曲线，因其接近直线，故以弦长方式展开为宜：相对精确且又方便；对于大曲率曲线，则以弧长方式展开为宜：相对精确，且展开尺寸较弦长方式大。对于零件的展开，大总比小好：因为大了可以修割余量，而不致因小了而报废零件。

　　对于高精度要求的展开,则可在弦长方式展开后,以实测的展开曲线各弧段伸长为基础修正弦长,以修正弦长再次展开。对于上例斜正锥体面的高精度展开,具体修正方法如下(图5-26):

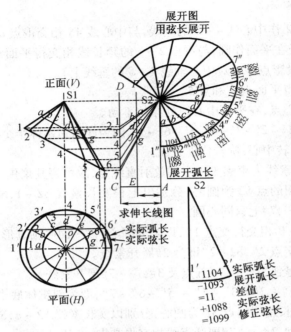

**图5-26　弦长展开后的展开弦长数值修正**

　　(1)在弦长方式展开的展开图上,将实测的真形底圆各分段的实际弧长标在展开图的相应弧段上。对于本例,即将平面的$\overset{\frown}{1'2'},\overset{\frown}{2'3'},\cdots,\overset{\frown}{6'7'}$的实际弧长标注于展开图的相应弧段$\overset{\frown}{1''2''},\overset{\frown}{2''3''},\cdots,\overset{\frown}{6''7''}$上(由对称,仅需测三段,标六段)。

　　(2)弦长方式展开后,实测底圆展开线分段的展开弧长,标于相应弧段的上述实际弧长数据下。

　　(3)其下标注两者的差值。

　　(4)再实测真形底圆分段的实际弦长,标于差值下(即将平面的$1'-2',2'-3',\cdots,6'-7'$的实际弦长标注于展开图的相应弧段$\overset{\frown}{1''2''},\overset{\frown}{2''3''},\cdots,\overset{\frown}{6''7''}$上,同样仅需测三段,标六段)。

　　(5)各段的修正弦长即为其实际弦长与差值之和。

　　(6)最后,以修正弦长为弦长,重复上例的第5步,即得经修正的高精度展开图。

### 5.5.3　以折角线为轴线的旋转展开实例

　　上述的斜正锥体面旋转展开实例,是以中心线为旋转轴作旋转展开求得底圆的真形(具体作法的第4步)。除中心线外,旋转轴还可以是目标物的折角线、轮廓边线等,其原理总是相同的。即旋转轴一定是一根实长直线,且展开点与其对应投影点的连线一定垂直于旋转轴线。上例的展开点$1',2',\cdots,7'$与其对应投影点$1,2,\cdots,7$的连线($1-S,2-o$等)都垂直于作为旋转轴的中心线$4-S$上。

　　以折角线为轴线的旋转展开,当然适用于带折角线的折平面零件展开。如:折角内底板、$K$ 行板(船体底部的纵向中心外板)等。其展开点及其投影点的连线必同样垂直于轴线(此时为折角线);对投影点的旋转伸长求展开点,则通过直角三角形作图法或计算法求得。

实例 5 – 7:坑锚锚穴侧板展开(见图 5 – 27)。

从图 5 – 27 可以看到 $A$ – $B$ – $C$ – $D$ – $E$ 和 1 – 2 – 3 – 4 – 5 是坑锚锚穴的两块侧板,展开方法完全相同,本例仅展开侧板 $A$ – $B$ – $C$ – $D$ – $E$。由纵剖面和向视面 $A$,可以看到 $B$ – $D$ 为侧板 $A$ – $B$ – $C$ – $D$ – $E$ 的折角线。现以向视面折角线 $B$ – $D$ 为旋转轴,旋转展开侧板 $A$ – $B$ – $C$ – $D$ – $E$。

分析:水线面 $B$ – $D$ 为一积聚直线,故向视面的平面 $B$ – $C$ – $D$ 投影必定为真形平面(向视面系以水线面向视目标线 $B$ – $D$ 为视向轴变换作成),不需展开。而折角原因,侧板折角线以上的部分 $A$ – $B$ – $D$ – $E$ 与 $B$ – $C$ – $D$ 必非同一平面,故向视面的平面 $A$ – $B$ – $D$ – $E$ 一定不是真形,需绕折角线 $B$ – $D$ 旋转到与 $B$ – $C$ – $D$ 同一平面展开。而此 $B$ – $C$ – $D$ 为真形平面,故向视面 $A$ 上的 $B$ – $D$ 为实长直线,可作旋转轴。

具体展开步骤(图 5 – 28):

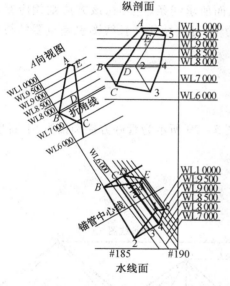

图 5 – 27　船舶锚穴图

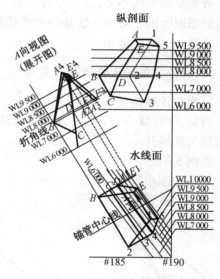

图 5 – 28　锚穴侧板展开

(1)直角三角形作图法求投影点展开伸长值:

(1.1)连接向视面点 $A$ 和水线面上的点 $A$(连线 $A$ – $A$ 必垂直于水线面和向视面的 $B$ – $D$ 折角线),分别与水线面、向视面的折角线 $B$ – $D$ 的延长线相交于点 $A1$ 和点 $A2$。

(1.2)以 $A2$ 为圆心,水线面 $A$ – $A1$ 为半径作圆,交向视面折角线 $B$ – $D$ 的延长线于点 $A3$,连接 $A$ – $A3$,即为点 $A$ 的伸长值($A$ – $A2$ – $A3$ 构成一个直角三角形:$A$ – $A2$ 为投影长、$A2$ – $A3$ = 水线面 $A$ – $A1$,为水线面投影差)。

(2)以 $B$ – $D$ 为旋转轴,旋转展开投影点:

(2.1)以 $A2$ 为圆心,以 $A$ – $A3$ 为半径作圆,与 $A$ – $A$ 的延长线交于点 $A4$,即为点 $A$ 的旋转展开点。

(2.2)连接 $A4$ – $B$。

同样方法求得点 $E$ 的旋转展开点 $E4$,并连接 $A4$ – $E4$。

（3）由于 $E-D$ 连接船体线型而非直线，可以水线面和向视面的 $E-D$ 与各水线（ $WL$：英语水线 Water Line 的缩写）的交点为辅助点，按同样的方法求出各辅助点的旋转展开点，并加光滑连接。

（4）连接 $A4-B-\overset{\frown}{DE}4-A4$ 加上无需展开的 $B-C-D$，即为所求坑锚锚穴侧板的展开图。

# 5.6　三角形撑线法展开

三角形撑线法展开，是根据三条确定边长确定唯一三角形的原理，将待展开构件的投影图分解成若干个连续的三角形，通过求出每个三角形的实长边长"撑大"这个三角形，最后拼接组成"撑大"了的三角形组，即为待展构件的展开图。

分解三角形时，须保留如折角线、中心线等关键线，使之为其中一个三角形的边线。

伸长求边长的实长线时，须按直线的真形投影特征，判断投影边长是否为实长：实长边长可直接取用，非实长边长则可用直角三角形作图法或计算法求取实长后取用。

若所求展开线不多，三角形撑线法较为实用；而所求线条较多时，该方法则相应繁琐。合理的编码有助于对繁多线条的清晰梳理，事半功倍；分区域作伸长线图也是重要的技巧：可容易地一一对应取用。

### 5.6.1　三角形撑线法展开实例一

1. 管件方圆接头展开

通常，管件接头最宜以三角形撑线法展开。图 5-29 所示为管件方接圆接头，下面是此方圆接头的展开。

实例 5-8：

展开作图步骤如下（图 5-30）：

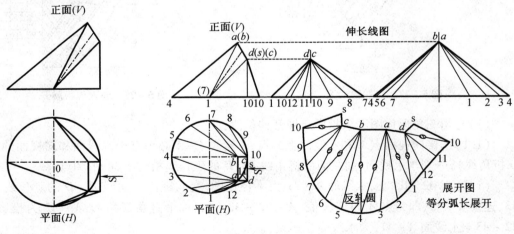

图 5-29　方圆接头　　　　　图 5-30　方圆接头的三角形撑线法展开

（1）近似拟合，等分底圆并作曲面素线：

（1.1）十二等分底圆：等分越多，精度越高，作业越繁。

（1.2）底圆等分点编码：1,2,…,12；上口长方形开口编码：$a,b,c,d$，平面接缝点编码为 $s$。

（1.3）将底圆分为四个区域，连接各等分点与上口的对应四顶点：$a-1,a-2,a-3$，

$a-4, b-4, b-5, b-6, b-7, c-7, c-8, c-9, c-10$ 和 $d-10, d-11, d-12, d-1$，形成接头曲面的待展开素线。

（2）求各素线的伸长：将素线分四个区域作伸长线图，以平面某素线的投影长为水平直角边，以正面该素线投影的高度差为另一垂直直角边，斜边就是该素线的实长线。

（3）作展开图：

（3.1）作 $\triangle a-b-4$：$a-b$ 为平面实长水平线 = 平面 $a-b$，$a-4$ = 伸长线图 $a-4$，$b-4$ = 伸长线图 $b-4$。

（3.2）作 $\triangle a-4-3$：$4-3$ 弦长 = 平面十二等分对应圆弧的弦长，$a-3$ = 伸长线图 $a-3$。

（3.3）同样方法作出 $\triangle a-2-3$ 和 $\triangle a-2-1$。

（3.4）作 $\triangle a-d-1$：$a-d$ 为实长正平线 = 正面 $a-d$，$d-1$ = 伸长线图 $d-1$。

（3.5）同样方法依次作出 $\triangle d-1-12$、$\triangle d-12-11$ 和 $\triangle d-11-10$。

（3.6）作 $\triangle d-10-s$：$d-s$ 亦为实长正垂线 = 平面 $c-d$ 的 $1/2$，$s-10$ = 伸长线图 $s-10$。

（3.7）同样方法求得另半个曲面的展开图。

2. 曲线展开的精度处理

由于方圆接头的底边为非直线的圆，展开后的零件必有误差：同 5.5.2 一节所述，若以等分圆弧的弦长展开（弦长方式展开），展开零件的下口线必短于实际圆周；若以等分圆弧的弧长展开（弧长方式展开），则其必长于实际圆周。一般地，弦长方式适用于小曲率曲线的展开，弧长方式适用于大曲率曲线的展开。曲线展开的必然误差必会影响零件安装位置的误差，要达到较高的展开精度，就必须用 5.5.2 所述的弦长值修正方法再展开一次（图 5-31），具体方法不赘述。

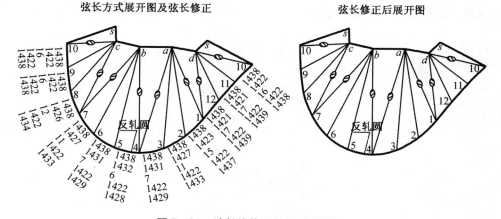

图 5-31 弦长值修正及修正后展开

3. 板厚及工艺处理

所有工程零件都有厚度，它是零件制作精度必须考虑的因素之一：轧圆或折角加工时，钢板于弯势方向的内侧（称"内壁"）收缩，而其于弯势方向的外侧（称"外壁"）则被拉伸。因此，曲面零件若以内侧线为依据展开，该零件加工后将会"变"小；而以外侧线为依据展开，则将"变"大。无论"大"、"小"，都直接影响零件的制作精度，并进一步影响该零件以后的实际装配——无法保证与其他零件的对接精度。就工程展开而言，对曲面零件板厚处理的一般原则是（图 5-32）：

（1）对于圆弧：展开依据为板厚的中线，即理论线为内径时加上半层板厚的线为展开依据线,反之理论线为外经时减去半层板厚之线为展开依据线。

(2)对于折角:展开依据为折角内口线,即理论线为内口时理论线就是展开依据线,反之理论线为外口时减去一层板厚的线为展开依据线必须引起足够重视的是展开图的加工工艺标识。须判明按展开图的正轧加工还是反轧加工。错误的标识将导致错误的加工方向,从而造成报废事故。

就本例而言,正常按该零件的平面投影图展开后是反轧加工的零件图。如前面已经提及的,考虑到实际加工的正向进行,若下发反向加工零件图,必导致现场对钢板料的翻身加工,从而增加了加工难度和劳动强度。因此,展开作业不仅要求准确,更要求为下道的加工生产提供便利;避免报废事故,减轻加工劳动强度。因此,若展开后为反向加工零件图,必须对称翻身,使之成为正轧加工零件图后下发(图5-33),以便利生产。这应当是一个工程技术人员必备的职业素质:一切为了下道工序。

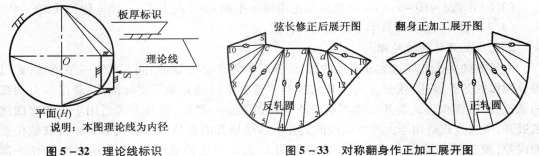

图5-32 理论线标识    图5-33 对称翻身作正加工展开图

### 5.6.2 三角形撑线法展开实例二

实例5-9:展开如图5-34所求的扭曲板。

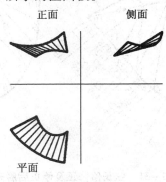

图5-34 待展开扭曲面

如前述,扭曲面为复杂曲面,只能用三角形撑线法求得其展开图。对本例,计算法求各三角形边长的实长较为方便,具体展开步骤如下(图5-35,类似前述实例3-2):

(1)将待展构件平面投影拷贝到图面的空白处,按素线将其分解成若干个三角形作为草图。

(2)实测平面各三角形边长,标注于相应边线上,并判断是否为实长,非实长者加括号。

(3)在正面实测三角形各顶点距点 $a$ 的高度差值,并在草图的相应顶点作标注。

(4)按公式计算各边长的实长,标于各相应边上。

（5）按草图所标的各实长线一一对应连续作出实长三角形，即为此扭曲板的展开图。

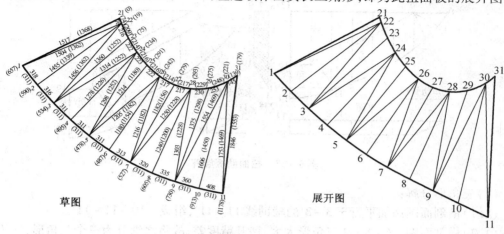

图 5 – 35　计算法展开扭曲面

为尽可能地清晰展示，本例草图中的各数值文字均做了放大，实际展开时文字可缩小，直接置于边长上。可以看到，在所求实长线较多的情况下，计算法的对应关系相对清晰，不易混淆。

本例的零件是扭曲板，其实际加工除展开图外必须同时提供三角样板。因此对本例，还是以作图法（投影改造、旋转法和直角三角形作图法等）求实长更为合适：既可求出实长素线供展开作图用，又可同时提供三角样板线形，一举两得，其将于后面的综合展开中做具体介绍。

### 5.6.3　三角形撑线法展开实例三

实例 5 – 10：27#过渡到 27# – 400 横隔舱（即横舱壁）的展开（图 5 – 36）。

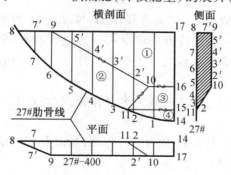

图 5 – 36　扭曲过度肋板

这是一块由四个零件组成的横隔舱：零件①和④与肋骨横剖面平行，为真形零件而无须展开，可直接取用；零件③是块倾斜板，可用旋转法展开；零件②则自从 27#肋骨过渡到 27# – 400。从侧面看，零件②上的 2，3，4，5，6 和 7 号扶强材互不平行，故此板有裂势，是扭曲板，只能用三角形撑线法展开。

具体展开步骤如下（图 5 – 37）：

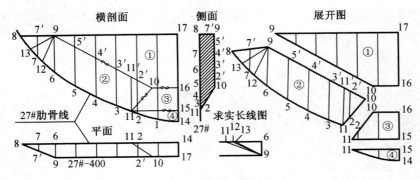

**图 5－37　扭曲肋板展开**

（1）三角形分解：

（1.1）横剖面图添加平行于 3－3′的辅助线 11－11′,组成△10－11－11′。

（1.2）横剖面图△6－8－9 三角形太大,展开精度差,故将之细分为三个三角形:三等分弧长$\widehat{68}$,得等分点 12 和 13,分别与点 9 连接,组成三个三角形:△6－9－12、△12－9－13 和△13－9－8。

（2）求 11,12 和 13 三根辅助线的实长：

（2.1）在伸长线图上以点 6 为圆心、横剖面图 11－11′为半径（横剖面投影长）作圆,得交点 11;连接 11－9 即为 11 的实长线（9－6）为平面宽度差）。

（2.2）同样方法求得 12 和 13 的实长线。

（3）作展开图：

（3.1）将横剖面图上的直线 9－10（真形零件①的实长线）和其上的点 2′,11′,3′,4′和 5′拷贝到空白图面。

（3.2）以点 10 为圆心、零件③展开图的 10－11 为半径作圆,与以点 11′为圆心、11 实长线为半径所作的圆交于点 11,连接 10－11－11′。

（3.3）以点 3′为圆心、侧面 3－3′为半径作圆,与以点 11 为圆心、横剖面 11－3 为半径所作的圆交于点 3,连接 3－3′;同样方法求得 4－4′,5－5′和 6－9 。

（3.4）以点 9 为圆心、12 实长线为半径作圆,与以点 6 为圆心、横剖面图 6－12 为半径所作的圆交于点 12。

（3.5）同样以点 9 为圆心、13 实长线为半径作圆,与以点 12 为圆心、横剖面 12－13 为半径所作的圆交于点 13。

（3.6）再以点 9 为圆心、平面 8－9 为半径作圆,与以点 13 为圆心、横剖面 13－8 为半径所作的圆交于点 8,连接 9－8。

（3.7）光滑连接曲线 11－3－4－5－6－12－13－8,完成零件②的三角形撑线法展开。

# 5.7　投影改造法展开

投影改造法的展开对象为平面零件,是应用向视面概念,对平面零件自收缩至积聚,最终形成待展开平面零件的真形向视面,从而得到此平面零件的真形投影。

对于具曲线、圆弧线形如曲线轮廓、开孔等的平面零件,或需画加工位置线、安装位置线等的平面零件,投影改造法展开是非常有效的。

单纯的投影改造法只能展开平面零件,但与其他展开法一起综合使用,就展开求真形的工程最终目的而言则几乎是无所不能的:可以展开各种具曲面,或折边的零件,其将在下节的"综合法展开"中详细介绍。

### 5.7.1 投影改造法展开实例一

实例 5 – 11:坑锚锚穴侧板的展开(图 5 – 38)。

该零件是斜置于船体锚穴中的一块平面侧板,为非平行态平面,在三个基本投影面上的投影均非真形而须展开制作。该平面零件带有曲线和圆弧,难以用三角形撑线法进行展开,而投影改造法就可方便且直观地展出曲线和圆弧线。

具体展开步骤如下(图 5 – 39):

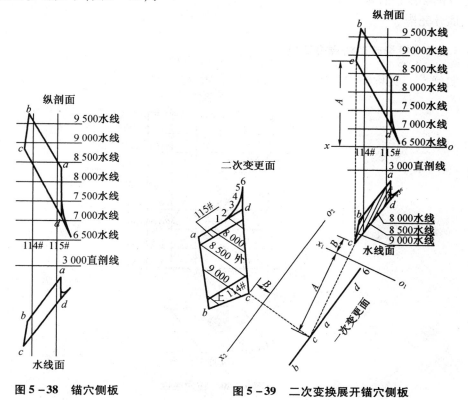

图 5 – 38   锚穴侧板          图 5 – 39   二次变换展开锚穴侧板

(1)作水线面真形水线:

(1.1)将纵剖面各水线与平面 $a – b – c – d$ 各边线的交点投影到水线面平面 $a – b – c – d$ 的相应边线上,得水线面的水线投影。

(2)首次投影改造求积聚向视面以验证平面:

(2.1)在图面的适当位置作水线面水线的垂线为一次变换轴 $o_1 – x_1$,以水线面为直接面、纵剖面为间接面进行第一次投影改造。

(2.2)按投影改造规律将水线面平面 $a – b – c – d – 6$ 投影至一次变换面,形成一积聚直线。

(2.3)同样五等分纵剖面圆弧段得点 1,2,3,4,5 和 6,并投影到一次变换面的积聚直线上。

（2.4）将水线面各水线和肋位线与平面零件边界的各端点按投影改造规律投影到此积聚线。

（3）二次投影改造（自零件的积聚向视面求其真形向视面）：

（3.1）在图面的适当位置作积聚线的平行线为二次变换轴 $o2-x2$，以一次变换面为直接面、水线面为间接面进行二次投影改造；

（3.2）将平面零件在积聚线上的各边界轮廓点（$a,b,c,d,6,5,4,3,2$ 和 $1$）及水线与边界轮廓线 $c-d$ 的交点，按投影改造规律投影到二次变换面上，连接各点即为该侧板零件的真形轮廓；

（3.3）将积聚线上各水线、肋位线的端点投影到二次变换面上并作对应连接，即为该展开零件的装配位置标识线。

展开完毕。

### 5.7.2   投影改造法展开实例二

实例 $5-12$：坑锚锚穴底板的展开（图 $5-40$）。

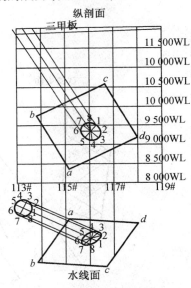

图 $5-40$   锚穴底板

该零件是锚穴中的一块底板，同样是斜置于船体的非平行态平面零件，需展开其真形进行制作。在展开的零件图中必须开出锚链管的曲线开孔，并画出装配工艺线。用三角形撑线法撑出开孔非常繁琐且不精确，而用投影改造法就比较方便：不但开孔精确，还可很方便地在变换面中直接投影求得水线、肋骨线。

具体展开步骤如下（图 $5-41$）：

（1）首次投影改造求积聚向视面以验证平面：

（1.1）在适当位置以水线面水线的垂线 $o1-x1$ 为变换轴、水线面为直接面、纵剖面为间接面进行首次变换，在一次变换面上形成底板零件的积聚直线。

（1.2）将水线面零件开口等分点按投影改造规律投影到积聚线上。

（1.3）将水线面各水线、肋位线与零件边界的端点按投影改造规律投影到积聚线上。

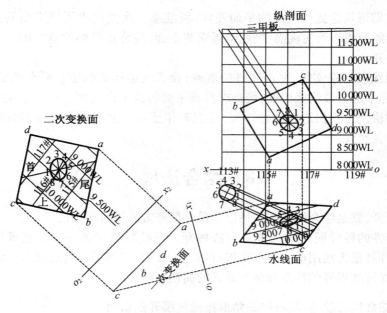

**图 5 - 41 二次变换展开锚穴底板**

(2)二次投影改造求平面的真形向视面:

(2.1)在图面适当位置作积聚线的平行线 $o2 - x2$ 为二次变换轴。

(2.2)按投影改造规律,在二次变换面上投影求得该底板零件的边界轮廓和开口的真形。

(2.3)将积聚线上各水线、肋位线的端点投影到二次变换面上并作对应连接,即为该展开零件的装配位置标识线。

展开完毕。

由上述两例,在介绍投影改造法展开的同时,特别强调了变换线和变换轴的适当选取。沿待展零件非垂直或平行直线边界的变换轴设定,需三次投影改造才能求得展开图,相当繁复。但适当设定变换线和变换轴,可大大简化展开步骤,作业清晰明了。

根据向视面的特性,凡平面均可以一次向视投影求得它的积聚向视面,从而以二次投影改造法求得它的真形向视面。其重要关键,就是首次投影改造时对变换线和变换轴的选取:

①若以平面为直接面,其变换线须为平面真形水平线(正面为间接面时在正面作水平线、侧面为间接面时在侧面作水平线,将之投影至平面得平面真形水平线)。

②若以正面为直接面,其变换线须为正面真形正平线(平面为间接面时在平面作正平线、侧面为间接面时在侧面作正平线,将之投影至正面得正面真形正平线)。

③若以侧面为直接面,其变换线须为侧面真形侧平线(正面为间接面时在正面作侧平线、平面为间接面时在平面作侧平线,将之投影至侧面得侧面真形正平线)。

④变换轴须为变换线的垂线。

对于前面的实例 5 - 11 和 5 - 12,正面都已存在水平线(水线),可将正面水线直接投影至平面得平面真形水线。以平面真形水线的垂线为首次变换轴,即可求得平面零件的积聚向视面,用二次投影改造法得其真形向视面,完成展开作业。

积聚法则验证平面并进一步展开的关键:在作一次变换面时,须将所求面的所有顶点投影至一次变换面(其他的面内点可暂不投影)。若这些顶点能形成一根积聚直线(即形成积聚向视面），即可认定此待展面的平面性质，可继续二次变换求得该平面的真形向视面；若这些顶点不能形成积聚向视面，则此待展面非平面，应终止投影改造法的展开，采用其他综合展开法展开。

对于平面线段的求实长、平面零件的展开，投影改造作业的中心要点就是通过向视变换投影，使目标平面自收缩至积聚，最终求得该平面的真形向视面。适当设定变换轴，是投影改造作业中快速达到积聚的重要步骤，反映着作业者对向视投影作业的理解程度，更反映他的实际作业经验。

# 5.8　综合法展开

综合法展开，就是综合两种或两种以上单一展开方法进行构件的展开。

前述对构件的各种展开均为单一方法展开。有些构件用单一方法展开极为繁琐，困难，而一些构件甚至无法用单一的方法进行展开。此时，必须采用综合法，以保证构件得以展开，且得以保证其展开的精度和展开方式的简便。

## 5.8.1　综合投影改造、旋转和三角形撑线法展开扭曲板

如前面在三角形撑线法展开中的扭曲板展开实例 5－9，（为使图面清爽，将实例 5－9 的十等分素线改为六等分素线）为在展开中得到实形的同时得到加工制作所必需的三角样板线形等加工工艺标识线，我们将综合旋转法、投影改造法和三角形撑线法以作图求实长的综合展开方法完成这一扭曲板的展开。

实例 5－13：

具体方法和步骤如下（图 5－42）：

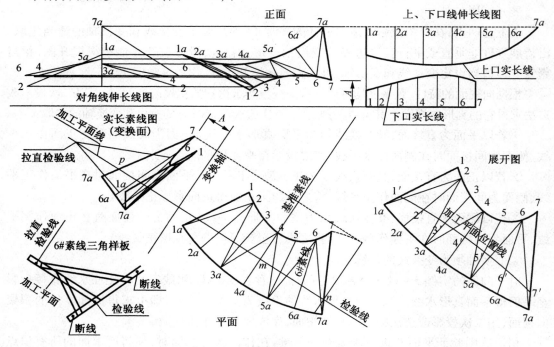

图 5－42　扭曲板展开及加工标识和加工样板

（1）作基准：

（1.1）取平面中间的 4# 素线为基准素线。

（1.2）过基准素线中点 $m$ 作其垂线为检验线，作为三角样板加工平面的依据。

（2）投影改造求基准素线的实长线（平面为直接面、正面为间接面）：

（2.1）作平面基准素线的平行线为变换轴。

（2.2）将平面基准素线的两个端点 $4a$ 和 $4$ 投影至变换面，连接 $4a-4$，即为基准素线（4#）的真形向视面。

（3）其他素线及曲面两端边线的旋转法求实长：

（3.1）以端素线 $7a-7$ 为例：平面 $7a-7$ 绕其与检验线的交点 $n$ 旋转到与基准素线平行。

（3.2）旋转后的 $7a-7$ 两端点 $7a$ 和 $7$ 按投影改造规律投影至变换面，（高度仍然取侧面 $7a$ 和 $7$ 两点的投影高）得其在变换面上的投影，连接 $7a-7$，即为端线 $7a-7$ 在变换面的实长线。

同样方法，旋转并作投影改造，在变换面上的所有素线及扭曲板两端线实长线的重叠投影，供展开及制作三角样板用。

（4）求各对角线（$1a-2,2-3a,3a-4,4-5a,5a-6$ 和 $6-7a$）的实长：

以平面对角线为水平直角边，正面对角线的高差为垂直直角边，连接斜边即为该对角线的实长。

（5）求上、下口线的实长：

（5.1）分别将平面上口线 $1a-7a$ 的各点间距量在水平直角边上，并通过各点作垂线。

（5.2）将正面上口线各点高度投影到相应的垂线上，连接各点即为上口实长线。

（5.3）同样方法得下口实长线。

（6）作展开图：

（6.1）根据平面，以各实长边线对应作连续三角形，即为该扭曲板的展开图。

（6.2）作加工平面位置线：将变换面实长素线的上口端点到其与检验线交点的距离量至展开图相应点的相应素线上（如素线 $7a-7$，量取变换面的 $7a-p$ 到展开图的 $7a-7$，得点 $7'$，同样方法得其他各素线的点 $1',2',\cdots,7'$），连接各点即展开的加工平面位置线。

钉制木质三角样板（见图 5-42 中的 6# 素线三角样板）：

木质三角样板必须具有以下要素：

（1）画出两端断线的位置线和检验位置线。

（2）作出加工平面。

（3）在加工平面线上画出拉直检验线的位置线。

拉直检验线即平面上的检验直线，其在展开图为一曲线。依据展开图下料的平面零件，须轧弯加工形成零件真形。曲面零件弯势、裂势等的弯、扭加工到位，其工艺就是以展开图上曲线检验线经加工后成一直线。具体地，就是以三角样板上的拉直检验线在加工过程中的反复检验核对。因此，拉直检验线是加工样板的重要加工依据。

在素线级数较小的情况下，拉直检验线可取为一点；对于素线级数较大情况下的直线，可取二点斜直线。若取二点斜直线，必须标出各挡素线三角样板的拉直检验线的位置，并标在相应素线编号的三角样板上。

### 5.8.2 综合投影改造和旋转法展开折角肘板

实例 5-14:折角肘板(见图 5-43)的展开。

这是一块折角肘板,根据投影图按常规用三角形撑线法展开,展开时首先用直角三角形作图法求出肘板的四根边线及一根折角线的实长线,然后根据五根实长线作展开图。

该肘板是折角肘板,必须求出其折角的加工角度:不论用何种方法展开,加工角度的求得必须使用二次投影改造法。详细的三角形撑线法展开和二次投影改造法求加工角度见图 5-44。

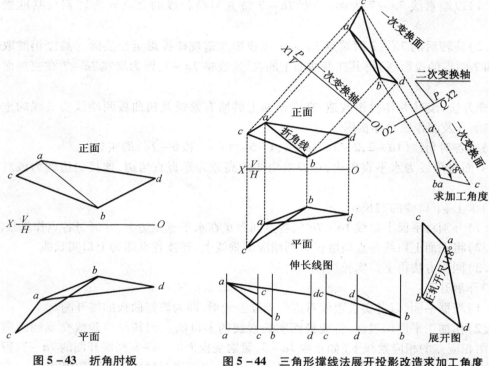

图 5-43 折角肘板　　　　图 5-44 三角形撑线法展开投影改造求加工角度

也可以首先用二次投影改造法求得加工角度,然后在一次变换面上用旋转法展开这一折角肘板更为简便(图 5-45):

(1)平行于正面折角线 $a-b$ 作一次投影改造,得 $a-b-c-d$ 的一次变换面,折角线 $a-b$ 为实长线。

(2)垂直实长 $a-b$ 作二次投影改造,二次变换面的 $a-b$ 积聚为一点,因此可得加工角 $\angle c-a-d$。

(3)在一次变换投影面上用旋转法求折角肘板 $a-b-c-d$ 的展开图:

(3.1)过点 $c$ 作 $a-b$ 的垂线,与 $a-b$ 的延长线交于点 $e$(垂直于实长轴 $a-b$ 的旋转)。

(3.2)自一次变换面点 $e$ 起,量取二次变换面 $a-c$ 至 $c-e$ 的延长线,得点 $c'$(即一次变换面 $e-c' =$ 二次变换面 $a-c$)。

(3.3)过点 $d$ 作 $a-b$ 的垂线,与 $a-b$ 的延长线交于点 $f$。

(3.4)自一次变换面点 $f$ 起,量取二次变换面 $b-d$ 至 $f-d$ 的延长线,得点 $d'$(即一次变换面 $f-d' =$ 二次变换面 $b-d$)。

（3.5）连接 $a-c'-b-d'-a$ 既为折角肘板的旋转展开图。

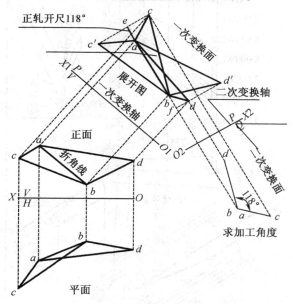

图 5 - 45　投影改造和旋转法展开并求加工角度

### 5.8.3　综合投影改造和旋转法展开锚穴底部转圆板

实例 5 - 15：转圆板（图 5 - 46）的展开

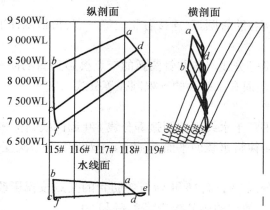

图 5 - 46　锚穴转圆底板

　　该零件是坑锚锚穴中的一块底部转圆板，由于其下口待转圆，所以只能用综合投影改造和旋转法才能展开该零件。并且对该零件以这样的综合方法展开有很多优点：展开方法简便直观、展开精度高、更改加工依据方便、通过二次投影改造既能得到展开依据，同时又能得到加工依据。

　　具体展开步骤及方法如下（图 5 - 47）：

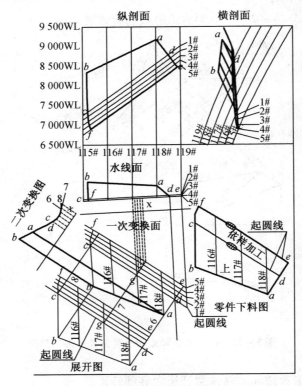

图 5－47　转圆底板展开

（1）等分圆弧：

（1.1）四等分横剖面各肋骨圆弧,连接各相应等分点,得横剖面五根圆弧等分线并作编号:1#,2#,3#,4#和5#。

（1.2）将横剖面五根等分线与各肋骨圆弧的交点投影到纵剖面和水线面相应的肋骨线上,分别连接各点,得纵剖面和水线面的五根圆弧等分线。

（2）作一次投影改造：

（2.1）在适当位置平行于水线面的圆弧等分线1#(起圆线)作一次变换轴。

（2.2）按投影改造规律将水线面平面 $a-b-c-d$ 投影至一次变换面(图5－47中的变换面)。

（2.3）将水线面等分线2#,3#,4#和5#与各肋骨的交点按投影改造规律投影至一次变换面,连接各点,得一次变换面的等分线2#,3#,4#和5#。

（2.4）按投影改造规律将两端线$cf$和$de$自水线面投影至一次变换面。

（3）作二次投影改造：

（3.1）在适当的位置垂直于一次变换面的圆弧等分线1#作二次变换轴。

（3.2）按投影改造规律将一次变换面平面 $a-b-c-d$ 投影至二次变换面(因 $a-b-c-d$ 为平面,故其在二次变换面上必积聚为一直线)。

（4）作角尺线6,7和8：

（4.1）过一次变换面117#肋骨与等分线1#的交点 $g$ 作等分线1#的垂线为角尺线7。

（4.2）按投影改造规律将一次变换面上角尺线7与五根等分线的交点投影至二次变换

面中,连接各点即为二次变换面的角尺线7。

(4.3)同样方法求得二次变换面上的角尺线6和8。

(5)用旋转法作展开图:

(5.1)在适当位置作一次变换面等分线 $1^{\#}$ 的平行线,为展开图的起圆线。

(5.2)过一次变换面的点 $b$ 作展开图上起圆线的垂线与起圆线相交,并以该交点为起点,以二次变换面的 $c-b$ 长截得展开图上的点 $b$。同样方法得展开图点 $a$。

(5.3)过一次变换面的点 $g$ 作展开图起圆线的垂线,与展开图起圆线相交得展开图点 $g$。

(5.4)以点 $g$ 为起圆点,将二次变换面上角尺线7各等分点间的围长量在该垂线上,即为7的展开线,并得各等分点。

(5.5)同样方法求得展开图的点 $c$ 和 $d$,以及角尺线6和8的展开线及6和8上的各等分点。

(5.6)连接 $d-a,a-b$ 和 $b-c$ 得 $d-a-b-c$ 平面。

(5.7)分别连接7,6和8上的相应各等分点,得展开图上5根圆弧等分线。

(5.8)分别将一次变换面端线 $\overset{\frown}{cf}$ 与各等分线的交点至角尺线8的距离——量到展开图的相应等分线上,连接各点,得展开图的端线 $\overset{\frown}{cf}$。

(5.9)同样方法得展开图的端线 $\overset{\frown}{de}$,完成零件的展开。

### 5.8.4　综合平行线和三角形撑线法展开舷侧纵桁

实例5-16:由垂直外板过渡到水平的舷侧纵桁(图5-48)展开。

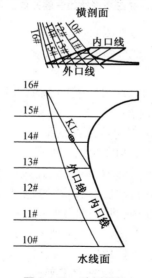

图5-48　弦侧纵桁

分析:由该零件水线面和横剖面的投影,垂直外板部分的纵桁在横剖面中是一组平行的实长直线,完全符合平行线法的展开条件。而自折角到水平与平台相接的过渡段,则可用三角形撑线法展开。用平行线法、三角形撑线法展开该零件的步骤如下(图5-49):

(1)平行线法展开垂直外板部分的纵桁:

(1.1)作角尺准线:在横剖面图上,过13#纵桁内口线的交点13 作13#纵桁线的垂线

（角尺线），与各肋骨纵绗线或其延长线相交于点 10,11,…,和 16（见横剖面详图）。

（1.2）求实长角尺线：量取横剖面角尺线级数 10,11,…,15、16 至水线面的 16#肋骨线上，并作垂线交各相应肋骨，得相应各点 10,11,…,16，连接各点即为实长角尺线。

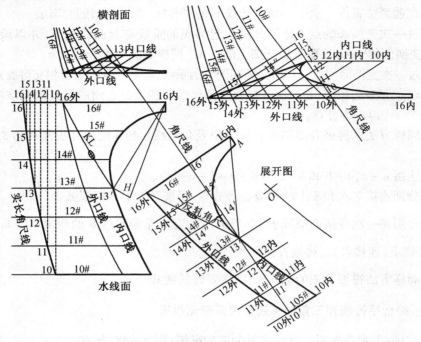

**图 5-49　平行线法和三角形撑线法展开具折角过渡的舷侧纵绗**

（1.3）作垂直外板部分纵绗的展开图：

（1.3.1）延长横剖面角尺线至展开图的适当位置，作角尺线的垂线为 10#肋骨纵绗线，与角尺线相交于点 10′。

（1.3.2）将实长准线上点 10,11,…,15 和 16 间的围长量至以点 10′为起始点的角尺线上，得相应的点 11′,…,15′和 16′各点。

（1.3.3）过点 11′等各点作 10#肋骨纵绗线的平行线，为各相应展开肋骨纵绗线。

（1.3.4）将横剖面纵绗与各肋骨线的各交点 10 外,…,15 外和 16 外投影至相应的展开肋骨线上，得展开图的点 10 外,…,15 外和 16 外各点，连接各点即为展开纵绗的外口线。

（1.3.5）将横剖面 10#至 13#肋骨纵绗内口线的各交点投影至相应的展开肋骨线上，得展开图的点 10 内、11 内、12 内、13 内（即点 13′）四点，连接各点即为展开纵绗的内口线。

（1.3.6）将横剖面 14#和 15#纵绗折角线的交点 14″和 15″投影至相应的展开肋骨线上，得展开图的点 14″、15″两点，连接点 13′-14″-15″-16 外，即为展开纵绗的折角线。

（2）三角形撑线法展开纵绗自折角线至水平平台的过渡段：

（2.1）连接水线面 13′-16 内（投影长），并求实长 13′-16 内：过点 13′作 13′-16 内的垂线，将横剖面点 13 和点 16 内两点间的垂直距离（投影高差）量至该垂线上，得点 H，连接 H-16 内，即为 13′-16 内的实长线。

（2.2）在展开图上以点 13′为圆心、H-16 内为半径作圆，与以 16 外为圆心、水线面 16 外-16 内为半径的圆相交，得同名交点 16 内，连接 16 外-16 内-13′，所形成的三角形即为该纵绗自折角线至水平部分的过渡段。

（3）纵桁的留根及圆弧：

有两种方法：

（3.1）方法一：

若纵桁内口为自由端，可直接在展开图上作图（图 5-50）：

（3.1.1）过点 16 内，作 16 内 -16 外的垂线，在其上直接量取给定的设计值，得点 $A$。

（3.1.2）以点 $A$ 为圆心、水线面圆弧 $R$ 为半径作圆与内口线以 $R$ 为间距的平行线交于点 $O$。

（3.1.3）再以点 $O$ 为圆心、$R$ 为半径作圆。

（3.2）方法二：

若纵桁内口装有面板，则须用全投影法求得留根及圆弧，以使面板零件与之完全吻合（图 5-50）：

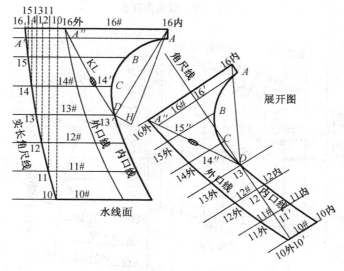

**图 5-50　全投影展开纵桁留根和圆弧**

（3.2.1）在水线面过留根点 $A$ 作 16#肋骨线的平行线，与实长角尺线交于点 $A'$、与折角线交于点 $A''$。

（3.2.2）以实长角尺线 $\overset{\frown}{16A'}$ 的围长为间距，在展开图上作 16#肋骨线的平行线，与折角线交于点 $A''$。

（3.2.3）过点 $A''$ 作 16 外 -16 内的平行线，并以 $A''$ 为起点在该平行线上量取水线面 $A-A''$ 的距离得交点 $A$。

（3.2.4）同样方法，过点 $15''$ 作 16 外 -16 内的平行线，并量取水线面 $B-15''$ 的距离得交点 $B$，同样方法得点 $C$。

（3.2.5）用求点 $A$ 的方法求得圆弧切点 $D$。

（3.2.6）连接 $\overset{\frown}{ABCD}$，即为所求展开圆弧。

### 5.8.5　综合平行线和三角形撑线法展开折角内底板

实例 5-17：折角内底板零件①（图 5-51）展开。

平行线法结合三角形撑线法的展开步骤如下（图 5-52）：

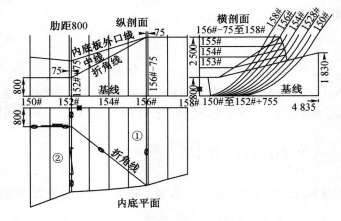

图 5 – 51　折角内底板

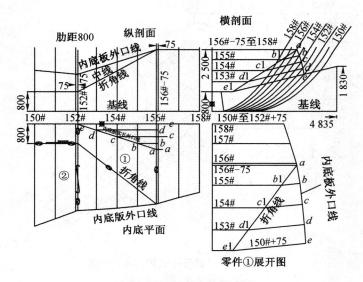

图 5 – 52　折角内底板展开

（1）以平行线法展开 152# + 75 ~ 158#内底板的水平部分：

（1.1）延伸横剖面舯线为 152# + 75 ~ 158#平行肋位线的角尺准线，并在其上截取纵剖面沿舯线的肋骨间距，得同名肋位交点；过这些肋位交点作舯线延伸线的垂线，作为展开图上的展开肋位线。

（1.2）将横剖面折角线与各肋位的交点 $a$，$b1$，$c1$，$d1$ 和 $e1$ 投影至展开图的相应展开肋位上得同名交点，连接各点即为展开图展开折角线；

（1.3）将横剖面 156# – 75 ~ 158#内底板外口线（水平部分）与各相应肋位的交点投影至展开图上的相应展开肋位上，连接各点，即为零件①水平部分的内底板外口线。

（2）三角形撑线法展开内底板折角倾斜部分：

（2.1）求 152# + 75 ~ 156# – 75 之间的折角倾斜部分内底板的实长外口线：将横剖面内底板外口线与各肋位交点之间的级数$\overset{\frown}{ab}$，$\overset{\frown}{bc}$，$\overset{\frown}{cd}$ 和 $\overset{\frown}{de}$量至平面 156# – 75 肋位上，并投影至各相应肋位得同名 $a$，$b$，$c$，$d$ 和 $e$ 各点，连接各点即为内底板的实长外口线。

（2.2）以展开图点 $a$ 为圆心、内底板实长外口线 $a – b$ 为半径作圆，与以展开图点 $b1$ 为圆心、横剖面 $b1-b$ 为半径作圆交于点 $b$，连接 $b1-b$ 即为展开图上 155# 展开肋号。

（2.3）同样方法求得点 $c,d$ 和 $e$，以及 154#，153# 和 152# +75 展开肋号。

（2.4）光滑连接 $\overset{\frown}{abcde}$，即为内底板折角倾斜部分的展开外口线。

内底板零件①展开完毕。

### 5.8.6　综合投影改造和平行线法展开单向曲面

实例 5−18：非平行态筒形面（见图 5−53）展开。

这是一块筒形面板：通常用三角形撑线法展开。用三角形撑线法展开不但繁复而且精度不高，最大的缺点是展开过程中得不到加工依据。而用综合投影改造和平行线法展开不但精度能达到百分之一百，而且在展开过程中还能得到加工依据。

本筒形面板具有一组平行直素线。但由于为非平行态，故其素线非实长，无法直接用平行线法展开。可以投影改造方法得到该筒形面的平行实长直素线组，然后用平行线法展开该筒形面。

具体作法与步骤如下（见图 5−54）：

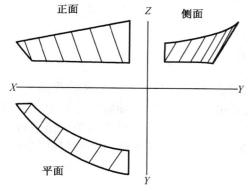

图 5−53　非平行态筒形面

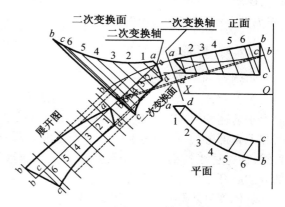

图 5−54　非平行态筒形面的展开

（1）在正面添加辅助素线 $b-b,c-c$：分别过点 $b$ 和点 $c$ 作素线的平行线。

（2）投影改造求实长素线：

（2.1）在图面的适当位置作正面素线的平行线为一次变换轴。

（2.2）以正面为直接面、平面为间接面进行投影改造，求出曲面 $abcd$ 的变换投影及其实长平行直素线组（包括 $b-b$ 和 $c-c$ 素线）。

（3）平行线法展开曲面 $abcd$：

（3.1）作角尺准线：在一次变换面上过点 $a$ 作素线的垂线 $a-b$ 为二次变换轴。

（3.2）并将准线 $a-b$ 投影回正面：将一次变换面准线 $a-b$ 与各素线的交点投影到正面后连接。

（3.3）投影改造求实长角尺准线：以一次变换面的角尺准线 $a-b$ 为二次变换轴、一次变换面为直接面、正面为间接面进行再次投影改造，得实长角尺准线 $\overset{\frown}{ab}$（该实长线既为该曲面的展开准线，又是该曲面的加工形状线）。

（3.4）作展开图：

（3.4.1）延伸一次变换面角尺准线 $a-b$ 至图面适当位置，作为展开图准线。

（3.4.2）将二次变换面实长准线 $\overset{\frown}{ab}$ 各素线交点间的围长量至展开图的准线 $a-b$ 上，得

同名展开点 $a,1,2,\cdots,6,b$ 和 $c$。

(3.4.3)分别过上述各点作准线 $a-b$ 的垂线。

(3.4.4)在反映实长素线的一次变换面上,将上口线 $a-b$ 与各素线的交点投影至展开图各相应垂线,连接各点即为该筒形面的上口展开线 $a-b$。

(3.4.5)同样方法得下口展开线 $c-d$。

展开完毕。

# 5.9　剖面综合展开法

剖面综合展开法(简称"剖面法")主要用于曲面目标物的展开:按目标物的特征进行一组剖切,增加必要的辅助投影目标进行投影展开以保证展开精度,并可改变后续的加工方法,使之简化且富效率。

重叠所剖切的剖面组,建立一个新的投影面作为展开作业的依据。该投影面可建立在原三视图中(参见图5-56):直接在原三视图中按剖切投影获得;也可建立在原三视图之外(参见图5-58):按投影改造法获得。

## 5.9.1　剖面法展开腰圆盆

实例5-19腰圆盆展开。

图5-55所示为一个腰圆盆。按该腰圆盆的视图,常规只能采用三角形撑线法展开。但由于前述的曲线展开精度问题,三角形撑线法展开相对精度较差。而将之分解成圆弧曲面和平直部分,则可用精确的平行线法展开圆弧部分(此盒的圆弧曲面素线为一组平行的直线,通过适当的剖切,可得到其平行实长直素线组);三角形撑线法则完全可保证其平直部分的展开精度,且方法简便。

具体展开步骤如下(见图5-56):

(1)剖切形成圆弧部分的平行实长直素线组:

(1.1)四等分平面上口的1/4圆,得点1,2,3,4和 $A$ 五点。

(1.2)分别过点2,3和4作中心线1的平行线:对圆弧部分作三次正平剖切。

(1.3)将平面剖切线投影到正面(平面剖切线上、下口交点的正面投影目标为分别为正面的上、下口线),得正面的正平剖切线2,3和4,与正面折角线 $A-B$、轮廓边线1一起,为圆弧部分的平行实长直素线组。

(2)平行线法对圆弧部分的展开:

(2.1)过正面点 $A$ 作折角素线 $A-B$ 的垂线 $1-A$ 为准线(角尺线)。

(2.2)作正面准线 $1-A$ 的真形剖面。

(2.2.1)在图面的适当位置作正面 $1-A$ 的平行线 $1-A'$。

(2.2.2)延伸剖切素线2交 $1-A'$ 于点 $2'$。

(2.2.3)以点 $2'$ 为圆心、平面点2至中心线1的距离为半径作圆,与素线2的延伸线交于两个对称于 $1-A'$ 的同名点2。

(2.2.4)同样方法得点3,4和 $A6$ 点,连接 $A43212 34A$,即为准线 $1-A$ 的真形剖面。

(2.3)作展开图:

(2.3.1)在图面的适当位置,作正面折角素线 $A-B$ 的平行线为展开图中心线1。

（2.3.2）以剖视图$\overset{\frown}{12}$的弧长为间距,平行于中心线 1 作展开图素线 2。

（2.3.3）同样方法作出素线 3,4 和 $A-B$。

（2.3.4）将正面各素线的上、下口交点分别投影至展开图的相应素线上,并对称于中心线 1,得各投影点的对称点。

（2.3.5）分别连接上、下口各点,为圆弧部分的展开上、下口线,圆弧部分展开完毕。

（3）用三角形撑线法展开平直部分:因为 $A-B-C-D$ 是正平面,所以正面 $A-B-C-D$ 就是真形,直接取用到展开图,与折角线 $A-B$ 相接即可完成腰圆盆表面的全部展开。

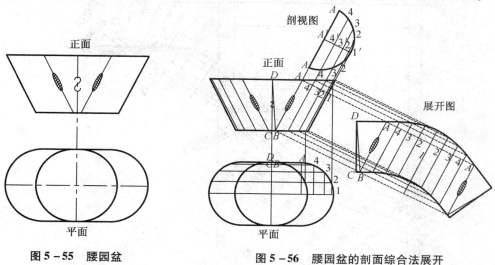

图 5-55　腰园盆　　　　　图 5-56　腰园盆的剖面综合法展开

### 5.9.2　船体艏部包板的展开

实例 5-20:船体艏部包板展开。

图 5-57 所示为船体首部的外包板。通常,其展开后的加工需要样箱。用剖面法综合展开,可将样箱加工改为三角样板加工,简化加工方法,减轻劳动强度。

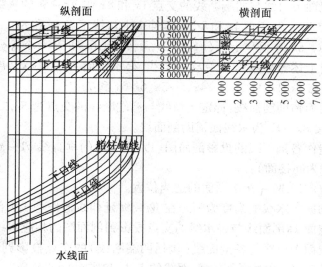

图 5-57　艏部包板线形

具体展开方法与步骤如下：

（1）剖切投影作剖面图（图5－58）：

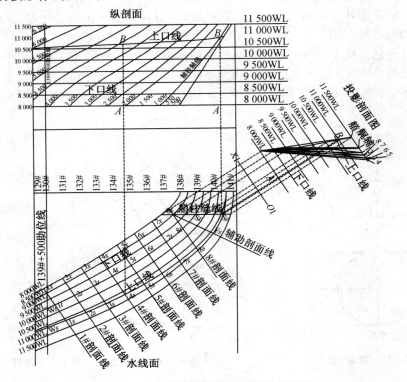

**图5－58　展开步骤一剖切投影作剖面图**

（1.1）作剖切投影方向线（"方向线"）：在水线面选取中间水线（本例选9 500水线）为基准水线，连接其与包板艏艉两端断线的交点 $Wt－St$，即为需要的投影方向线。

（1.2）作水线面剖面线：

（1.2.1）过水线面下口线与两端断线的交点 $1x$ 和 $8x$ 作 $Wt－St$ 的垂线，得水线面1#剖面线和8#剖面线，交 $Wt－St$ 于点 $1t$ 和 $8t$，并延伸交上口线于点 $1s$ 和 $8s$。

（1.2.2）等分 $1t－8t$（本例作七等分），得 $2t,3t,4t,5t,6t$ 和 $7t$ 六个等分点。

（1.2.3）分别过上述等分点作 $Wt－St$ 的垂线，得水线面2#、3#、4#、5#、6#和7#剖面线，分别交上、下口线于点 $2s/2x,3s/3x,4s/4x,5s/5x,6s/6x$ 和 $7s/7x$。

（1.2.4）作水线面辅助剖面线：标定上口线与艏端断线的交点为 $Ss$，二等分水线面 $8s－Ss$，得等分点 $Fs$，连接 $8x－Fs$ 为水线面辅助剖面线。

（1.3）投影改造作各剖面线的投影剖面图（以 $Wt－St$ 的垂直线 $o1－x1$ 为变换轴、水线面为直接面、纵剖面为间接面）：

（1.3.1）延伸方向线 $Wt－St$ 至图面的适当位置。

（1.3.2）以纵剖面各水线的高度为间距在 $Wt－St$ 延伸线上作垂线为剖面图的各水线。

（1.3.3）将水线面1#剖面线与各水线的交点投影到剖面图的相应水线上。

（1.3.4）将水线面上口线与各剖面线（包括两端断线）的交点投影到纵剖面，得纵剖面上口线的各点 $B$（图5－58中显示了4#剖面线的点 $4s$ 和艏端断线点 $Ss$）。

（1.3.5）以纵剖面点 $B$ 距8000WL的高度 $A－B$ 为距离，将水线面点 $B$ 投影到剖面图，

得剖面图点 $B$。

（1.3.6）连接剖面图各点即为所求的1#剖面图。

（1.3.7）同样方法得其他各剖面图、辅助剖面图和艏、艉端断线图。

（1.3.8）连接剖面图各剖面的上口点 $B$，即为上口线的剖面图。

说明：投影剖面图中，除艏、艉端断线及辅助剖面线的剖面外，其余剖面均为真形剖面，读者可自行思考其理由。

（2）作角尺准线及求实长角尺准线

（2.1）作角尺准线（图 5 – 59）：

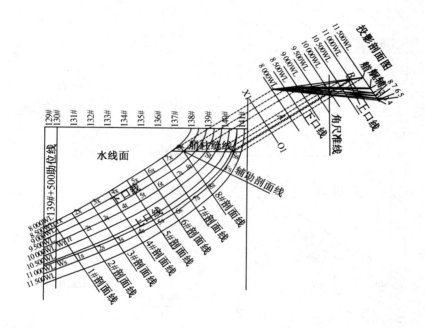

图 5 – 59  展开步骤二作角尺准线

（2.1.1）在投影剖面图中选取5#剖面线为基准素线，过其中点作垂线，为剖面图的角尺准线。

（2.1.2）将剖面图角尺准线与各剖面的交点投影至水线面的相应剖面线上，得水线面 $Wg, 1g, \cdots, 8g, Fg$ 和 $Sg11$ 点。

（2.1.3）连接各点，即为水线面上的角尺准线。

（2.2）用平行线法求 1#至 8#实长角尺准线（图 5 – 60）：

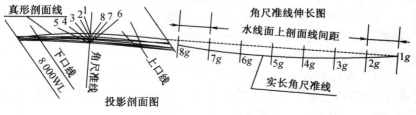

图 5 – 60  展开步骤二平行线法作角尺准线实形

（2.2.1）作投影剖面图角尺准线的垂线，并在该垂线上截取水线面上剖面线间距作角尺线的平行线,为角尺准线伸长图上的1#~8#剖面线。

(2.2.2)将投影剖面图上角尺准线与各真形剖面线的交点投影至角尺准线伸长图上对应的剖面线,得 $1g,2g,\cdots,8g$。

(2.2.3)连接各点即为所求实长角尺准线。

(3)用旋转投影改造法求实长艉柱缝线(图5-61):

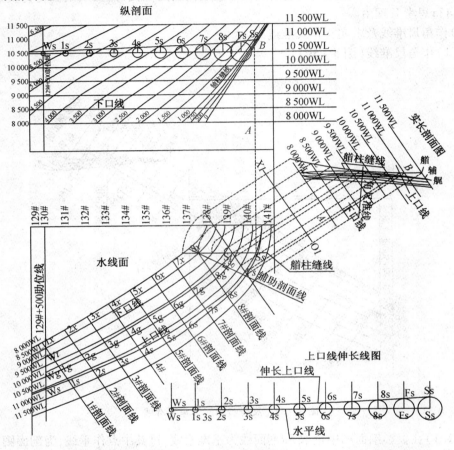

**图5-61　展开步骤三　旋转投影改造法求实长艉、艉柱缝线、辅助剖面线线**
**展开步骤四　三角形撑线法求实长上口线**

注:纵剖面的艉柱缝线为实长。但由于它与平行的1#~8#剖面不在同一投影面,无法利用这一实长艉柱缝线订制三角样板(订制三角样板的前提条件是同一投影面上的实形剖面组),其加工只能订制样箱。为了简化加工工艺,以三角样板代替样箱,必须在剖面图上求得平行于1#~8#剖面的实长艉柱缝线(艉端线和辅助剖面线)。因此,将水线面艉柱缝线绕其与角尺准线的交点 $Sg$ 旋转到与8#剖面线平行,经投影改造,求得它与8#剖面重叠在一起的实长线。这样,就能制作三角样板进行加工,可简化加工工艺、减轻劳动强度。

前面图5-58中所作的投影艉柱缝线、投影艉端线和投影辅助剖面线;目的是为了求得水线面角尺准线,为旋转法求实长艉柱缝线、艉端线和辅助剖面线创造旋转点;现任务已完成,可将投影艉柱缝线、投影艉端线和投影辅助剖面线插去。

(3.1)过水线面旋转点 $Sg$ 作8#剖面线的平行线为旋转艉柱缝线(艉旋转线)。

(3.2)将水线面艉柱缝线与各水线及上口线的交点全部围绕旋转点 $Sg$ 旋转到艉旋转

线上。

(3.3)将艏旋转线上的各水线交点沿方向线 $Wt-St$ 投影至剖面图的相应水线上。

(3.4)将艏旋转线上的上口交点沿方向线 $Wt-St$ 投影至剖面图上;并将水线面投影点 $Ss$(非旋转后的点 $Ss$)的纵剖面上投影高 $A-B$ 自 8000 水线起量至该线上,得上口点 $B$。

(3.5)连接各投影点即为平行实长艏柱缝线。

(3.6)同样方法求得 129# + 500 肋位线(艉端线)和辅助剖面线的平行实长。

(4)求实长上口线(图 5 – 61):

注:下口线(8500 水线)为实长水平线,可在水线面直接取用。

(4.1)将水线面上口线与各剖面线的交点 $Ws$,$1s$,…,$8s$、$Fs$ 和 $Ss$ 投影到纵剖面,得纵剖面上口线的同名各交点。

(4.2)在图面适当位置作上口线伸长线图的水平线,将水线面上口线与各剖面线交点的弧长量至该水平线上,得同名 $Ws$,$1s$,…,$8s$,$Fs$ 和 $Ss$ 各点,并过各点作水平线的垂线。

(4.3)将纵剖面上口线各点距 10500WL 的高度量至伸长线图相应的垂线上,得同名各点,连接各投影点即为实长上口线。

(5)作展开图(图 5 – 62):

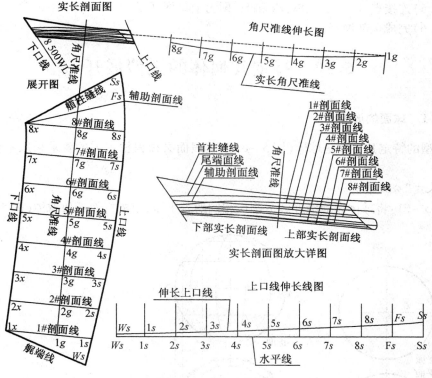

图 5 – 62  艏部包板展开

(5.1)十字线法展开 1# 至 8# 剖面的外板。

(5.1.1)延长实长剖面图角尺准线,并将实长角尺准线上各点的围长量至该延长线上,得同名 $1g$,…,$7g$ 和 $8g$ 各点。

(5.1.2)过点 $5g$ 作延长线的垂线,为 5# 展开剖面线。

(5.1.3)以点 $5g$ 为圆心、实长剖面图 5# 剖面的上部实长剖面线为半径作圆,与 5# 剖面线相交分别得上、下口交点 $5s$ 和 $5x$（步骤 2.1.1 作角尺准线分中 5#剖面）。

（5.1.4）以点 $6g$ 为圆心、实长剖面图 6#剖面的上部实长剖面线为半径作圆，与以点 $5s$ 为圆心、上口线伸长线图实长上口线 $5s-6s$ 为半径作圆，得交点 $6s$。

（5.1.5）以点 $6g$ 为圆心、实长剖面图 6#剖面的下部实长剖面线为半径作圆，与以点 $5x$ 为圆心、以图 5-61 中水线面下口线 $5x-6x$ 为半径作圆，得交点 $6x$。

（5.1.6）连接 $6x-6g-6s$，即为6#展开剖面线。

（5.1.7）同样方法求得 7#,8#,4#,3#,2#和 1#展开剖面线。

（5.2）三角形撑线法展开艏、艉部三角形外板

（5.2.1）以点 $8x$ 为圆心、实长剖面图整根辅助剖面线为半径作圆，与以点 $8s$ 为圆心、上口线伸长线图实长上口线 $8s-Fs$ 为半径作圆，交于点 $Fs$，连接 $8x-Fs$ 即为辅助剖面线。

（5.2.2）以点 $8x$ 为圆心、实长剖面图整根艏柱缝线为半径作圆，与以点 $Fs$ 为圆心、以上口线伸长线图实长上口线 $Fs-Ss$ 为半径作圆，交于点 $Ss$。连接 $8x-Ss$ 即为艏柱缝线。

（5.2.3）以点 $1x$ 为圆心、实长剖面图整根艉柱缝线为半径作圆，与以点 $1s$ 为圆心、以上口线伸长线图实长上口线 $1s-Ws$ 为半径作圆，交于点 $Ws$。连接 $1x-Ws$ 即为艉柱缝线。

（5.2.4）连接点 $1x,2x,\cdots,7x$ 和 $8x$，即为下口展开线。

（5.2.5）连接点 $Ws,1s,\cdots,8s,Fs$ 和 $Ss$，即为上口展开线。

（5.2.6）完成全部展开。

# 5.10　特定几何体的近似展开

### 5.10.1　球面的展开

最典型的特定几何体是球体（图 5-63），其表面必须根据不同的要求采取不同的展开方法。

1."瓜皮"分瓣展开

实例 5-21：将球体表面沿经线分割成相同的若干瓣，组成折面近似球体（图 5-64）。

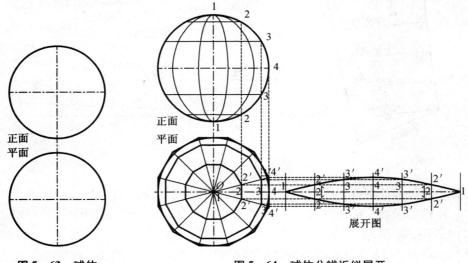

图 5-63　球体　　　　　　　图 5-64　球体分瓣近似展开

展开方法:按题意,该球面将由若干瓣相同的"瓜皮"近似构成,将"瓜皮"分瓣视为筒形面采用平行线法展开其中的一瓣即可。

具体展开步骤如下(图 5－64):

(1)按题意等分平面圆周(本例为十二等分),连接中心点 $O$ 与各等分点,即为球体分瓣接缝线在平面的投影;

(2)水平剖切建立分瓣的平行素线组:

(2.1)按弧长水平六等分正面半圆,得对称点 1,2,3,47 点。

(2.2)将正面点 2,3 和 4 投影至平面中线,得平面同名点。

(2.3)将正面点 2,3 和 4 投影至平面分瓣接缝线,得对称 6 点 2′,3′和 4′。

(2.4)分别连接 2′－2′,3′－3′和 4′－4′,即为分瓣的平行实长直素线组。

(3)作平面各分瓣折直线完成平面分瓣投影(仅完整图面投影,对展开作业无实际意义)。

(4)作正面分瓣接缝线的投影线(仅完整图面投影,对展开作业无意义):

(4.1)分别过正面点 2,3,4 作水平线,将平面各分瓣接缝线与平面各素线的交点投影至正面的相应水平线上。

(4.2)连接各点即为正面各分瓣的接缝线投影。

(5)平行线法作展开图:

(5.1)延伸平面球体的水平中线为展开图展开准线。

(5.2)以正面外圆的任意段弧长(如$\overset{\frown}{12}$:因按弧长等分,故各段弧长相等)为间距,在展开准线上作平行垂线为展开线,得点 1,2,3,4,3,2 和 1 各点。

(5.3)将平面各素线与分瓣接缝线的交点 2′,3′和 4′投影到展开图的相应展开线上。

(5.4)连接$\overset{\frown}{1234321}$即为分瓣展开图。

说明:为避免两端接缝汇交于一点,不便烧电焊,故在球面两端用小圆弧连接。

2."横带"分片展开

实例 5－22:将球体表面沿纬线分割成若干片组成折面近似球体(分片数量可根据球的大小而定,见图 5－65)。

展开方法:按题意,除球体的两顶端和中间横带外,可将每节横带分片作为正圆锥台用旋转法展开。

具体展开步骤如下(图 5－66):

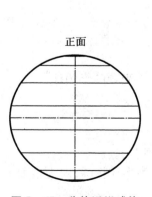

图 5－65　分片近似球体

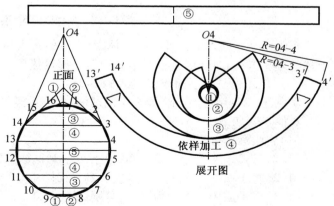

图 5－66　球体分片近似球体

（1）由题意，按弧长十六等分圆周，得点 1，2，…，15 和 16 共 16 个等分点，连接 1 – 16，2 – 15，…，8 – 9 为分割线，将球体分成七条横带片和两端两个相等的圆板零件①。

（2）零件①的展开图是一个圆，圆的直径等于 1 – 16 弦长；中间横带板为零件⑤，可看作一近似圆筒体，其展开图为宽等于 4 – 5、长等于 $\pi \times 4 – 13$ 的矩形；其他 6 条横带组成零件②、③和④各两件。

（3）零件②、③和④可看作近似圆锥台，其展开图为一扇形。它们的展开方法相同，这里以零件④横带为例进行展开：

（3.1）如图 5 – 66，延长等分点 3 – 4 的连接线与中心线交于点 $O4$。

（3.2）以点 $O4$ 为圆心、$O4 – 4$ 距离为半径作圆，在该圆上截取弧长等于直径为 4 – 13 距离的圆周长（$\pi \times 4 – 13$）的圆弧，得交点 $4'$ 和 $13'$。

（3.3）再以点 $O4$ 为圆心、$O4 – 3$ 距离为半径作圆，分别与 $O4 – 4'$ 交于点 $3'$、与 $O4 – 13'$ 交于点 $14'$。

（3.4）$3' – \overset{\frown}{4'13'} – \overset{\frown}{14'3'}$ 即为零件④的展开图。

3. 光顺球体的展开与加工

实例 5 – 23（见图 5 – 67）：

以上两种展开方法展开后的零件，经加工组装成的是折面形近似球体而非真正光顺的球体。要想得到完全与图纸一样的光顺球体，只能结合展开与模压加工：将球体一分为两个半圆球，并将半圆球"展开"成直径等于半圆球正面半圆周长的平面圆（球面、半球面实际不可展，见图 5 – 67），加放适当加工余量，下料后以专门的模具热压成型。半圆球热压成型后进行第二次下料——准确割去加工余量，两两组装的圆球就是完全光顺的球体。

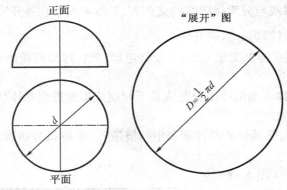

**图 5 – 67　半球面的圆"展开"**

受限于一些必然的条件，如：球体太大、球体板太厚、机械压力不够等，经常不可能有如上述的理想方法，对球体进行对半分割后以模具热压。此时，必须将球体分解成若干小块，待"展开"后用模具压制而成（见实例 5 – 24）。

实例 5 – 24：用分瓣方法展开半圆球体，展开后经加工组装成光顺的半圆球体。

具体步骤如下（图 5 – 68）：

（1）将半球体分瓣：

（1.1）按弧长八等分正面半圆，得正面点 1，2，3，4，5 九点。

（1.2）将正面 1，2，3，4，5 五点投影到平面圆中心线上，得同名五点。

（1.3）以平面中心点 1 为圆心，分别以 1 – 2，1 – 3 和 1 – 4 为半径作圆，即为正面 2 – 2，3 – 3 和 4 – 4 在平面的投影同心圆素线。

（1.4）以平面垂向十字芯线为起点，六等分平面圆，将半球体分瓣成顶端的"瓜皮帽"零件①和其他相同的六瓣"瓜皮"零件②。

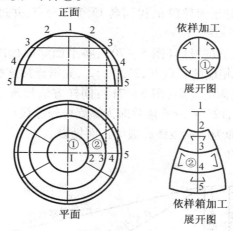

图 5 - 68　半球面的分辨光顺加工"展开"

（2）将平面分瓣线投影至正面，完成正面投影（与展开无关）。

（3）作零件①展开图：以正面弧长$\overset{\frown}{22}$为直径作圆，即为零件①的展开图。

（4）作零件②展开图：

（4.1）以点 1 为圆心，分别以正面弧长$\overset{\frown}{12}$,$\overset{\frown}{13}$,$\overset{\frown}{14}$和$\overset{\frown}{15}$为半径作同心圆。

（4.2）分别将平面分瓣的 2,3,4 和 5 素线弧长量至展开图上的对应圆上，连接各点即为零件②的展开图。

因必须的模压加工，全部零件的四周必须加放加工余量，待模压成形后二次切割装配成形。

### 5.10.2　螺旋板的展开

实例 5 - 25：圆柱螺旋板展开。

如图 5 - 69，已知圆柱直径 $d$（螺旋板内缘线的平面投影直径）、螺旋板外缘线的平面投影直径 $D$ 和螺旋板的导程 $h$，作出该圆柱螺旋板的投影及其展开图。

具体方法与步骤：

（1）展开准备（图 5 - 70）：

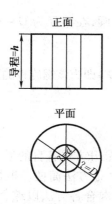

图 5 - 69　螺旋板

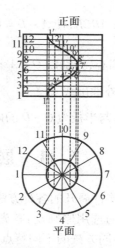

图 5 - 70　圆柱螺旋板展开准备及内缘正投影

（1.1）十二等分平面圆周,得 12 个等分点并作标识。

（1.2）相应地,十二等分正面导程 $h$,得同名 12 个等分点,并过各等分点引水平线。

（2）螺旋板投影:

（2.1）螺旋板内缘在正面的投影（图 5 – 70）:将平面螺旋板内缘圆周的等分点分别投影至正面的对应水平线,得相应的各点 $1'$,$2'$,$\cdots$,$12'$,光滑连接这些点,即为螺旋板内缘线。

（2.2）螺旋板外缘在正面的投影（图 5 – 71）:同样方法投影平面螺旋板外缘圆周的等分点,得相应各点 $1''$,$2''$,$\cdots$,$12''$,光滑连接后即为螺旋板外缘线。

内外缘线所组成的面即为所求该螺旋板的正面投影。

（3）作展开图（图 5 – 71）:

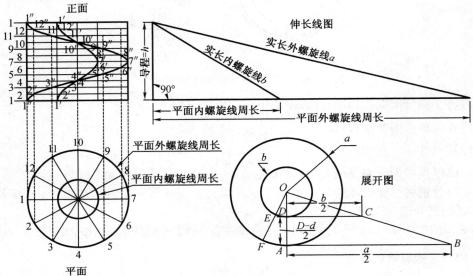

图 5 – 71    圆柱螺旋板展开

（3.1）作图法求全导程螺旋板的内、外螺旋线实长:以导程 $h$ 为垂直直角边,分别以平面内、外螺旋线（即平面内、外圆）周长为水平直角边,其两斜边分别为实长内、外螺旋线 $b$ 和 $a$。

（3.2）作直角梯形 $ABCD$,使 $A-D=(D-d)/2$,$A-B=a/2$,$D-C=b/2$,并延长 $A-D$ 和 $B-C$ 交于点 $O$。

（3.3）以点 $O$ 为圆心,分别以 $O-A$ 和 $O-D$ 为半径作同心圆,在半径为 $O-A$ 的外圆上使弧长 $\overset{\frown}{AF}$ 等于实长外螺旋线 $a$。

（3.4）连接 $O-F$,与半径为 $O-D$ 的内圆交于点 $E$,$A-\overset{\frown}{DE}-\overset{\frown}{FA}$ 即为该螺旋板的展开图。

# 5.11    展开方法的选用

前述各节介绍了构件展开的各种方法,表 5 – 1 归纳了这些展开方法各自的适用范围与精度特点。展开方法的选用原则是:首先须保证展开精度;其次是方法简便。根据待展构件的投影情况,依据不同方法的不同特点确定展开方法,并经常混合各方法以综合使用,目的就是在保证展开精度的前提下简化展开作业。

**表 5-1　展开方法的选用**

| 待展面情况 | | | 展开方法 | | | 辅助方法 | 精度效果 |
|---|---|---|---|---|---|---|---|
| 可展面 | 平面 | 平行、垂直态平面 | 无须展开,直接在平行投影面取用 | | | 投影改造等方法获取实长线、实长素线等 | 精确 |
| | | 非平行态平面　直线边界 | 三角形撑线法,等 | | | | |
| | | 非平行态平面　曲线边界 | 投影改造法,等 | | | | |
| | 曲面 | 简形面　平行直素线 | 平行线法 | | | | |
| | | 锥形面　聚焦一点的放射直素线 | 旋转法 | | | | |
| 不可展曲面(近似展开) | 平行曲素线 | | 准线法 | 十字线法　剖面法获取平行素线 | 须按弯势情况考虑冲势方向及冲势值 | | 近似精确 |
| | 近似平行直/曲素线 | | | 十字线法 | | | |
| | 不平行直/曲素线 | | | 测地线法 | | | |
| | 不平行菱形状素线 | | | 菱形线法 | | | |
| | 球形面 | | 近似成筒形面组用平行线法;或展开成圆板加余量后模压制作 | | | | 不太精确,或依模具精确 |
| | 扭曲面 | 不聚焦放射直素线 | 三角形撑线法,以及按需要的其他展开方法 | | | | 不太精确,可以弦长修正再展开改善展开精度 |
| | | 曲素线 | | | | | |
| | 其他面 | | 视具体情况定 | | | | |

在展开作业前,对待展构件投影情况的分析十分重要:

首先,看构件的投影是否有实长线组:

(1)若有,则首选准线法。而选用何种准线法,则须依据此实长线组的具体情况:

①实长平行直线:平行线法最佳,既精确又方便。

②实长平行曲线或近似平行的实长直线或曲线:十字线法。

③实长不平行曲线或直线:测地线法。

④菱形状实长线:菱形线法。

(2)若无,则可由两种方法建立实长线组后选用准线法:

①投影改造法变换投影目标。

②剖面法添加辅助投影目标(如实例 5-18,5-19 等)。

并非所有构件都能求作实长线组,然后用准线法展开。此时,可判断选用:

(1)旋转法——适用于聚焦放射实长线组的锥形体;

(2)如果准线法和旋转法都无法展开构件时,就只能用"万能"的三角形撑线法展开,但对曲面、曲线边界存在精度问题。

必须灵活运用各种单一的展开方法。由前述各例,构件的展开往往采用两种或两种以上的单一方法。就展开原则的精度与简便要素而言,综合使用多种方法其效果会更好:一是按实际待展构件的结构情况将之分解成不同的相对简单部分,针对不同部分的不同要素选用适当的展开方法;二是就同一部分的构件,按其投影的实际情况,采用不同方法的组合,自求实长线组至最终展开成平面实形。

总之,展开方法的选用与组合,决定于待展构件在投影图中的实际投影。

即便是同样的构件,其所处位置不同,在投影图中的投影情况也不一样。当然,选用的展开方法也不一样。比如矩形平面板,若其平行于投影面,则由其真形性特征而无须展开即可取用;若垂直于投影面,则可用一次投影改造建立与之平行的变换面求其真形;若不平行于投影面,则三角形撑线法最为简便(投影改造需二次)等。

最后,我们以船体龙骨底板为实例,说明对不同位置、不同形状的构件,根据其投影的具体情况而选用的不同展开方法,作为本章的总结。

龙骨底板是船底中间的一块纵向外板。通常,在船体舯部区域的龙骨底板是块平平直直的矩形平板,体现在船体线型的横剖面上是一根水平直线、水线面上则为水平矩形面;龙骨底板的形状随船体线型的前、后变化而变化,当然展开方法也随之变化,其依据就是龙骨底板的投影情况变化。

### 5.11.1　龙骨底板展开一

实例 5 - 26:平底过渡到折角且折角宽度相等的龙骨底板(图 5 - 72)展开

分析:由线型情况,其为折平面结构,三角形撑线法展开显然最佳。具体步骤如下(图 5 - 73):

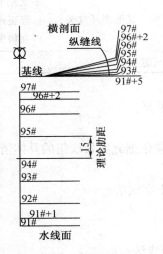

图 5 - 72　龙骨底板线型

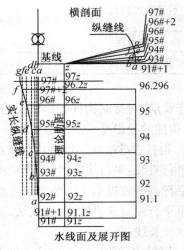

图 5 - 73　折角龙骨底板展开

(1)求实长纵缝线:

(1.1)将横剖面上纵缝线与各肋位线的交点顺序编号:$a,b,\cdots,f$ 和 $g$。

(1.2)将横剖面各级数(横剖面肋位母线沿纵缝线的围长距离,如 $\overset{\frown}{ab}$,$\overset{\frown}{bc}$ 等)量至平面 97#肋位的适当位置,得同名各点。

(1.3)将上述各点投影至平面的相应肋位线,得肋位线的同名各点,光滑连接各点即为实长纵缝线。

(2)折角线展开:横剖面各肋位线与基线 $B.L$ 的交点为折角点,因折角宽度相等,其在横剖面的投影为同一点 $z$。将横剖面折角点 $z$ 投影至平面交于各肋位线,得 $91z$,$91.2z$,

$92z$,…,$96z$,$96.2z$ 和 $97z$ 各肋位折角点,连接各点即为展开折角线。

(3)展开:

(3.1)因 91#$^{+1}$ 与 92#肋位重叠于船底线,故龙骨底板自 91#肋骨向艉为平直板,纵缝线在平面的投影即实长:可将横剖面 92#与纵缝线的交点 $a$ 直接投影至平面 91#$^{+1}$ 与 92#肋位线,得点 91.1 及 92 两点。

(3.2)自 92#起向艉展开各肋位线:以平面点 92 为圆心、实长纵缝线的围长 $\overparen{ab}$ 为半径作圆,与以平面点 93$z$ 为圆心、横剖面 93#肋位线 $z-b$ 为半径的圆交于平面点 93,直线连接 93$z$ $-93$ 即为 93#展开肋位线。

(3.3)同样方法得点 94,95,96 和 96.4 各点及各展开肋位线。

(3.4)连接 91.5,92,93,…,95,96 和 96.2 各点,即为所求展开图。

### 5.11.2　龙骨底板展开二

实例 5－27:折角宽度相等的龙骨底板(图 5－74)展开。

分析:为近似折平面结构,三角形撑线法展开最佳。具体步骤如下(图 5－75):

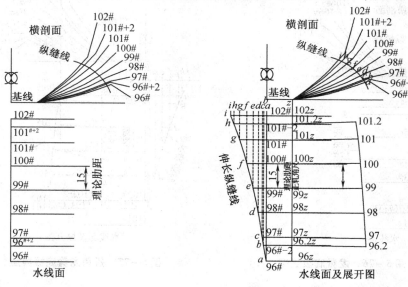

图 5－74　龙骨底板线型　　　　　图 5－75　折角龙骨底板展开

(1)求实长纵缝线:

(1.1)同上例编号:$a$,$b$,…,$h$ 和 $i$。

(1.2)将横剖面级数 $\overparen{ab}$,$\overparen{bc}$ 量至平面 102#肋位的适当位置,得同名各点。

(1.3)将各点投影至平面的相应肋位得同名各点,连接各点即为实长纵缝线。

(2)同上例将横剖面折角点投影至平面,得 96.2$z$,97$z$,…,101$z$ 和 101.2$z$ 各肋位折角点投影,连接各点为展开折角线。

(3)选取中间肋位线(99#)为基准母线展开:

(3.1)以点 99$z$ 为圆心、横剖面 99#肋位线围长 $\overparen{ze}$ 为半径作圆,交平面 99#肋位线于点 99。

(3.2)自 99#起,分别向艏、艉展开:以点 99 为圆心、实长纵缝线围长 $\overparen{ef}$ 为半径作圆,交以

点 $100z$ 为圆心、横剖面 100#肋位线围长 $\overset{\frown}{zf}$ 为半径的圆于点 100，直线连接 $100z-100$，即为 100#展开肋位线。

（3.3）同样方法得艏向的 101#，$101\#^{+2}$ 的展开肋位线和艉向的 98#，97#和 $96\#^{+400}$ 展开肋位线，以及各展开肋位线端点。

（3.4）光滑连接各端点即为所求展开图。

### 5.11.3　龙骨底板展开三

实例 5-28：折角宽度不等的龙骨底板展开（图 5-76）

分析：由折角宽度的不等，折角线在平面的投影必为一斜直线而非等宽度下的垂直线。因此，须对所选择的基准素线作垂直于倾斜折角线的旋转后才能得出所要求的基准母线展开线，故采用旋转法结合三角形撑线法进行展开。

具体展开步骤如下（图 5-77）：

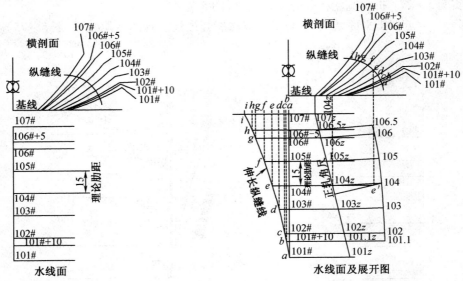

图 5-76　龙骨底板线型　　　　　　图 5-77　折角龙骨底板典型

（1）同前两例作出实长纵缝线。

（2）因折角宽度不等，折角点在横剖面的投影为不同点。分别将这些折角点投影到平面的相应肋位，得平面折角点 $101.2z$，$102z$，$\cdots$，$106z$ 和 $106.1z$，连接各点即为展开折角线。

（3）选取中间肋位线（104#）为基准母线展开：

（3.1）旋转展开基准母线：

（3.1.1）将横剖面 104#与纵缝线的交点 $e$ 投影至平面 104#肋位，得交点 $e'$，并过点 $e'$ 作折角线的垂线。

（3.1.2）以平面点 $104z$ 为圆心、横剖面 104#肋位线围长 $\overset{\frown}{pe}$ 为半径作圆，交 $e'$ 垂线于点 104，直线连接 $104z-104$ 即为 104#展开肋位线。

（3.2）自 104#展开肋位线起，分别向艏、艉展开：以平面点 104 为圆心、实长纵缝线围长 $\overset{\frown}{ef}$ 为半径作圆，交以点 $105z$ 为圆心、横剖面 105#肋位线围长 $\overset{\frown}{qf}$ 为半径的圆于点 105，直线连接 105$z$ – 105 即为 105#展开肋位线。

(3.3)同样方法分别得艏向 106,106.1 两点和艉向 103,102 和 101.2 三点,以及各相应展开肋位线。

(3.4)光滑连接上述各点即为所求展开图。

### 5.11.4 龙骨底板展开四

实例 5 – 29:上翘且折角宽度不等的龙骨底板展开(图 5 – 78)。

分析:由底板的投影,其是一组平行实长直线,又是如上例的不等宽折角零件,故宜采用平行法结合旋转法、三角形撑线法进行展开。

具体展开步骤如下(图 5 – 79):

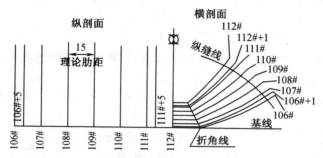

**图 5 – 78　龙骨底板线型**

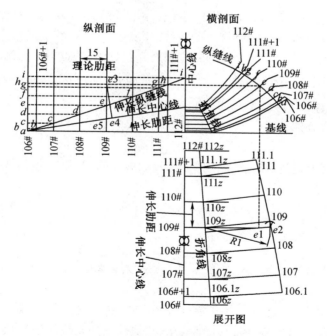

**图 5 – 79　折角龙骨底板展开**

(1)平行线法展开折角线与中心线之间部分的底板:

(1.1)作实长中心线为平行线法展开的准线:将横剖面各肋位线与中心线的交点投影至纵剖面的相应理论肋位得同名肋位点,连接各点即为实长中心线,也是展开图准线。

（1.2）作展开图：

（1.2.1）将纵剖面实长中心线各实长肋距量至展开图实长中心线得同名肋位点，并过各点作实长中心线的垂线，即为实长肋距的肋位展开线。

（1.2.2）将横剖面各肋位折角点投影至展开图的相应肋位展开线，得展开图各肋位的折角点 $106.1z,\cdots,111z$ 和 $111.1z$，连接各点即为展开折角线。

展开折角线、实长中心线和两端肋位展开线：$106\#+1$ 和 $111\#+1$ 所形成的图形即为平行线法展开的折角线与中心线之间部分的底板，也是其他部分底板的展开基准。

（2）与前例的类似方法作实长纵缝线：

（2.1）分别将横剖面级数 $\widehat{ab}$，$\widehat{bc}$，$\cdots$，$\widehat{gh}$ 和 $\widehat{hi}$ 量至纵剖面 $106\#$ 理论肋位线，得同名各点；

（2.2）将各点投影至纵剖面的相应理论肋位线并连接，即为实长纵缝线。

（3）选取横剖面中间肋位线（$109\#$）为基准母线展开：

（3.1）旋转展开基准母线：

（3.1.1）将横剖面 $109\#$ 与纵缝线的交点 $e$ 投影至展开图 $109\#$ 基准肋位线，得交点 $e1$，并过点 $e1$ 作折角线的垂线。

（3.1.2）以点 $109z$ 为圆心、横剖面 $109\#$ 肋位线的折角点至点 $e$ 的围长为半径作圆 $R1$，交垂线于点 $e2$。

（3.1.3）再将横剖面点 $e$ 投影至纵剖面 $109\#$ 理论肋位线，得交点 $e3$。

（3.1.4）过点 $e3$ 作实长中心线的垂线交实长中心线于点 $e4$（$109\#$ 理论肋位线与实长中心线交于点 $e5$）。

（3.1.5）以展开图点 $e2$ 为圆心、纵剖面实长中心线的 $e5-e4$ 为半径作圆，交圆 $R1$ 于点 $109$，直线连接 $109z-109$ 即为 $109\#$ 展开肋位线。

（3.2）自 $109\#$ 展开肋位线起，分别向艏、艉展开：以展开图点 $109$ 为圆心、实长纵缝线围长 $\widehat{ef}$ 为半径作圆，交以点 $110z$ 为圆心、横剖面 $110\#$ 肋位线的折角点至点 $f$ 的围长为半径的圆相交于点 $110$，直线连接 $110z-110$ 即为 $110\#$ 展开肋位线。

（3.3）同样方法分别得艏向 $111$，$111.1$ 两点和艉向 $108$、$107$ 和 $106.1$ 三点，以及各相应展开肋位线。

（3.4）光滑连接上述各点即为其他部分底板的展开图，与第（1）步的展开图形一起，完成全部展开作业。

说明：该板展开时在作以点 $e2$ 为圆心、$e5-e4$ 为半径的园时，应注意冲势方向，不能出错。

# 5.12　本章小结

本章在投影的基础上，详细介绍了制图工程应用的重要目的手段——工程展开，细述了各种展开方法：平行线法、准线法（十字线法、测地线法和菱线线法）、旋转法、三角形撑线法、投影改造法和剖面法以及这些单一方法的综合使用。

这些展开方法中，平行线法展开最简便，展开精度也最高，但受严格的三个条件（平行、实长、直素线组）限制，无法适用于相当部分的其他构件。对于不能使用平行线法的构件展开，必须根据其投影的具体情况，选用合适的其他展开方法，所以我们在学习、掌握这些展开方法时,必须同时了解和掌握这些方法展开所需要具备的投影条件,学会对待展构件投影情况的具体分析。本章的展开方法选用一节,就这些展开方法的展开特点、适用条件等作了归纳,或有助于读者的学习和具体应用。

　　本章对投影改造法的变换线和变换轴选取作了归纳,其有助于实际投影作业的步骤简化与作业清晰。

　　本章还特别介绍了剖切面综合展开法,该方法有一定的难度,但它很实用:它可以改变构件展开方法,达到精度与简便这两个展开原则相对完美的结合。如本章实例 5 – 19 的腰圆盆展开,常规当用三角形撑线法展开,但其方法、步骤繁琐,且展开精度相对较差;改用剖面法展开后,弯曲部分用平行线法展开,方法简便,且精度又达 100% ,而平直部分则可直接拷贝不走样。再如图 5 – 20 的艉柱包板展开,常规应以测地线法或三角形撑线法展开,需订制样箱加工;改用剖面法展开后,可用十字线法展开。虽未直接简化展开步骤,但在十字线法展开后可用三角样板替代订制样箱进行加工,改变了零件的加工条件、简化了零件的加工制作,同样为工程产生了直接的效益和效率。

　　熟练的投影、展开技能,是工程效益与效率的重要因素之一。

　　剖面法展开要求作业者具备较强的空间立体感,其关键是选取剖面和求取剖面,通过向视投影形成新的投影面供展开、加工用。

# 第6章 截交线

日常生活、工程应用等,经常会需一些特殊形状的物件,如茶壶、螺丝刀,以及如图6-1和图6-2右半部所示的尖顶、拔插轴等。这些物件的特点就是形状复杂,往往由两个或两个以上的多个如圆柱、圆锥、锥台、正方体、长方体、棱柱等基本几何体(下称"基本体")组合而成。对于这些物件的制作,一般有两种方法:一是将之分解成不同的基本体,制作后再组合拼装而成;二是对基本体加以截切,改变其性状(即性能与形状),达到新的设计用途,经切削加工后成形,如图6-1和图6-2所示。

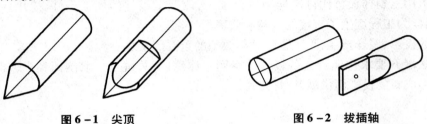

图6-1 尖顶    图6-2 拔插轴

无论分解,还是截切制作,对基本体的截切总是必然的:通过截切,确定分解体结合面或切削加工面的形状。

对基本体的截切有多种形式,本质上就是在基本体上设定一个截切面(虚拟或实际的平面、球面或曲面等,分别被称为截平面、截球面和截曲面),并以此截切面为界,将该待截切基本体一分为二。基本体被截切后的截切端面称为截断面;基本体截断面的外形轮廓(即截切面与基本体表面的交线)称为截交线。

因此,求截交线,本质就是求取截切面与基本体表面的系列共有交点集合。

基本体可分为平面体与曲面体两类,截交线也因截切面与基本体的不同位置而异。所以,截交线的形状决定于基本体及其与截平面的相对位置。

就常规工程应用的准确、适用和便捷性要求而言,截切面通常为平面;在一些特定情况下,也会采用截球面;至于截曲面,则仅在特殊需要的情况下偶而使用,并不常见。并且,截平面截切是截交线求取的基础,本章介绍、讨论的是截平面与平面体、截平面与曲面体的截交线。

## 6.1 截平面与平面体的截交线

平面体的表面由若干个平面组成,平面与平面的共有交线称为棱线。求平面与平面体的截交线,就是求截平面与平面体棱线的交点,然后依次连接各交点即得平面体在此截平面下的截交线。当然,也可以求截平面与平面体边线的交点,而后依次连成截交线。

### 6.1.1　垂直态截平面与多面棱体的截交线

实例 6 - 1：求作垂直态截平面 $E - F$ 与不规则多面棱体的截交线（图 6 - 3）。

作图步骤如下（图 6 - 4）：

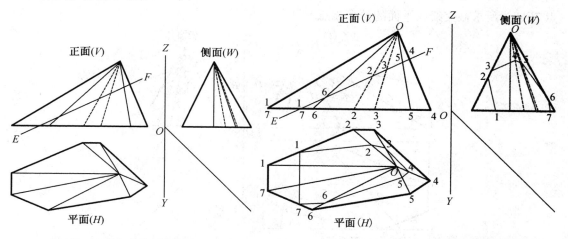

图 6 - 3　垂直态截切多面棱体　　　　图 6 - 4　垂直态截切多面棱体的截交线

（1）分析：截平面 $E - F$ 为正垂面，截断面的正面投影为积聚直线，其与各棱线及边线的交点就是所求截交线的各相应端点，作标识：$1,2,\cdots,7$。

（2）按点投影规定，将正面截交线各端点 $1,2,\cdots,7$ 投影至平面相应棱线或边线上，得同名 $1,2,\cdots,7$ 各点。

（3）再将正面截交线各端点投影至侧面相应棱线或边线上，得同名 $1,2,\cdots,7$ 各点（侧面 $1,7$ 两点必须通过平面投影获得）。

（4）依次连接平面各点，得平面截交线；连接侧面各点，得侧面截交线。

### 6.1.2　非平行态截平面与多面棱体的截交线

实例 6 - 2：求作非平行态截平面 $ABCD$ 与不规则多面棱体的截交线（图 6 - 5）。

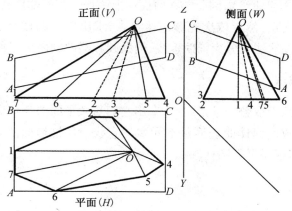

图 6 - 5　非平行态截切多面棱体

作图步骤如下（图6-6）：

（1）将正面棱线 O-1（重叠于 O-7）与截平面 ABCD 边线 A-D 的交点 E 投影至平面 ABCD 相应的 A-D，得交点 E'；同样，将正面棱线 O-1（重叠于 O-7）与截平面边线 B-C 的交点 F 投影至平面 B-C，得交点 F'；连接 E'-F'，分别交平面棱线 O-1，O-7 于点1和点7，即为所求截交线在平面的两个端点。

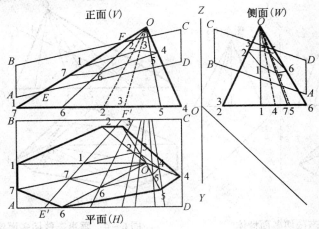

**图6-6　非平行态截切多面棱体的截交线**

（2）同样方法求得截交线在平面的其他端点2,3,4,5和6。

（3）依次连接各端点即为所求截交线的平面投影。

（4）将平面截交线的各端点投影至正面和侧面的相应棱线，得同名交点。

（5）分别连接正/侧面的各端点，即得所求截交线的正/侧面投影。

# 6.2　截平面与曲面体的截交线

曲面体由或为单向曲面，或为多向曲面，甚至扭曲面的曲表面构成。其截交线投影除特殊位置呈积聚直线外，基本均为平面曲线。截平面与曲面体截交时的截交点经常很少（通常只有两点，无法连成曲线），因此需在曲面体上添加适当的辅助线（投影目标），以求出它们与截平面的辅助交点，然后依次光顺连接各点，求出要求的截交线。这种方法称为辅助线法求截交线。辅助线法又分为辅助素线、辅助圆和辅助剖面法三种。

### 6.2.1　辅助素线法

在曲面体的曲表面上取若干条素线，并求出它们与截平面的各自交点。

所取素线须为构成曲面体曲表面基本元素的直线。如锥形面的素线是锥顶至底边的连接直线；筒形面的素线是平行圆柱轴线的平行直线等。

### 6.2.2　辅助圆法

在曲表面上取若干个圆，并求出它们与截平面的各自交点。

所取的圆须为构成曲表面基本元素的圆。如锥形面的辅助圆是以通过锥顶的锥体中心轴为圆心、垂直于该中心轴的同心圆;球面的辅助圆则是以球体垂直或水平中轴为圆心的水平或铅垂同心圆等。

### 6.2.3　辅助剖面法

辅助剖面法较上述两法更为灵活多变:可在需要的曲面体任意位置上添加辅助剖切线,利用投影改造法求得该剖面处的有效投影目标和截交点。

辅助剖面法在投影与展开中,特别是在求取高难度的截交线和相贯线时,都能起到相当大的作用(前章的综合剖面法即为其在展开中的应用)。

上述各方法将在下面的平面与几何体的截交线求取中详细介绍。

# 6.3　截平面与几何体的截交线

平面与曲面体的截交,最典型的是平面与曲面几何体的截交。了解平面与曲面几何体的截交线形状并掌握平面与曲面几何体截交线的求取方法,有利于识图和制图能力的提高,有利于理解并掌握后面的相贯线求取课程。

下面分别以求取圆柱体、圆锥体和球体的截交线为例,详细介绍各种辅助线(辅助素线、辅助圆、辅助剖面)法。

### 6.3.1　圆柱体

垂直态截平面截切圆柱体的截交线投影特征:由截平面积聚直线相对于柱体轴线的三种不同位置,其截交线投影亦有相应的三种不同形状(表6-1)。

表 6-1　圆柱体截交线

| 截平面位置 | 与轴线平行 | 与轴线垂直 | 与轴线倾斜 |
|---|---|---|---|
| 截交线形状 | 矩形 | 圆形 | 椭圆形 |
| 投影图 | | | |

(1)积交线平行于轴线:矩形。

(2)积交线垂直于轴线:圆形。

(3)积交线倾斜于轴线:椭圆形。

对于非平行态截平面与圆柱体的截切,上述截交线特征就不存在,必须另外投影求取。

实例6-3:用辅助剖面法求作非平行态截平面 *ABCD* 与圆柱体的截交线(图6-7)。

作图步骤如下：

（1）等分平面圆（本例十二等分）并作编号：1，…，11 和 12。

（2）平、正面截平面边线 $A-D$ 和 $B-C$ 与圆柱中心轴线的交点 1 和 7 为所求截交线的两个特殊点，投影至侧面得侧面点 1 和 7。

（3）连接平面 2-12 为辅助剖切线，分别延伸交截平面边线 $A-B$，$C-D$ 于点 $E$ 和 $F$，并投影至侧面 $A-B$，$C-D$，得侧面点 $E$ 和 $F$，再投影至正面对应投影目标，得正面点 $E$ 和 $F$，连接 $E-F$。

（4）将平面点 2 和 12 投影至正面 $E-F$，得同名两点，再投影至侧面，得侧面同名两点。

（5）同样方法得其他所有点，光滑连接正面点 1，2，…，12，即为所求截交线的正面投影；连接侧面点 1，2，…，12，即为所求截交线的侧面投影。

实例 6-4：用截平面对角线求作非平行态截平面与圆柱体的截交线（图 6-8）。

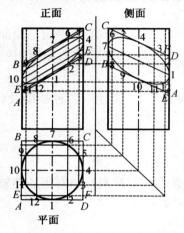
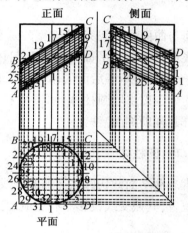

图 6-7　非平行态截切圆柱体　　　　　图 6-8　非平行态截切圆柱体

作图步骤如下：

（1）等分平面圆（本例三十二等分，等分数越多，截交线精度越高）并作编号：1，2，…，32。

（2）将 32 个等分点分别向正面和侧面投影，作正面和侧面的对应投影目标（图 6-8 中正、侧两面的垂直虚线）。

（3）分别连接正面和侧面双斜截平面的对角线 $A-C$ 和 $B-D$。

（4）在正面过各投影目标与对角线的交点作截平面边线 $A-D$ 的平行线为正面等分线。

（5）依次光滑连接正面各投影目标与等分线的交点，即为所求截交线的正面投影。

（6）同样，在侧面过各投影目标与对角线的交点作边线 $A-B$ 的平行线为侧面等分线，依次连接侧面各投影目标与等分线的交点，即为所求截交线的侧面投影。

### 6.3.2　圆锥体

垂直态截平面截切圆锥体的截交线投影特征：

由截平面积聚线与圆锥体轴线的不同位置，产生六种不同形状的截交线投影（表 6-2）：

**表 6 - 2　圆锥体截交线**

| 截平面位置 | 过锥顶垂直切 | 过锥顶斜切 | 平行轴线垂直切 |
|---|---|---|---|
| 截交线形状 | 三角形(轮廓) | 三角形 | 双曲线 |
| 投影图 | 正面　侧面<br>水平面 | 正面　侧面<br>水平面 | 正面　侧面<br>水平面 |

| 截平面位置 | 水平切 | 不及底面的任意斜切 | 过底面的任意斜切 |
|---|---|---|---|
| 截交线形状 | 圆 | 椭圆 | 抛物线 |
| 投影图 | 正面　侧面<br>水平面 | 正面　侧面<br>水平面 | 正面　侧面<br>水平面 |

(1)积交线即锥体中心轴线(即截平面过锥顶沿轴线垂直截切):锥体轮廓三角形。

(2)积交线为过锥顶的斜线(即截平面过锥顶倾斜截切):小于锥体轮廓的三角形。

(3)积交线平行锥体轴线(即不过锥顶垂直截切:双曲线。

(4)积交线垂直于轴线(即截平面水平截切):圆形。

(5)积交线不过底边斜交轴线(即截平面不及底面的任意倾斜截切):椭圆形。

(6)积交线过底边斜交轴线(即截平面过底面的任意倾斜截切):抛物线。

当圆锥体的截交线为圆形或三角形时,其投影可直接画出;当圆锥体的截交线为椭圆、抛物线或双曲线时,可用前述辅助线法增加辅助投影目标求出截交线投影。

以上是垂直态截平面截切圆锥体六种不同位置下的截交线特征,而当非平行态截平面截切圆锥体,就不存在这些截交线特征。其截交线的求取方法同垂直态截切产生椭圆、抛物线或双曲线的截交线,用辅助线法投影求得。

实例 6 - 5:求作正垂截平面与圆锥的截交线(图 6 - 9)。

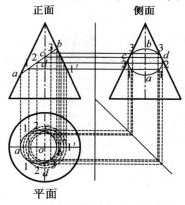

正面　　　　侧面

平面

**图 6 - 9　垂直态截切圆锥体**

作图步骤如下：

（1）按高看齐、长对正、宽相等的点投影规定，将正面四个特征点 $a,b,c$ 和 $d$ 直接投影至侧、平面，得侧、平面的四个同名特征点。

（2）用辅助圆法求其他截交点：

（2.1）在正面三等分 $a-d$、两等分 $b-c$，得等分点 1，2 和 3，并过等分点作水平辅助线 1#，2# 和 3#。

（2.2）将正面 1# 水平线与轮廓线的交点 $1'$ 投影至平面中线，得平面点 $1'$。

（2.3）以平面中心点 $o$ 为圆心、平面 $o-1'$ 为半径作圆，得平面 1# 辅助圆。

（2.4）将正面等分点 1 投影至平面 1# 辅助圆，得两个对称同名点 1。

（2.5）同样方法得平面两个对称点 2 和点 3，光滑连接平面 $\overset{\frown}{a12d3b3c21a}$ 即为所求截交线的平面投影。

（3）将正、平面的点 1，2 和 3 投影至侧面得侧面各同名点，光滑连接侧面 $\overset{\frown}{a12d3b3c21a}$ 即为所求截交线的侧面投影。

实例 6-6：用辅助素线法求非平行态截平面与圆锥体的截交线（图 6-10）。

作图步骤如下（图 6-11）：

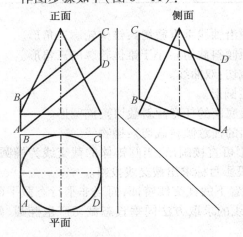

图 6-10　非平行截切圆锥体

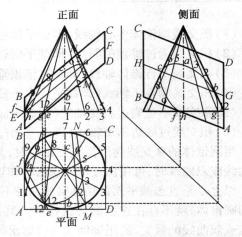

图 6-11　非平行态截切圆锥体的截交线

（1）作素线。

（1.1）若干等分平面锥体底圆（本例十二等分）并编号：1，2，…，12。

（1.2）分别将等分点与中心点相连，得平面 12 根等分素线。

（1.3）将等分素线投影至正、侧面，得正、侧面等分素线。

（2）作正面截平面 ABCD 中线 E-F，交锥体轮廓线 4# 于截交点 $a$，并分别投影至平面水平中线和侧面中心轴线，得平面和侧面截交点 $a$。

（3）作侧面截平面 ABCD 中线 G-H，交锥体轮廓线 1#，7# 于截交点 $b$ 和 $c$，并分别投影至正面中心轴线和平面垂直中线，得正面和平面截交点 $b$ 和 $c$。

（4）求 3#，5# 辅助素线的截交点：

（4.1）正面 3#，5# 素线分别交截平面边线 A-D 和 B-C 于点 M，N，将之投影到平面 A-D 和 B-C，得平面 M，N，为平面截切线 M-N 的两个端点。

（4.2）平面截切线 $M-N$ 交平面3#、5#素线于平面截交点 3 和 5。

（4.3）将平面点 3,5 投影至正、侧面的3#,5#素线,得正、侧面同名截交点 3 和 5。

（5）同样方法求得各投影面的其他素线截交点 2,6,8,12 和 9。

（6）求截平面与锥体底面的截交线边界:

（6.1）将正面截平面边线 $A-D$ 与锥体底边的交点 $e$ 投影至平面 $A-D$ 边线,得平面点 $e$。

（6.2）将侧面截平面边线 $A-B$ 与锥体底边的交点 $f$ 投影至平面 $A-B$ 边线,得平面点 $f$。

（6.3）连接平面 $e-f$ 即为截平面截切锥体底面的截交线边界。

（7）$e-f$ 分别交平面锥体底圆于截交点 $g$ 和 $h$,依次连接 $g12b23a56c89h$,并直线连接 $h-g$,即为所求截交线的平面投影。

（8）将平面截交点 $g$ 和 $h$ 分别投影至正、侧面,得正、侧面同名截交点 $g$ 和 $h$;分别依次连接正、侧面 $g12b23a56c89h$,并直线连接 $h-g$,即为所求截交线的正面和侧面投影。

### 6.3.3 球体

**1. 球体截交线的投影特征**

由球体的特殊对称性,任意截平面对球体的截切,其截交线真形均为正圆:球体截断面的轮廓圆。由截平面(截断面)相对于投影面的不同位置,球体的正圆截交线呈如下形状特征(表 6-3):

**表 6-3 球体截交线**

| 截平面位置 | 水平面 | 正平面 | 侧平面 |
|---|---|---|---|
| 截交线形状 | 水平真形圆 | 正面真形圆 | 侧面真形圆 |
| 投影图 | 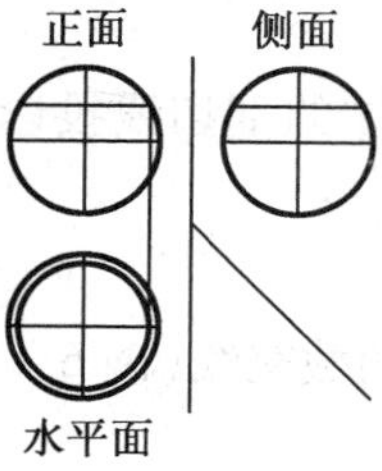 | 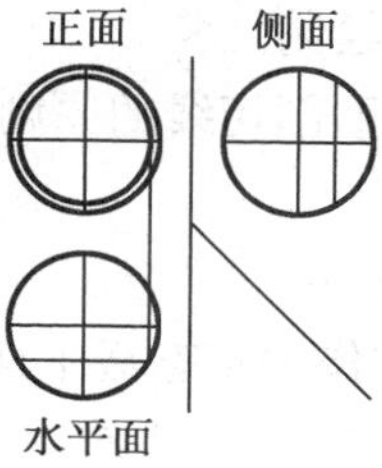 | 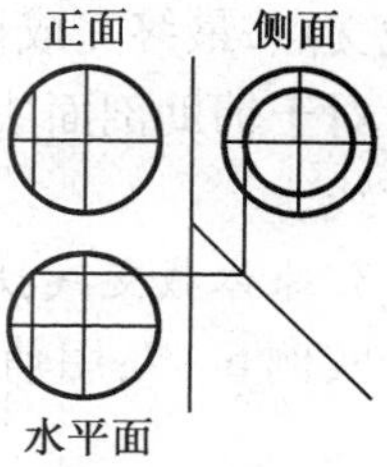 |
| 截平面位置 | 铅垂面 | 正垂面 | 侧垂面 |
| 截交线形状 | 椭圆 | 椭圆 | 椭圆 |
| 投影图 | 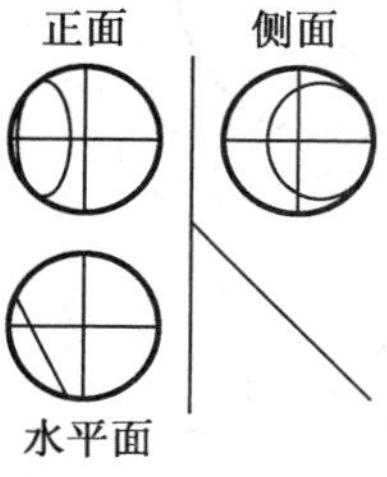 | 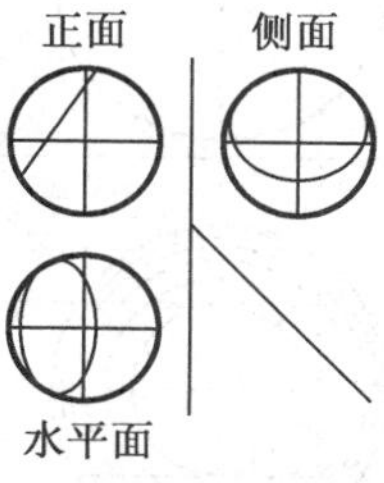 | 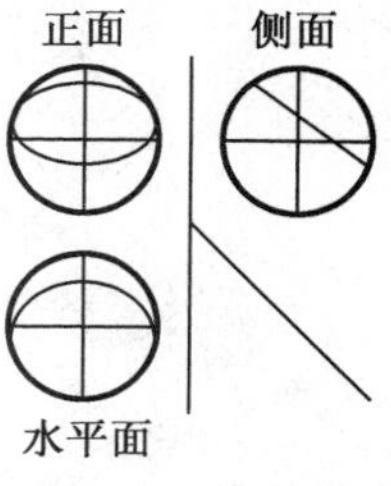 |

（1）平行态截平面:截交线在所平行的投影面上的投影为真形圆、在另两个投影面上的投影为积聚直线。

（2）垂直态截平面：截交线在所垂直的投影面上的投影为积聚直线、另两个投影面上的投影为椭圆。

（3）非平行态截平面：椭圆。

即：截交线平行投影面：真形正圆；垂直投影面：积聚直线；倾斜投影面：椭圆。

**2. 求取球体截交线投影的原则要点**

由于任意位置截平面截切球体的截交线真形均为正圆，故求取这一截交线的基本手段就是投影改造；核心要点就是求出截交线真形圆的圆心，以确定任意位置椭圆截交线截交顶点。同时，还必须确定截交线于不同投影面的边界控制点。

（1）截交顶点（下称"顶点"）：即截交线椭圆投影十字中心轴线的端点，亦称长度控制点，计长轴两个、短轴两个，共四个。

（2）边界控制点（下称"控制点"）：即某一投影面上截交线与基本体轮廓线的交点。由于这一交点在其他投影面上的投影不一定也在基本体轮廓线上，所以控制点在其他投影面上经常不同样是控制点。若同一投影面有两个或多个控制点，则这些控制点的连线或其延长线称为边界控制线，简称控制线。

对于球体，控制点来自于其他投影面轮廓圆的十字中心线与该轮廓圆的交点投影，因为球体中心线处的轮廓在其他投影面的投影也必为该球体的轮廓线。

由球体的特殊对称性，任意位置截平面对球体截切产生的正圆截交线，其圆心与球心的连线必垂直于这一截平面。因此，非平行态截平面截切球体产生椭圆截交线时，在具截平面实长直素线（辅助剖切线等直线）的投影面上，自球心作此实长直素线的垂线就必为该截交线椭圆投影的十字轴线之一。这样，就可方便地确定截交线顶点。

顶点和控制点均属特征点，求球体截交线时须首先确定。当特征点不足以完成截交线的绘制时，还须以辅助线（辅助素线、辅助圆或辅助剖切线）法增设辅助投影目标以产生辅助截交点，最终完成截交线的绘制。

对于辅助剖面法，选择辅助剖切线的原则是：与球体的剖切线投影为直线或圆，即球体的素线。

**3. 球体截交线投影求取实例**

实例 6 - 7：用辅助圆法求作垂直态截平面与球体的截交线（图 6 - 12）。

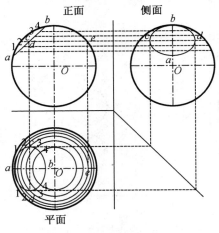

**图 6 - 12　垂直态截切球体**

具体步骤如下：

（1）将正面截交线 $a-b$（十字轴线之一）的端点直接投影至平、侧面，得平、侧面的点 $a$ 和 $b$（顶点）。

（2）若干等分正面 $a-b$（本例六等分），并标记为点 1、2、$c$、3 和 4。等分中点 $c$（与点 $d$ 重叠）即平、侧面椭圆截交线另一十字轴线在正面的积聚点。

（3）过等分中点 $c$ 作水平线，交正面圆于点 $e$，投影至平面，得平面点 $e$。

（4）以平面球心 $o$ 为圆心、$o-e$ 为半径作辅助圆。

（5）将正面等分中点 $c$ 和 $d$ 投影至平面圆 $o-e$，得平面点 $c$ 和 $d$（平面顶点），再投影至侧面，得侧面点 $c$ 和 $d$（侧面顶点）。

（6）同样的辅助圆方法得其余各辅助点的平、侧面投影。

（7）分别在平、侧面依次光滑连接各点，即得所求截交线在平、侧面的投影。

实例 6-8：用投影改造法求作非平行态截平面与球体的截交线（图 6-13）。

分析：本例为非平行态平面 1-2-3-4 截切球体。根据截切球体的核心要求，需先求出截交线真形圆与圆心，继而求得长短轴和四个顶点；用长短轴方法作椭圆为所求截交线。因 1-2-3-4 是非平行态平面。需作出 1-2-3-4 的真形向视面。根据向视面的特性，作垂直真形正平线的一次变换面即可求得 1-2-3-4 积聚真线面。继而作平行与 1-2-3-4 积聚直线面的二次变换，即可求得截交线真形园和圆心。本例的非平行态平面 1-2-3-4 的边线 1-2 和 3-4 正好是正平线。果可以直接在正面作垂直于边线 1-2 和 3-4 的一次变换面。

具体作图步骤如下（图 6-14）：

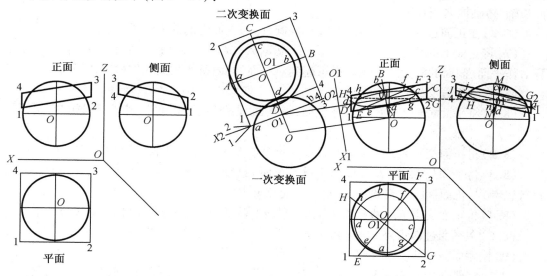

图 6-13　非平行态截切球体　　　　　图 6-14　非平行态截切球体的相贯线

（1）投影改造求截切平面和球体的一次变换面：

（1.1）在图面适当处作正面截平面 1-2-3-4 的边线 1-2 和 3-4 的垂线为一次变换轴 $O1-X1$。

（1.2）以正面为直接面，$O-X$ 为间接轴，平面为间接面，作一次变换面。得一次变换面上截切平面 1-2-3-4 积聚直线、球心和球体。

(2)投影改造求截平面和球体的二次变换面：

(2.1)以一次变换面上平面 $1-2-3-4$ 的积聚直线为二次变换轴 $O2-X2$。

(2.2)以一次变换面为直接面，$O1-X1$ 为间接轴，正面为间接面作二次变换面。得二次变换面上的真形截平面 $1-2-3-4$、球心和球体。

(2.3)二次变换面上的球心 $O$，也是真形截平面 $1-2-3-4$ 上截切圆的圆心 $O1$，以 $O1$ 为圆心，一次变换面上 $O1-a$ 为半径作圆，即为真形截平面 $1-2-3-4$ 上的截切圆。

(2.4)连接一次变换面上 $O1$ 与二次变换面上 $O1$ 并延伸至截平面 $1-2-3-4$ 的边线 $2-3$ 得交点 $C$；与 $1-4$ 边线相较于点 $D$。

(2.5)过二次变换面上 $O1$ 作 $C-D$ 的垂线 $A-B$，与边线 $1-2$ 相交与 $A$ 点，与边线 $3-4$ 相交与 $B$ 点；

(2.6)$A-B$ 与 $C-D$ 为二次变换面上截切圆的十字线也是正面截切椭圆的长短轴，分别与二次变换面上截切圆相交得 $a,b,c$ 和 $d$ 四点。

(3)将二次变换面上的真形截切圆的圆心 $O1$ 用逆向投影改造法，投影至一次变换面、正面、平面和侧面。

(4)分别连接正面、平面和侧面截切圆的圆心 $O1$ 和球心 $O$，并延伸至截平面的边线。为正面、平面和侧面的椭圆短轴。

(5)分别过正面、平面和侧面上的圆心 $O1$ 作短轴 $O1-O$ 的垂线，为椭圆的长轴。

(6)作正面截交线：

(6.1)用逆向变换投影法，将二次变换面上的十字轴线 $A-B$，$C-D$ 与 $O1$ 真形截切圆的交点 $a,b,c$ 和 $d$ 四点，经一次变换面投影至正面对应的短轴 $A-B$ 和长轴 $C-D$ 上，得正面长轴、短轴同名四顶点。

(6.2)在正面过四顶点 $a,b,c$ 和 $d$ 作椭圆，即为正面上的截交线投影。

(7)将正面上的短轴 $A-B$、长轴 $C-D$ 及 $a,b,c,d$ 四点顶点投影至平面和侧面。（该步骤对作平面、侧面的截交线无用。但可起到对平面、侧面所作截交线的检验作用）。

(8)作平面截交线：

(8.1)将平面短轴 $E-F$ 投影至正面，得正面 $E-F$ 线与正面椭圆截交线相交，得正面交点 $e,f$。

(8.2)将正面交点 $e,f$ 投影至平面对应的短轴 $E-F$ 上，得平面短轴两顶点 $e,f$。

(8.3)将平面长轴 $G-H$ 经侧面再投向正面（长轴 $G-H$ 无法直接投至正面，原因读者自行思考）与正面椭圆截交线相交，得正面交点 $g,h$。

(8.4)将正面交点 $g,h$ 投影至平面对应长轴 $G-H$ 上，得平面长轴两顶点 $g,h$。

(8.5)在平面过四顶点 $e,f,g$ 和 $h$ 作椭圆，即为平面上截交线投影。

(9)作侧面截交线：（为了清洁图面，正面不作标识）

(9.1)将侧面短轴 $M-N$ 投影至正面，得正面 $M-N$ 线与正面椭圆截交线相交，得正面交点 $m,n$。

(9.2)将正面 $m,n$ 投影至侧面对应短轴 $M-N$ 上，得侧面短轴两顶点 $m,n$。

(9.3)同样方法得侧面长轴两顶点 $i,j$。

(9.4)在侧面过四顶点 $i,j,m$ 和 $n$ 作椭圆，即为侧面上截交线投影。

(10)完成截交线投影：

实例 $6-9$：用投影改造法求作非平行态截平面与球体的截交线（图 $6-15$）。

分析:本实例与实例6-8都是非平行态截平面截切球体。所不同的是非平行态截平面位置不同。实例6-8的非平行态截平面1-2-3-4的边线1-2和3-4正好是正平线,可直接作垂直正面真形线1-2和3-4的向视面。而本例非平行态截平面1-2-3-4中没有一条边线是正平线、水平线和侧平线。根据向视面的特性可添加一条辅助正平线。这样作法完全同实例6-8。但本例按习惯(方便)在正面添加一条水平线,投影至平面,得平面真形水平线。根据平面真形水平线作向视面求得真形截交园。从而求得各投影面相关线。

具体步骤如下(见图6-16):

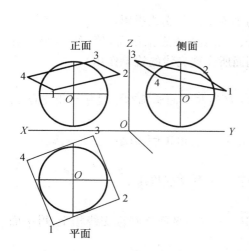

**图6-15 非平行态截切球体**

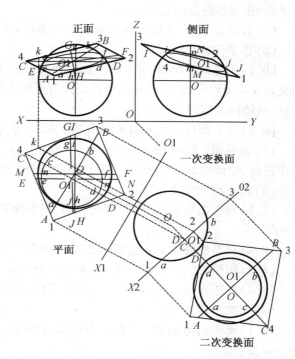

**图6-16 非平行态截切球体的截交线**

(1)投影改造求截切平面和球体的一次变换面:

(1.1)过正面上的截平面1-2-3-4的顶点2作水平线交3-4边线与点K,将点K投影至平面3-4边线上,得平面点K,连接平面点K和顶点2为平面2-K真形水线。

(1.2)在图面的适当处作平面真形水线2-K的垂线为一次变换轴O1-X1。

(1.3)以平面为直接面,O-X为间接轴,正面为间接面,作一次变换面。得一次变换面上截平面1-2-3-4积聚直线、球心和球体。

(2)投影改造求截平面和球体的二次变换面:

(2.1)以一次变换面上截平面1-2-3-4积聚直线为二次变换轴O2-X2。

(2.2)以一次变换面为直接面,O1-X1为间接轴,平面为间接面作二次变换面。得二次变换面上的真形截平面1-2-3-4、球心和球体。

(2.3)二次变换面上的球心O,也是真形截平面1-2-3-4上截切圆的圆心O1,以O1为圆心,一次变换面上O1-a为半径作圆,即为真形截平面1-2-3-4上的截切圆。

(2.4)连接一次变换面上O1与二次变换面上O1并延伸至截平面1-2-3-4的边线1-4得交点C;与1-2边线相较于点D。

（2.5）过二次变换面上 $O1$ 作 $C-D$ 的垂线 $A-B$，与边线 $1-4$ 相交与 $A$ 点，与边线 $2-3$ 相交与 $B$ 点。

（2.6）$A-B$ 与 $C-D$ 为二次变换面上截切圆的十字线也是平面截切椭圆的长短轴，分别与二次变换面上截切圆相交与 $a,b,c$ 和 $d$ 四点。

（3）将二次变换面上的真形圆的圆心 $O1$ 用逆向投影改造法，投影至一次变换面、平面、正面和侧面。

（4）分别连接平面、正面和侧面截切圆的圆心 $O1$ 和球心 $O$，并延伸至截平面的边线。为平面、正面和侧面的椭圆短轴。

（5）分别过平面、正面和侧面截切圆的圆心 $O1$ 作短轴 $O1-O$ 的垂线，为椭圆的长轴。

（6）作平面截交线：

（6.1）用逆向变换投影法，将二次变换面上的十字轴线 $A-B$，$C-D$ 与 $O1$ 真形截切圆的交点 $a,b,c$ 和 $d$ 四点，经一次变换面投影至平面对应的短轴 $A-B$、长轴 $C-D$ 上，得平面长轴、短轴同名四顶点。

（6.2）在平面过 $a,b,c$ 和 $d$ 四顶点作椭圆，即为平面上的截交线投影。

（7）将平面上的短轴 $A-B$、长轴 $C-D$ 及 $a,b,c,d$ 四顶点投影至正面和侧面。（该步骤对作正面、侧面的截交线无用。但可起到对正面、侧面所作截交线的检验作用）。

（8）作正面截交线：

（8.1）将正面短轴 $G-H$ 投影至平面，得平面 $G-H$ 线与平面椭圆截交线相交得交点 $g$，$h$ 两点。

（8.2）将平面交点 $g,h$ 投影至正面对应的短轴 $G-H$ 上，得正面短轴两顶点 $g,h$。

（8.3）同样方法得正面长轴 $E-F$ 两顶点 $e,f$。

（8.4）在正面过 $e,f,g$ 和 $h$ 四顶点作椭圆，即为正面上截交线投影。

（9）作侧面截交线：

（9.1）将侧面短轴 $M-N$ 投影至平面，得平面 $M-N$ 线与平面椭圆截交线相交，得平面交点 $m,n$。

（9.2）将平面 $m,n$ 投影至侧面对应短轴 $M-N$ 上，得侧面短轴两顶点 $m,n$。

（9.3）同样方法得侧面长轴两顶点 $i,j$。

（9.4）在侧面过 $i,j,m$ 和 $n$ 四顶点作椭圆，即为侧面上截交线投影

（10）完成截交线投影。

以上两例如用平行于截平面边界的常规作图，需要三次投影改造。若根据向视面的特性选择合适的变换线，一次变换可得到截平面的积聚直线，二次变换即可求得截平面的真形，而后将十字线的圆心及顶点逆向投影回投影面，最后完成所求截交线的投影。可大大简化作业步骤。

# 6.4　截交线在船体上的应用

截交线在工程应用中随处可见，船舶工程亦如此。如第四章对剖面的介绍，对于船体这样的由复杂曲面构成的基本体，描绘其曲面特征的船体线型，就是以不同位置的剖面组表达这些剖面与船体轮廓的剖切线组。这些剖面，就是截平面；组成线型的这些剖切线（即船体素线），也就是截交线。

　　传统的船体艉部都是具圆形线型的巡洋舰艉,尽管美观、漂亮,并具一定的改善空气涡流的理由,但其加工、装配的工作量大,制造相应困难,且圆形空间的利用率也不高。由于船舶航速较低:民用船舶的航速一般不超过 25 节,约 45km/h,军舰则一般不超过 50 节,可以忽略平艉带来的尾空气涡流阻力。船舶艉部的"圆"改"平",既很少影响船舶的动力性能,又可大大减少加工、装配工作量,方便制造,还可相对提高其内部的空间利用率。因此,现代的船舶设计,通常将艉部切为平面——直平面或斜平面。

　　船舶平面艉部的艉封板就相当于截平面,而船体本身就相当于由外板和甲板组成的基本体,两者结合的共有交线就是截交线,也就是艉封板的轮廓线,同时也是船体外板、甲板等与艉封板的交口线。展开艉封板、外板、甲板等零件前,必须求出这些本质为截交线的交口线。

　　实例 6 - 10:求出艉封板与船体外壳的截交线(图 6 - 17)。

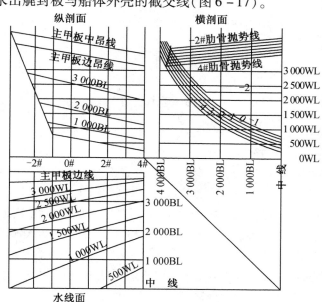

**图 6 - 17　船体艉封板线形图**

　　图面标识说明:

　　*B. L*:船体基线;*C. L*:船体舯线;*W. L*:水线;*L. L*:直剖线(纵剖线);*XX#*:肋号(肋位号);

　　抛势:即梁拱的俗称,系为获得合理强度而设计的甲板横断面(横剖面)的向上弯曲状态,无梁拱(抛势)即为横向平甲板。

　　中昂与边昂:即船舶脊弧和舷弧的俗称。为防上浪性能,中、小型船舶,特别是瘦削线型船舶,其主甲板沿船长方向通常设计为纵向两端上翘的弧形(现更多采用折线形),俗称"昂势"。舯线处的弧形为脊弧(中昂),舷侧处的弧形则为舷弧(边昂)。无梁拱设计时,脊弧线同舷弧线(即中昂等于边昂);当甲板具梁拱,则随艉部船体半宽的不同,脊弧线与舷弧线也就不再等同。

　　艉封板展开具体步骤如下(图 6 - 18):

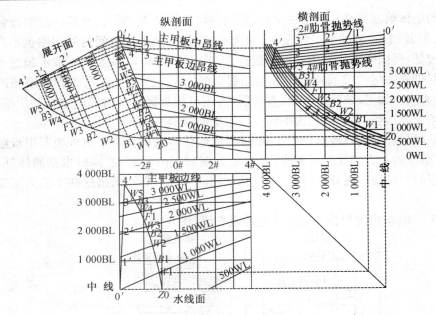

**图 6-18　艉封板与船体的截交线及展开**

(1)求水线面、横剖面艉封板与船体主甲板、外板的截交线：

(1.1)艉封板与主甲板的截交线：

(1.1.1)分别将横剖面 -2#肋骨抛势线与所有直剖线(本例仅取 1000、2000 和 3000 直剖线)的交点 1,2,3 投影至纵剖面 -2#肋位线,得纵剖面点 1,2 和 3。

(1.1.2)过纵剖面上述点作主甲板中昂线的平行线,交艉封板线于点 1′,2′和 3′。

(1.1.3)将纵剖面点 1′,2′和 3′投影至横剖面和水线面的对应 1000,2000 和 3000 直剖线,得横剖面和水线面点 1′,2′和 3′。

(1.1.4)将纵剖面艉封板线与主甲板中昂线、边昂线的交点 0′和 4′投影至横剖面和水线面的对应主甲板中昂线和边昂线,得横剖面和水线面点 0′和 4′。

(1.1.5)分别连接横剖面、水线面点 0′,…,4′,得横剖面和水线面艉封板与主甲板的截交线(或称交口线)。

(1.2)艉封板与外板的截交线：

(1.2.1)将纵剖面艉封板线与所有水线和直剖线的交点 $W1,W2$…及 $L1,L2$…全部投影至水线面的对应水线和直剖线,并将横剖面 -2#肋骨的船底半宽点 $F1$ 投影至水线面 -2#肋骨线,依次连接所有投影点,即为水线面艉封板与外板的截交线(交口线)。

(1.2.2)将纵剖面艉封板线与所有直剖线的交点 $L1,L2$…全部投影至横剖面的对应直剖线,并将水线面艉封板线与所有水线的交点 $W1,W2$…全部投影至横剖面的对应水线,依次连接接所有投影点,即为横剖面艉封板与外板的截交线(交口线)。

(2)艉封板展开(即求艉封板截平面的真形向视面)：

(2.1)分别过纵剖面艉封板线的所有交点作艉封板线的垂线。

(2.2)将各交点的水线面半宽值量到对应垂线,得同名各点。

(2.3)以主甲板边线的点 4′为界分别连接各点,即得艉封板外板和甲板的交口展开线。由艉封板的对称性,以上所求为半船,展开后对称作图即为全船艉封板的展开图。

# 6.5　本 章 小 结

　　截交线为平面截切基本体(构件)时产生的共有交口线,其特征是单个基本体(构件)与截切平面的相交。本章分别介绍了平面与平面体、平面与曲面体的截交线。

　　平面体截交线的求取较为方便:因为平面体的棱线是非常清晰的投影目标,投影的对应关系直观、易找。

　　曲面体截交线的求得就相对较难:曲面边界特征线不足以完成其截交线的投影,必须按作业要求添加必要的曲面素线为投影目标——曲面体截交线的求得需要经过特征点和辅助点的分步投影过程。在截切球体的实例中所介绍的截交顶点和边界控制点是非常重要的概念,特别是控制点。控制点也实际存在于其他曲面体,甚至平面体,只是其投影目标相对简单明了而无须特别说明。

　　求曲面体截交线,重要的是快速确定顶点、控制点及其对应投影关系;其次是灵活运用各种辅助线法添加投影目标。这些都离不开素线、实长线、真形(实形)以及变换投影等基本概念与手段,唯深刻理解并掌握空间立体概念才能熟练运用。

　　本章还以实例重点讲解了非平行态截平面与常规几何体的截交线,尽管并无太大的实际应用意义,但能加深对基本概念与手段的理解与掌握,帮助提高认识、制图能力。

　　本章再次以实例介绍了简化投影步骤的适当方法的作业效率因素,要求在正确的基础上尽可能简化投影作业的具体步骤,这就考验我们对投影原理、概念、方法和手段等基本知识的掌握程度。

# 第7章 相 贯 线

前面课程的展开和截交线,其对象都是单个基本体(零件)。在工程应用中,相当部分的构件并非单一基本体,而往往是由两个或两个以上的多个简单基本体组合而成的结合体。自然界中形状复杂的各类自然物,也可视为多个简单基本体的结合体。

工程上通常将两个或多个简单基本体的相交、贯通结合称为相贯,所组成的结合体则为相贯体(也有将组成结合体的各基本体混称为相贯体的,本课程称结合体为相贯体,称组成相贯体的简单基本体为基本体)。如同截平面与单一基本体结合部的共有截交线,相贯体相贯结合表面上,各基本体的共有交线即为相贯线,为各基本体的分界线。

相贯线就是相贯体上各相贯基本体的表面共有交线。根据该定义的相贯线,名称相同,但作用却有所不同。有的相贯线作用大,有的相贯线作用小,根据相贯线的作用,我们将其分为直接可用相贯线和间接可用相贯线。直接可用相贯线具有两大我们要求的作用:①具有明确划分基本体的分界线作用。②具有可供基本体展开的断线作用。只具备以上一个作用或以上两个作用都不具备的相贯线都称为间接可用相贯线。如图7-1中侧面的相贯线,它只具备明确划分基本体的分界线作用,由于A管必须根据正面投影图才能展开实形,所以侧面相贯线无法供展开基本体的作用,它只能称为间接可用相贯线。但可通过它很方便的在正面求得我们所要求的直接可用相贯线。同样如图7-2中侧面的相贯线就具备以上两大功能,所以为直接可用相贯线。而图7-2中平面上的相贯线也为基本体的分界线。但它分而不清,另外它根本无法供展开基本体的断线作用。它只能为求直接相贯线提供方便。所以称为间接可用相贯线。以上相贯线的名称分类仅仅是为了告诉读者相贯线的不同作用。今后作业中是不分直接可用相贯线和间接可用相贯线名称的。只要读者理解和掌握相贯线的作用,读者自然会分清是何相贯线,需要什么相贯线。

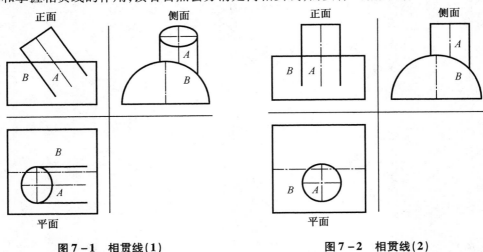

图7-1 相贯线(1)　　　　　　　　　图7-2 相贯线(2)

为清晰表示相贯体零部件各部分的形状和对应位置,必须在工程图纸中绘出明确表示相贯基本体相贯结合部的相贯线。尤其是金属板材结构的相贯体,必须准确画出相贯线的投影，以便单个基本体零件的展开。

　　前一章的截交线实际是相贯线的特例：相贯线定义为两个或多个基本体相贯时的共同交口线；而截交线则为单个基本体被截切面截切后，两部分截断体的共同边界线。截切基本体的截切面往往是一个虚拟面，但若此截切面本身就是一个基本体（构件或零件），则按相贯线的定义，截交线亦为相贯线，是相贯线的简单特例。而截平面截切基本体的截交线，则为相贯线的最简特例。

# 7.1　相贯线的求取方法

　　相贯线通常为封闭的空间曲线，特殊情况下为封闭的平面曲线或折线组，如截交线。相贯线上的每个点都是相贯基本体表面的共有点（相贯点），相贯线求取的本质就是求相贯基本体表面的相贯点，依序连接后即为这些相贯体的相贯线。相贯线经常为光滑曲线，但并非都是。不同基本体的相贯结合，可能产生折拐相贯线：由两根或多根折拐曲线或直线组成（如前例带底面截切的圆锥体截交线）。若相贯线有折点，必须在其折点处断开并加折拐连接，而绝不能在折点处误作光滑连接，否则就不能形成正确的相贯线。

　　相贯线的求取，本质上都是通过截切面对相贯体的截切求得相贯点（包括特征点和辅助点）：利用截切面截断相贯的基本体，可分别在该截切面上形成这些基本体各自的不同截交线，而这些截交线间的真实交点就是该相贯体相贯线上的相贯点。

　　然而，并非任意截切都能使相贯基本体的截交线实际相交，相贯体相贯线的求取，其重要关键就是确定相贯基本体在相贯位置处的共同截切面，并通过这一截切面求得相贯线上的相贯点。因此，必须在相贯处选取能同时截切两个基本体的截切面，否则就不能得到不同截交线间的交点——相贯点，也就失去了截切面截切相贯体的意义。同时，一次截切通常只能求得少量相贯点（一般为一二个），不足以有效连成相贯线。所以，经常需要作若干次截切，才能求得足够的相贯点以有效组成所求相贯线。

　　对相贯体相贯线的求取而言，截切面形式与位置的选取至关重要。相贯体相贯线的求取具有一定的技术难度，就在于截切面位置的适当选取。若位置选取不当，不仅难上加难，甚至无法完成相贯线的求取任务；反之，就能化难为易。本课程根据不同相贯体的相贯特征，按不同的截切面及其不同位置，将截切面求相贯线的方法大致粗分为六种：球面截切法、积聚线截切法、素线截切法、单素线截切法、变换面截切法和综合截切法。

　　无论何种方法，求相贯线的相贯点时，通常应首先求出相贯线上的一些特殊位置点（特征点）。如相贯线在各投影面上的投影范围特征点（近点、远点、顶点、折点等边界点）、与基本体轮廓线或中心线、十字中心线、轴线等的交点、中心点等。通过这些特征点，就能基本判断所求相贯线的投影范围和折拐情况，并判断它们的是否可见。然后，在特征点间插入必要的一般位置点（辅助点），经同样的可见性判断后与特征点一起光滑或折拐连接，完成所求相贯线。通过特征点的求取，也可增强空间立体感，加强投影概念，提高投影技巧。

　　相贯线的求取目的仍然是相贯基本体的最终展开，而展开的重要依据之一是待展物的实长展开基准线（第五章的展开中曾详细介绍）。因此，求取相贯体的相贯线，就是要在反映待展基本体实形展开基准线的投影面上准确作出相贯线，以便下一步的展开作业。对于简单几何体的基本体，如柱体（圆柱、棱柱）、柱台、锥体（圆锥、棱锥）、锥台、球体等，其展开基准线通常就是它的任意中心轴线。

# 7.2 球面截切法

### 7.2.1 球面截切法概述

直线轴线回转体(圆柱、圆锥、球体等,下面的"回转体"均为直线轴线回转体)与球体相交时,特定条件下它们的相贯线投影为直线:当回转体的直线轴线通过相贯球体的球心,且与相贯球体的直径在同一投影面时(轴线在此投影面上的投影为实长),回转体与球体的相贯线在此投影面上的投影就必为一直线。

如图 7-3 所示,$A$,$B$ 两圆管(回转体)相贯于同一球体。$B$ 管轴线为过球心的正平线,故正面 $B$ 管与球体的轮廓交点之直线连线 $a-b$ 即为 $B$ 管与球体的相贯线;$A$ 管轴线虽过球心,但为非平行态直线,故正、平两面 $A$ 管与相贯球体的相贯线均非直线。而在平行于 $A$ 管轴线的投影面——$A$ 向投影面上,$A$ 管轴线为真形,其与球体的轮廓交点之直线连线 $c-d$ 即为 $A$ 管与球体的相贯线在 $A$ 向投影面上的投影。

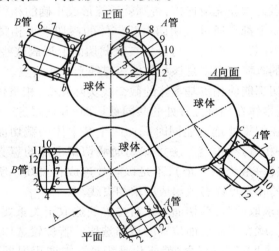

图 7-3 两圆管与球体的相交

这就是回转体与球体相贯时特定的相贯直线特征:回转体轴线过球心且为真形时,相贯的回转体与球体之轮廓两交点的直线连线就是它们的相贯线。

根据回转体与球体相贯时的这一相贯直线特征,对于一定条件下的两个相贯回转体,可设置同时平行其轴线的投影面(同时反映两根真形直线轴线),并以辅助球面(球形截切面,即截球面)在此投影面上同时截切两回转体,以两回转体与该截球面的两相贯直线的交点求出两回转体相贯线上的相贯点。所以,这一相贯线的求取方法被称为球面截切法。当然,也可称为辅助球面法,简称球面法。

然而,并非所有的两个回转体的相贯线都能用球面法求得。同时反映两个回转体真形轴线的条件,必然要求这两根轴线必须在同一个平面内。按前述的相关平面法则,两根直线在同一平面时,可能存在两种情况:一是两直线平行(平面的平行法则),二是两直线的相交或可相交(平面的相交法则);同时,回转体相贯球体的相贯直线特征又要求轴线过球心,而两根平行轴线不可能通过同一点。这就决定了适用球面法求相贯线的两个回转体,其轴线必须相交或可相交。

因此,可简单归纳用球面法求相贯线所必须具备的条件如下:

1. 相贯的两个基本体都必须是直轴线回转体(圆柱、圆锥、圆锥台、球)。

2. 两回转基本体的轴线须相交或可相交(由球面法的适用条件,其交点就是辅助截球面的球心)。

只要两相贯回转体同时符合上述条件,就可在其轴线同为真形的投影面上用球面法求取它们的相贯线。

球面法的应用,须首先判断回转体轴线投影的真形性。若其共同真形投影在三向基本投影面中的任一投影面上,即可直接在此投影面上应用球面法;若基本投影面上不存在回转体轴线的共同真形投影,则须先行投影改造,在其共同真形投影的变换面上应用球面法,在后面的变换面截切法中将详细介绍。

### 7.2.2　球面截切法应用

实例 7-1:水壶壶身与壶嘴的相贯线(图 7-4)。

分析:本例的两相贯基本体为直轴线的圆锥台回转体,它们的轴线在同一平面内,且可相交于点 $o$,符合球面法求相贯线的条件。同时,两回转基本体的轴线均为正平线,正面为其真形投影,可直接在正面以球面法求相贯点。

作图步骤如下(图 7-5):

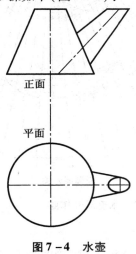

图 7-4　水壶

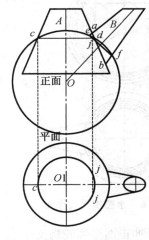

图 7-5　水壶相贯线作业

(1)正面 $A$,$B$ 两相贯锥体的投影为轮廓真形,相交于点 $a$ 和 $b$,为相贯线的始、末点(确定相贯线的范围特征点)。

(2)以两锥体轴线的交点 $O$ 为圆心在点 $a$ 和 $b$ 之间作任意大小的圆为辅助截球面,同时截切 $A$,$B$ 两相贯回转体。

(3)该球面圆交锥体 $A$ 的轮廓于点 $c$ 和 $d$,交 $B$ 锥体的轮廓于点 $e$ 和 $f$,分别连接 $c$-$d$ 和 $e$-$f$($c$-$d$ 和 $e$-$f$ 必分别垂直于其对应的真形轴线)。

(4)$c$-$d$ 交 $e$-$f$ 于点 $j$,为 $A$,$B$ 两相贯锥体面和辅助球面的共有点,即相贯点。

(5)同样方法,以点 $O$ 为圆心作若干同心圆(系列截球面圆),得到若干个相贯点,自 $a$ 至 $b$,依次连接各相贯点即为所求相贯线。

说明:相贯线的求取目的是相贯体的展开。就相贯体的展开目的而言,应在其轮廓实形面上求得相贯线,其他投影面相贯线的作用不大,可作可不作。对于本例,正面为两个相贯回转体的轮廓实形面,同时反映了它们正平轴线的实形,满足作为展开基准线的展开要求。本例的平面相贯线则可不作,若作则仅是为了图面的完整,其步骤如下(见图 7-6):

(1)将点 c 投影至平面壶身水平中线,在平面以 O1 为圆心、O1-c 为半径作圆。

(2)将正面相贯点 j 投影至平面圆 O1-c,得平面对称同名两相贯点 j。

(3)同样方法求得平面的其他相贯点。

(4)将正面相贯线始末点 a 和 b 投影至平面中线,得平面同名相贯点 a 和 b。

(5)自 a 至 b,依次连接各相贯点即为平面所求相贯线。

轮廓实形:基本体平行其轴线的轮廓投影,即基本体以其轴线为截平面的剖面真形,反映了它的实长轴线,可直接用作其展开基准线。

壶嘴展开:

作图步骤如下(见图 7-7):

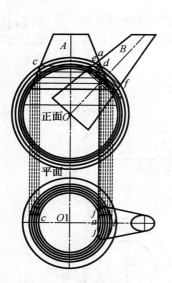

图 7-6  水壶相贯线作业

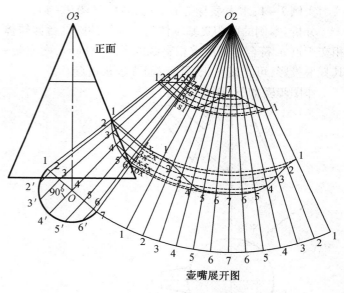

壶嘴展开图

图 7-7  水壶展开作业

(1)延伸正面壶嘴轮廓交于点 O2。

(2)过壶嘴、壶身轴线的交点 O 作壶嘴轴线 O2-O 的垂线交壶嘴轮廓线于点 1 和点 7,1-7 为壶嘴底圆直径,并以点 O 为圆心作壶嘴底半圆。

(3)按弧长六等分底半圆,得等分点 2',3',4',5' 和 6' 并将各点垂直 1-7 投影至 1-7 直径线上得 2,3,4,5,6 各点。

(4)分别自点 O2 连接 1-7 直径线上 2,3,4,5,6 各点,并轮廓 O2-1 和 O2-7,共 7 根壶嘴放射素线,交正面相贯线于同名相贯点 1,2,…,6 和 7。

(5)分别过相贯点 1,2,3,4,5 和 6 作壶嘴轴线 O2-O 的垂线,交轮廓 O2-7 于点 1x,2x,3x,4x,5x 和 6x。

(6)分别过壶嘴上口端线与各放射素线的交点 1,2,3,4,5 和 6 作轴线 O2-O 的垂线,交轮廓 O2-7 于点 1s,2s,3s,4s,5s 和 6s。

(7)以点 $O2$ 为圆心、$O2-7$ 为半径作展开圆,截取展开弧长$\overset{\frown}{11}$等于壶嘴底圆的周长并12 等分,得 2,3,4,5,6,7,6,5,4,3 和 2 各点。

(8)分别连接上述各点至点 $O2$,为壶嘴的对应展开放射素线。

(9)以点 $O2$ 为圆心、$O2-1x$ 为半径作圆,交对应展开放射素线 $O2-1$(两根)于壶嘴下口端线展开点 1。

(10)同样方法得下口端线展开点 2,3,…,6(各两点)和 7,依次光滑连接各展开点,即为壶嘴下口展开线。

(11)同样以点 $O2$ 为圆心、$O2-1s$ 为半径作圆,交对应展开放射素线 $O2-1$(两根)于壶嘴上口端线展开点 1,并以同样方法得上口端线展开点 2,3,…,6(各两点)和 7。

(12)依次光滑连接各上口展开点,即为壶嘴上口展开线。

壶身开孔展开:

作图步骤如下(图 7-8):

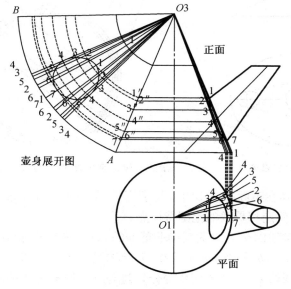

图 7-8　壶身展开

(1)分别过正面相贯点 1,2,…,6 和 7 作水平线,交正面壶体轮廓于点 1″,2″,…,6″和 7″。

(2)分别自壶身锥顶 $O3$ 连接各相贯点,延伸至壶体底线,交于点 2,3,4,5 和 6。

(3)将上述各点连同正面壶身底边的点 1 和 7 投影至平面的对应底边,得同名点 1,2,3,4,5,6 和 7。

(4)以点 $O3$ 为圆心、$O3-A$ 为半径作圆,并截取弧长$\overset{\frown}{AB}$等于 1/2 壶身底圆周长为半个壶身的展开弧长。

(5)连接展开弧长$\overset{\frown}{AB}$的中点 1(7)和壶身锥顶 $O3$ 为展开中线。

(6)以点 $O3$ 为圆心、$O3-1″$为半径作圆,交展开中线 $O3-1$ 于展开开口点 1,同样方法得展开开口点 7。

(7)将平面壶体底圆弧长$\overset{\frown}{12}$量至展开弧长$\overset{\frown}{1A}$,得同名点 2,连接 $O3-2$。

(8)以 $O3$ 为圆心、$O3-2″$为半径作圆,交 $O3-2$ 于同名开口点 2,同样方法得开口点 3,

4,5和6。

(9)以展开中线为对称轴,作开口点2,3,4,5和6的对称开口点。

(10)依次光滑连接各开口点,即为壶身的展开开口线。

作相贯线并由相贯线最终求取相贯基本体的展开任务完成。

实例7-2:两正交斜锥体的相贯线(图7-9)。

分析:这是由两个斜锥体(回转体)相交的相贯体,它们的轴线均为可相交于点$O$的正平线,即正面同时反映了$A,B$两斜锥体的轴线真形,可在正面直接用球面法求出它们的相贯线投影。

作图步骤如下(图7-10):

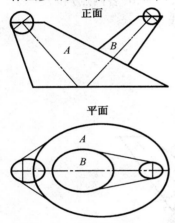

图7-9　相贯双斜锥体

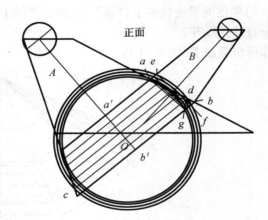

图7-10　球面法确定相贯双斜锥体的正面相贯线

(1)两斜锥体$A,B$在正面的投影为其轮廓真形,故它们的正面轮廓交点$a$和$b$即为所求相贯线的始、末点(确定相贯线的范围特征点)。

(2)以两斜锥体轴线的交点$O$为辅助截球面的球心,作若干同心球面圆求相贯点:

(2.1)分别过点$a$和$b$作轴线$A$的垂线,并交轴线$A$于点$a'$和$b'$。

(2.2)若干等分线段$a'-b'$(本例六等分),过等分点作轴线$A$的垂线(如$c-d$)交斜锥体$A$的真形轮廓。

(2.3)以点$O$为圆心、圆心至上述垂线与斜锥体$A$轮廓的交点(如点$c$)距离为半径(如$O-c$)作圆,交斜锥体$B$真形轮廓于点$e$和$f$。

(2.4)连接$e-f$,其与$c-d$的交点$g$即为所求相贯点。

(2.5)同样方法作其他同心球面圆,并求出相应的相贯点。

(3)依次光滑连接各相贯点即为所求相贯线。

同前例,正面为两个基本体的轮廓实形面,其实长轴线可直接用作它们的展开基准线,完全满足进一步的展开要求。即相贯线的求取任务已经完成。

斜锥体$B$展开:

作图步骤如下(图7-11)

(1)延伸斜锥体$B$轮廓线至底边交于点1,过点1作斜锥体$B$轴线的垂线,交于点4。以点4为圆心,4-1为半径作半圆。为斜锥体$B$的下口半圆。

(2)若干等分斜锥体$B$的下口半圆(本例六等分)并作编号:1,2,3,4,5,6和7,其中1,

7 为轮廓线的两点,点 4 为轴线 B 上的两点,1 - 7 垂直于 4 - 4。

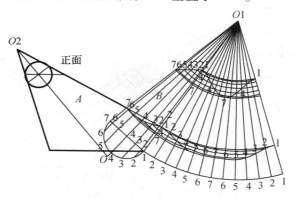

图 7 - 11　斜锥体 B 展开

(3)将上述各等分点投影至十字中线 1 - 7,得同名交点。

(4)分别自锥顶 O1 连接中线 1 - 7 上的各交点,得同名投影放射线交相贯线于同名相贯点。

(5)分别过各相贯点作轴线 4 的垂线,交斜锥体 B 的轮廓线 1 于各同名交点。

(6)各放射线与斜锥体 B 上口线交于上口同名点 2,3,4,5,6 和 7,过各交点作轴线 4 的垂线,交斜锥体 B 的轮廓线 1 于上口各同名交点。

(7)以锥顶 O1 为圆心、下口圆的 O1 - 1 为半径作圆,截取弧长 $\overset{\frown}{11}$ 等于斜锥体 B 下口圆周长为斜锥体 B 的展开弧长,并十二等分该圆弧,得以点 7 为中心对称的等分点 1,2,3,4,5 和 6。

(8)自锥顶 O1 分别连接展开弧长 $\overset{\frown}{11}$ 的各等分点,得同名展开放射线。

(9)以锥顶 O1 为圆心、相贯线的 O1 - 1 为半径作圆交展开放射线 1(两根)于下口点 1(两点)。

(10)同样方法得其他各下口点 2,3,4,5,6(各两点)和 7,依次光滑连接各下口点,即为斜锥体 B 的展开下口线。

(11)同样,以锥顶 O1 为圆心、上口线的 O1 - 1 为半径作圆交展开放射线 1 于上口点 1,并以同样方法求得其他各上口点,依次光滑连接之,即为斜锥体 B 的展开上口线。

斜锥体 A 展开:

作图步骤如下(图 7 - 12):

(1)延伸锥体 A 的轮廓线 1 和 7 交于锥体 A 的锥顶点 O2。

(2)过锥体 A 底边线与侧轮廓 1 的交点 1 作中线 O2 - 4 的垂线,分别交侧轮廓 7 和中线 4 的延长线于点 7 和 O3。

(3)以点 03 为圆心、O3 - 1 为半径作半圆为锥体 A 底半圆,并六等分得等分点 1,2,3,4,5,6 和 7。

(4)将半圆等分点 2,3,4,5 和 6 投影至半圆直径 1 - 7,得同名交点。

(5)自锥顶 O2 分别连接半圆直径 1 - 7 上的各交点,得各同名投影放射线,并交锥体 A 底边线于同名各点、交锥体 A 上口端线于同名加"'"点:1',2',3',4',5',6' 和 7'。

(6)分别过锥体 A 底边线各交点作中线 4 的垂线,交锥体 A 侧轮廓 7 于同名交点。

(7)分别过锥体 A 上口线各交点作中线 4 的垂线,交锥体 A 侧轮廓 7 于同名交点。

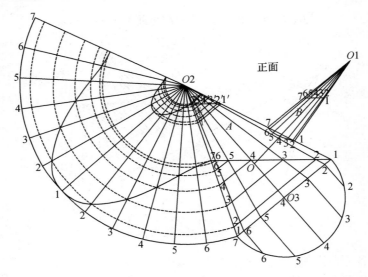

**图 7 – 12　斜锥体 A 展开**

（8）以锥顶 $O2$ 为圆心、$O2 – 1$ 为半径作圆,截取弧长 $\overset{\frown}{77}$ 等于锥体 $A$ 底圆周长,为锥体 $A$ 底边的展开弧长。

（9）十二等分展开弧长得以点 1 为对称中心的各等分点 1,2,3,4,5,6 和 7;

（10）自锥顶 $O2$ 分别连接展开弧长的各等分点,得各同名展开放射线;

（11）以锥顶 $O2$ 为圆心、$O2 – 7$ 为半径作圆交展开放射线 7 于下口展开点 7（对称于 $O2 – 1$ 的两点）,同样方法得各其他下口展开点 1,2,3,4,5 和 6,依次光滑连接各下口展开点,即为锥体 $A$ 的展开下口线;

（12）同样以锥顶 $O2$ 为圆心、$O2 – 7'$ 为半径作圆交展开放射线 7 于上口展开点 7'（对称于 $O2 – 1$ 的两点）,同样方法得各其他上口展开点并依次光滑连接,即为锥体 $A$ 的展开上口线。

斜锥体 A 开口展开:

作图步骤如下（图 7 – 13）:

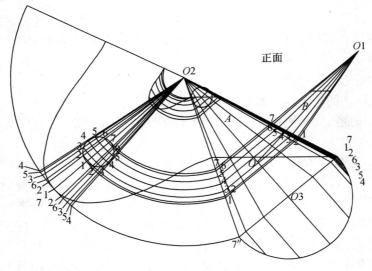

**图 7 – 13　斜锥体 A 开口展开**

（1）分别过锥体 B 各放射线与相贯线的交点作锥体 A 中线 $O2 - O3$ 的垂线，交锥体 A 侧轮廓 7 于各同名点。

（2）自锥顶 $O2$ 分别连接锥体 B 各放射线与相贯线的交点（相贯点）1～7，得各同名开口放射线，并延伸至锥体 A 底半圆直径 1－7，得同名交点。

（3）分别过上述各交点作直径 1－7″的垂线，交锥体 A 底半圆于各同名交点。

（4）在以锥顶 $O2$ 为圆心、$O2 - 7″$ 为半径的圆弧上，以 $O2 - 1$ 为对称轴对称截取弧长 $\overset{\frown}{12}$ 等于锥体 A 底半圆上弧长 $\overset{\frown}{12}$，得两个同名点 2。

（5）连接 $O2 - 2$ 为同名展开开口放射线，同样方法得到 3,4,5 和 6 展开开口放射线。

（6）以锥顶 $O2$ 为圆心、$O2 - 2$ 为半径作圆交展开开口放射线 2 于展开开口点 2，同样方法求得其他各展开开口点。

（7）依次光滑连接各展开交点，即为锥体 A 的展开开口线。

至此，求相贯线并最终求取相贯基本体的展开任务完成。如同前例，相贯基本体的展开仅需正面相贯线，平面相贯线对相贯体的展开无实际作用。当然，我们也可投影完成平面相贯线以完整相贯线的图面作业，具体步骤如下（图 7－14）：

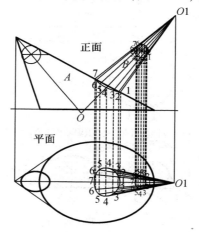

**图 7－14　相贯双斜锥体正面相贯线的平面投影**

（1）若干等分斜锥体 B 的上口实形圆（本例十二等分）并作编号：1,2,3,4,5,6 和 7，其中 1,7 为轮廓线上的两点，点 4 为 B 轴线上的两点，1－7 垂直于 4－4。

（2）将上述各等分点投影至十字中线 1－7，得同名交点；再将 1－7 直径线上各点投影至平面，将它们距 B 轴线的距离量至对应投影轨迹，得平面同名各点，并分别连接至平面斜锥体 B 的锥顶 $O1$，得平面等分放射素线。

（3）将正面放射素线与相贯线的交点分别投影至平面的对应放射素线，得平面相贯点。

（4）依次光滑连接各相贯点，即为所求平面相贯线。

断面实形：基本体垂直其轴线的截断面（横断面）之剖面真形投影，根据不同情况有不同的简称。如本例的实形圆，即为垂直其轴线的斜锥体横断面的真形剖面圆。

# 7.3　积聚线截切法

### 7.3.1　积聚线截切法概述

相贯线求取的本质就是在基本体的相贯处建立能同时截切两个基本体的截切面以得到它们截断面的截交线交点——相贯点,其困难处在于截切面形式与位置的确定。一般地,除了已经讨论过的截球面应用外,均以平面为截切面。所以,相贯线求取的难点集中于截平面位置的确定。

当相贯基本体之一为没有大小头的柱形体(棱柱、圆柱等),且其母线垂直于投影面时,柱形体在该投影面上的投影积聚成断面实形。显然,柱体相贯端的相贯线也同时积聚于此断面实形:两者积聚为同一投影视图。本课程将柱形体的这一相贯线投影定义为积聚相贯线,如图 7 - 15 所示。

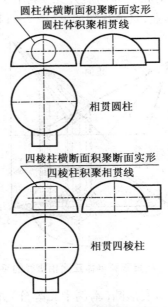

图 7 - 15　柱体积聚相贯线

前面讲相贯线时曾讲到直接可用相贯线和间接可用相贯线,积聚相贯线同样有直接可用积聚相贯线和间接可用积聚相贯线之分。图 7 - 15 积聚相贯线仅反映了柱体的断面实形而未反映柱体的轮廓实形:作为展开基准线的母线非实长而为一积聚点。因此,间接可用积聚相贯线无法完成柱体的展开任务,必须在其他反映其轮廓实形的投影面上求其相贯线的投影以满足相贯柱体展开作业的条件要求。

在视图中,很容易判断积聚相贯线是否存在。只要存在积聚相贯线,其上全部点(均为相贯点,系积聚相贯点)的位置都能一目了然地加以确定。这样,就能利用积聚相贯线所在视图的已知相贯点确定需要的截平面位置,通过截切得出这些相贯点在其他投影面上的投影以完成全部的相贯线求取任务,这一方法即为积聚相贯线截切法(本课程称为积聚线截切法,简称积聚线法)。

　　具体地,就是应用平面垂直投影的积聚性特征,过已知的积聚相贯点作所需截平面的积聚直线截切柱体所相贯的另一基本体,以基本体被截切得到的素线为对应相贯点的投影目标,求得所求相贯线在目标视图上的投影视图。本课程称此辅助积聚直线为该基本体的截切素线,它有两个特征:一是作为截平面垂直投影的积聚直线;二是所截基本体的素线之一。

　　可以说,积聚线法是球面法外确定截平面位置的最简方法,因为它的适用条件已经给出了已知相贯点。因此,在不能适用球面法的情况下,若视图中存在积聚相贯线,应首先采用积聚线法求取相贯线在另两个投影面的投影。

　　由所添加的辅助截切素线的不同形式,积聚线法求相贯线又可进一步分为积聚相贯点正平素线截切法、积聚相贯点侧平素线截切法、积聚相贯点水平素线截切法和积聚相贯点放射素线截切法,分别简称为积聚正平素线法、积聚侧平素线法、积聚水平素线法和积聚放射素线法。

　　(1)积聚正平素线法　即所作截切素线为正平线的情况。当积聚相贯线在平面(或侧面)时,过积聚相贯点作辅助正平截切素线为平行于正面的截平面,截切与柱体相贯的基本体。在正面,该基本体这一截断面素线的真形投影即为所过相贯点的对应投影目标。

　　(2)积聚侧平素线法　即所作截切素线为侧平线的情况。当积聚相贯线在正面(或平面)时,过积聚相贯点作辅助侧平截切素线为平行于侧面的截平面,截切与柱体相贯的基本体。在侧面,该基本体这一截断面素线的真形投影即为所过相贯点的对应投影目标。

　　(3)积聚水平素线法　即所作截切素线为水平线的情况。当积聚相贯线在正面(或侧面)时,过积聚相贯点作辅助水平截切素线为平行于平面的截平面,截切与柱体相贯的基本体。在平面,该基本体这一截断面素线的真形投影即为所过相贯点的对应投影目标。

　　这三种方法无优劣之分,其使用通常决定于积聚相贯线的所在投影面以及作业习惯的方便性,可混合使用:积聚相贯线在正面时,可用积聚侧平素线法或积聚水平素线法;在平面时可用积聚正平或侧平素线法;在侧面则可用积聚正平或水平素线法。

　　(4)积聚放射素线法　一般在柱体相贯的基本体为锥体或锥台的情况下应用。根据锥形面聚焦于锥顶的放射素线特征,在积聚相贯线所在的投影面上过锥体(或锥台)的锥顶(锥台情况下的外轮廓延伸交点)直线连接积聚相贯点为该锥形表面的放射截切素线截切锥体(或锥台),在另两个投影面上的三角形(或梯形)素线投影即为所过相贯点的对应投影目标。

### 7.3.2　积聚线截切法应用

1. 积聚水平素线法

　　实例 7-3:圆管水平偏心交半球体的相贯线(图 7-16)。

　　分析:尽管相贯体的两个基本体均为回转体,但由偏心相贯,两回转体的轴线不在一个平面上,故无法应用球面法求其相贯线。

　　而该圆管轴线为正垂线,其轮廓和相贯线在正面积聚为同一横断面实形圆,即在正面存在积聚相贯线,符合积聚水平素线法的应用条件。

　　另外,由题意,所求相贯线为光滑封闭曲线而无折拐。

　　作图步骤如下(图 7-17):

　　(1)在正面以圆管十字中线与其积聚实形圆的交点为起点,按弧长若干等分正面积聚相贯线(本例为十二等分)。取十二等分点,以及正面半球体垂向中线与实形圆的两个交点(共十四个点)为待求相贯点,并作依序编码为待求相贯点标识:$a1,2,3,a4,5,6,a7,b8,9,$

$10, a11, 12, 13, b14$。

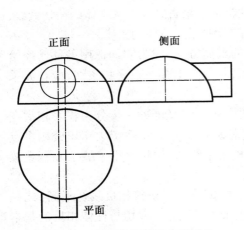

图 7 - 16　圆管水平偏心交半球体

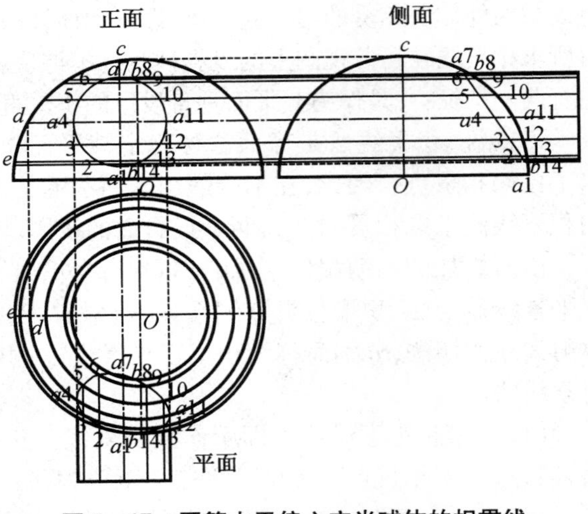

图 7 - 17　圆管水平偏心交半球体的相贯线

说明：必须注重待求点的编码，合理的编码可以起到事半功倍的效果：

①特征点应以小写字母或小写字母加数字表示，对不同的特征点用不同的字母以明晰表达。如本例，点 $a1, a4, a7$ 和 $a11$ 为圆管十字中线与积聚相贯线实形圆的交点，为圆管的边界控制点；点 $b8$ 和 $b14$ 则为半球体垂向中线与圆管积聚实形圆的交点，为侧面相贯线的边界控制点（半球体的正面垂向中线在侧面的投影为半球体的侧面轮廓实形）。

②应依具体作业情况，以及个人的作业习惯依序编码标识。原则：顺时针或逆时针的顺序而不应跳编。这样，在其后的展开中可一一对应而不易错漏或混淆投影点。

③同时，还应注意不轻易变更编码标识以防混淆。

对于本例，待求点情况相对简单，正面的特征点和辅助点一目了然，故可直接依序编码并在不同的特征点前加标小写字母 $a, b$。在复杂或较复杂的情况下，或不可能做到一次性的完整依序编号，此时或要求编码标识的变更以保持依序，但一般不主张。

（2）特征相贯点投影：

（2.1）正面点 $b8$ 和 $b14$ 的侧面投影目标就是半球体的侧面边界轮廓，故可直接投影至侧面，得侧面同名边界控制点 $b8$ 和 $b14$，然后将之投影至平面投影目标——半球体的垂向中线，得平面同名点 $b8$ 和 $b14$。

（2.2）圆管水平中线特征相贯点 $a4$ 和 $a11$ 的投影：

（2.2.1）以正面圆管水平中线为水平截切素线，将其与半球体边界的交点 $d$ 投影至平面对应投影目标的半球体水平中线，得平面同名点 $d$；

（2.2.2）以平面半球体球心 $O$ 为圆心、$O - d$ 为半径作圆（该水平截切素线在平面的实形圆素线），交平面圆管的轮廓实形于同名点 $a4$ 和 $a11$，为平面圆管的边界控制点；

（2.2.3）将平面点 $a4$ 和 $a11$ 投影至侧面的圆管水平中线上，得侧面同名点 $a4$ 和 $a11$。

（2.3）圆管垂向中线特征相贯点 $a1$ 和 $a7$ 的投影：

若用水平截切素线求该两点的平面投影，需截切两次；而用侧平截切素线，则截切一次即可得到它们的侧面投影。为方便计，当然采用积聚侧平素线法：

（2.3.1）以正面圆管垂向中线为侧平截切素线，将其与半球体边界的交点 $c$ 投影至侧面对应投影目标的半球体垂向中线,得侧面同名点 c。

(2.3.2)以侧面半球体球心 O 为圆心、O - c 为半径作圆(该侧平截切素线在侧面的实形圆素线),交侧面圆管的轮廓实形于同名点 a1 和 a7,为侧面圆管的边界控制点。

(2.3.3)将侧面点 a1 和 a7 投影至平面的圆管垂向中线上,得平面同名点 a1 和 a7。

说明:这里,本例展示了在正面存在积聚相贯线时,对积聚水平素线法和积聚侧平素线法的混合使用,其原则就是在可适用时的作业方便性。

(3)辅助相贯点投影:

(3.1)过正面圆管积聚相贯点 2 和点 13 作水平截切素线,交半球体边界轮廓实形于点 e,投影至平面对应投影目标的半球体水平中线,得平面同名点 e。

(3.2)以平面半球体球心 O 为圆心、O - e 为半径作圆为投影目标,并将正面积聚相贯点 2 和点 13 投影至该目标圆素线,得平面相贯点 2 和点 13。

(3.3)同样方法求出其他各辅助相贯点的平面投影,连同平面各特征相贯点,判断可见性(可见为实线,不可见为虚线)后依序光滑连接,即为平面的所求相贯线。

(3.4)将正面和平面的各辅助相贯点"高看齐"、"宽相等"地投影至侧面,得侧面各同名相贯点,连同侧面各特征相贯点后依序光滑连接,即得侧面的所求相贯线(同样判断相贯线的可见性)。

圆管展开:

作图步骤见(图 7 - 18):

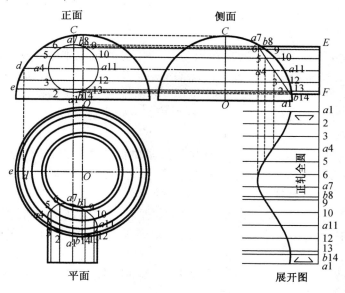

**图 7 - 18   相贯圆管展开**

(1)延伸侧面圆管端线 E - F,并截取正面积聚实形圆的周长 a1 - a1 为展开周长;同时截取该实形圆的各点,得展开周长上的同名各点。

(2)过展开周长上的各点作其垂线,得各同名点的展开线。

(3)将侧面相贯线的各相贯点投影到对应展开线,光滑连接各点即得圆管的展开图。

实例 7 - 4:圆管偏心水平交圆锥的相贯线(图 7 - 19)。

分析:本例为前例的变形:相贯圆管不变,而相贯基本体则由半球体变为圆锥体。而圆管轴线仍为正垂线,在正面存在圆管的积聚相贯线,同样可应用积聚水平素线法求相贯线,所求相贯线亦为光滑封闭曲线而无折拐。

作图步骤如下(图 7 - 20):

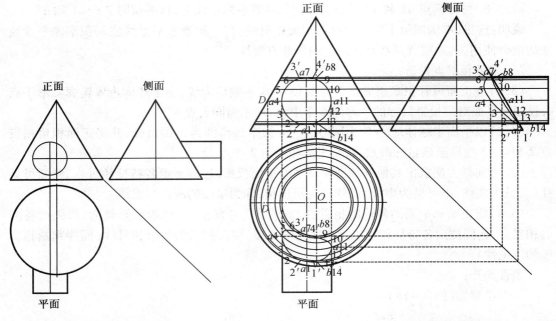

图 7-19　圆管水平偏心交圆锥　　　　图 7-20　圆管水平偏心交圆锥的相贯线

(1)如前例等分正面积聚实形圆(本例仍为 12 等分),加上锥体轴线与该实形圆的上下两个交点计 14 点为待求相贯点,并作待求点标识:$a1,2,3,a4,5,6,a7,b8,9,10,a11,12,13,b14$(其中,$a1,a4,a7$ 和 $a11$ 为圆管边界控制点;锥体轴线处的侧面投影为锥体的侧面轮廓实形,故锥体轴线与实形圆的交点 $b8$ 和 $b14$ 为侧面边界控制点)。

(2)特征相贯点投影:

(2.1)同前例,正面点 $b8$ 和 $b14$ 可直接投影至侧面轮廓实形,为同名的侧面边界控制点 $b8$ 和 $b14$,再投影至平面锥体的垂向轴线,得平面同名点 $b8$ 和 $b14$ 点。

(2.2)圆管水平中线特征相贯点 $a4$ 和 $a11$ 的投影:

(2.2.1)同前例,以正面圆管的水平中线为水平截切素线截切圆锥,并将正面点 $a4$ 和 $a11$ 投影至平面的对应投影目标(圆锥截切的实形圆素线)上,得平面同名圆管边界控制点 $a4$ 和 $a11$;

(2.2.2)再投影至侧面圆管的水平中线上,得侧面同名点 $a4$ 和 $a11$。

(2.3)圆管垂向中线特征交点 $a1$ 和 $a7$ 的投影:

不同于前例,本例不应采用积聚侧平素线法:圆管垂向中线 $a1 - a7$(侧平线)截切圆锥虽可一次过点 $a1$ 和 $a7$,但其截断面的侧面轮廓系抛物线而非圆锥素线。当然,虽非素线,此抛物线截断面(剖面)亦可为相应点的对应投影目标,而此方法当归于本课程下面将详述的单素线截切法。同时,形成这一截断面(剖面)轮廓的侧面投影也较麻烦且不精确,反不如水平素线截切两次方便、准确,本例当然采用积聚水平素线法。

(2.3.1)过正面特征相贯点 $a1$ 作水平截切素线,交圆锥边界于点 $D$,投影至平面对应投影目标的圆锥水平中线,得平面同名点 $D$。

（2.3.2）以平面圆锥的轴心 $O$ 为圆心、$O-D$ 为半径作圆（圆锥在此水平截切下的平面实形圆素线），将正面点 a1 投影于该圆，得平面同名点 a1。

（2.3.3）同样方法得平面点 a7。

（2.3.4）将点 a1 和点 a7"高看齐"、"宽相等"投影至侧面，得侧面同名点 a1 和点 a7；

（3）辅助相贯点投影：

（3.1）同点 a1 和点 a7 的投影方法，用水平截切素线求出其他各辅助相贯点的平面投影。连同前述各特征相贯点，判断所求相贯线的可见性后依序光滑连接，即为平面所求相贯线。

（3.2）将各辅助相贯点"高看齐"、"宽相等"投影至侧面，得侧面各同名点。连同前述各特征相贯点，判断所求相贯线的可见性后依序光滑连接之，即为侧面所求相贯线。

说明：对于本例，平面、侧面的所求相贯线在点 a1 和 a7 附近的曲率变化较大，不易正确形成相贯线。故需在点 a1 和 a7 附近另外插入一些辅助点：如图 7-20 中正面和平面相贯线上的点 1′,2′,3′和 4′。为防待求点的混淆，插入辅助点后，本例未对其余点的编号作改动。插入点的投影同其他辅助相贯点，不再另作说明。

圆管展开：

作图步骤如下（图 7-21）：

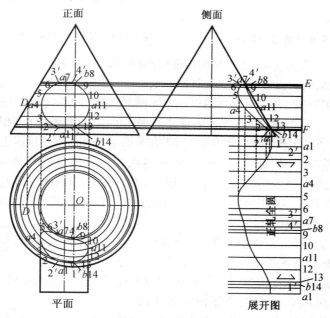

**图 7-21 相贯圆管展开**

（1）延伸侧面圆管 $E-F$ 端线，并截取正面积聚相贯圆的周长 a1-a1 为展开周长，同时截取该圆周上的各点到展开周长，得同名各点；

（2）过展开周长 a1-a1 各点作 a1-a1 的垂线，得各同名点的展开线；

（3）将侧面相贯线的各点投影到对应展开线，光滑连接各点即得圆管展开图。

2.积聚正平素线法

实例 7-5：圆管偏心垂直交半球体的相贯线（图 7-22）。

分析：本例为前例 7-3 的变形：将偏心水平交半球体的圆管改作偏心垂直交，圆管轴线则自正垂线变为铅垂线,圆管及其相贯线在平面积聚为断面实形圆,即平面存在积聚相贯线,不能应用积聚水平素线法而只能用积聚正平或侧平素线法求相贯线,本例采用积聚正平素线法;另外,由题意,所求相贯线为光滑封闭曲线而无折拐。

作图步骤如下(图7-23):

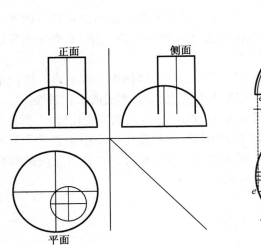

图7-22　圆管垂直偏心交半球体　　　图7-23　圆管垂直偏心交半球体的相贯线

(1)如前例7-3,按弧长12等分平面积聚实形圆,得12个等分积聚相贯点为待求点,并标识为:$a1,2,3,a4,5,6,a7,8,9,a10,11,12$($a1,a4,a7$ 和 $a10$ 为圆管十字中心线与积聚相贯线实形圆的交点,即圆管的边界控制点);另以该实形圆与半球体十字轴线的三个特征交点为待求点,分别标识为 $b1,b2$ 和 $b3$($b1$ 在平面半球体的垂向轴线上,此轴线在侧面的投影为侧面半球体的轮廓实形,故 $b1$ 为侧面的边界控制点;$b3$ 在平面半球体的水平轴线上,其在正面的投影为正面半球体的轮廓实形,故 $b3$ 为正面的边界控制点;$b2$ 正好位于平面半球体的十字中点 $O$,故 $b2$ 为正面和侧面半球体垂向轴线的顶点,所以点 $b2$ 可直接取用而无需投影)。

说明:不同于前几例的依序编码,本例对特征点 $b$ 的编号与其他点并不同序。

(2)特征相贯点投影:

(2.1)半球体边界控制点 $b$ 的投影:半球体的边界轮廓实形为现成的投影目标,故对点 $b$ 可依对应投影目标直接投影:

(2.1.1)将平面点 $b1$ 直接投影至侧面半球体的轮廓实形,得侧面同名边界控制点 $b1$,再投影至正面的半球体垂向轴线,得正面同名点 $b1$。

(2.1.2)将平面点 $b3$ 直接投影至正面半球体的轮廓实形,得正面同名边界控制点 $b3$,再投影至侧面的半球体垂向轴线,得侧面同名点 $b3$。

(2.1.3)直接在正面和侧面取半球体垂向轴线与半球体轮廓实形的顶点交点为正面和侧面的同名边界控制点 $b2$。

(2.2)圆管水平中线特征相贯点 $a4$ 和 $a10$ 的投影:

(2.2.1)以平面圆管水平中线为正平截切素线,将其与半球体边界的交点 $e$ 投影至正面对应投影目标的半球体底边,得正面同名点 $e$。

(2.2.2)以正面半球体球心 $O$ 为圆心、$O-e$ 为半径作圆(该正平截切素线在正面的实形圆素线),交正面圆管的轮廓实形于同名点 $a4$ 和 $a10$,为正面圆管的边界控制点。

（2.2.3）将正面点 $a4$ 和 $a10$ 投影至侧面圆管中线上，得侧面同名点 $a4$ 和 $a10$。

（2.3）圆管垂向中线特征相贯点 $a1$ 和 $a7$ 的投影：

与前例 7 – 3 相似，若以正平截切素线求该两点的正面投影，需截切两次；而用侧平截切素线，则截切一次即可得到它们的侧面投影。为方便计算，当然采用积聚侧平素线法：

（2.3.1）以平面圆管垂向中线为侧平截切素线，将其与半球体边界的交点 $c$ 投影至侧面对应投影目标的半球体底边，得侧面同名点 $c$。

（2.3.2）以侧面半球体球心 $O$ 为圆心、$O-c$ 为半径作圆（该侧平截切素线在侧面的实形圆素线），交侧面圆管的轮廓实形于同名点 $a1$ 和 $a7$，为侧面圆管的边界控制点。

（2.3.3）再投影至正面圆管中线，得正面同名点 $a1$ 和 $a7$。

这里，同样由作业的方便性原则，在平面积聚相贯线的条件下混合使用积聚正平素线法和积聚侧平素线法。

（3）辅助相贯点投影：

（3.1）过平面积聚相贯点 2 和点 12 作正平截切素线，交半球体轮廓实形于点 $f$，投影至正面对应投影目标的半球体底边，得正面同名点 $f$。

（3.2）以正面半球体球心 $O$ 为圆心、$O-f$ 为半径作圆为投影目标，并将平面积聚相贯点 2 和点 12 投影至该目标圆素线，得正面相贯点 2 和点 12。

（3.3）同样方法求出其他各辅助相贯点的正面投影，连同正面的各特征相贯点，判断可见性（可见为实线，不可见为虚线）后依序光滑连接，即为正面的所求相贯线。

（3.4）将正面和平面的各辅助相贯点"高看齐"、"宽相等"地投影至侧面，得侧面各同名相贯点，连同各特征相贯点并加光滑连接，即得侧面的所求相贯线（同样判断相贯线的可见性）。

圆管展开：

作图步骤如下（图 7 – 24）：

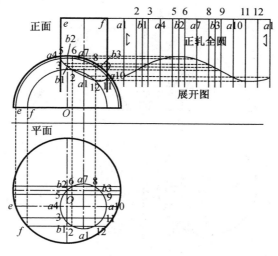

图 7 – 24　相贯圆管展开

（1）延伸正面圆管 $E-F$ 端线，并截取平面积聚相贯圆的周长 $a1-a1$ 为展开周长，同时截取该圆周上的各点到展开周长，得同名各点。

（2）过展开周长 $a1-a1$ 上的各点作其垂线，得同名各点的展开线。

（3）将正面相贯线的各点投影到对应展开线，光滑连接各点即得圆管展开图。

### 7.3.2.3　积聚放射素线法

实例7-6：圆管偏心垂直交正圆锥体的相贯线(图7-25)。

分析：本例为前例7-5的变形：相贯基本体自半球体改为正圆锥体，圆管轴线仍为铅垂线。在积聚相贯线的平面上，无论正平线，还是侧平线，都无法切出圆锥体的素线，只有过平面锥顶 $O$ 的放射直线，才能截切出圆锥表面的直素线。故不能应用积聚正平(或侧平)素线法，而只能采用积聚放射素线法求相贯线。

另外，积聚相贯线过平面锥顶(点 $O$)，故此特征点必是所求相贯线在正面、侧面投影的折拐点。

作图步骤如下(图7-26，图7-27)：

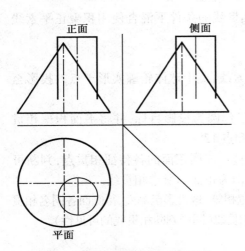

**图7-25　圆管垂直偏心交圆锥体**

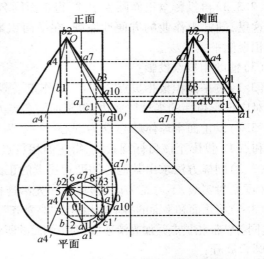

**图7-26　圆管垂直偏心交圆锥体的特征相贯点**

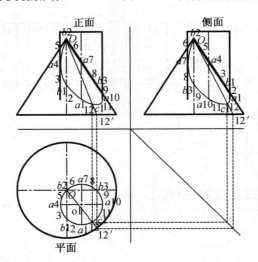

**图7-27　圆管垂直偏心交圆锥体的辅助相贯点**

(1)依前各例等分积聚相贯实形圆、确定待求相贯点并作编号(图7-26)。

(2)特征相贯点确定并投影：

(2.1)圆锥边界控制点：

圆锥正、侧面的轮廓实形在平面的投影为圆锥十字轴线，故平面圆锥的十字轴线与积聚相贯实形圆的交点 $b1$,$b2$ 和 $b3$ 即为圆锥在正面或侧面的边界控制点。其中,点 $b2$ 为圆锥的锥顶,可直接在正、侧面锥顶取用而无需投影。

（2.1.1）点 $b3$ 可直接投影到正面圆锥边界,为正面边界控制点;再将之投影到侧面圆锥轴线,得侧面点 $b3$。

（2.1.2）点 $b1$ 可直接投影到侧面圆锥边界,为侧面边界控制点,再将之投影到正面圆锥轴线,得正面点 $b1$。

（2.2）圆管边界控制点:

圆管正、侧面的轮廓实形在平面的投影为平面圆管十字轴线,故圆管平面十字轴线与积聚相贯实形圆的交点 $a1$,$a4$,$a7$ 和 $a10$ 即为圆管的边界控制点。

（2.2.1）连接平面 $O-a4$ 为圆锥的平面放射截切素线,并延伸交平面圆锥实形底圆于点 $a4'$。

（2.2.2）将平面点 $a4'$ 投影到正面圆锥的底边,连接正面 $O-a4'$ 为圆锥的正面放射素线,交正面圆管轮廓实形于正面同名相贯点 $a4$。

（2.2.3）将之投影至侧面圆管轴线,即得侧面同名相贯点 $a4$。

（2.2.4）同样方法求得点 $a1$,$a7$ 和 $a10$ 的正面和侧面同名相贯点。

也可先将圆管边界控制点投影至侧面,再向正面投影（如图 7－26 中点 $a1$ 和 $a7$ 的投影顺序）,但平面向正面的投影较侧面更为直接,一般总是先向正面投影。

（2.3）高度控制点:

（2.3.1）连接平面 $O-O1$（圆锥轴心和圆管中心的连线）为圆锥的平面放射素线,并延伸交圆管积聚实形于点 $c1$（正、侧面所求相贯线的最低点）、交平面圆锥实形底圆于点 $c1'$。

（2.3.2）同样方法,通过点 $c1'$ 对正面（或侧面）圆锥底边的投影,最终得到正面和侧面的同名相贯点 $c1$。

（3）辅助相贯点投影:（图 7－27）

同上述点 $a4$、的投影方法,求得各辅助相贯点在正面和侧面的同名投影点。

（4）以折拐点 $b2$ 为起始点,分别折拐连接正面和侧面的各相贯点,即为所求相贯线。

圆管展开:

作图步骤如下（图 7－28）:

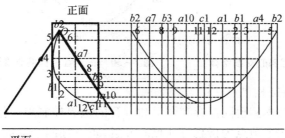

**图 7－28　相贯圆管展开**

（1）延伸正面圆管端线 $E-F$，并截取平面积聚实形圆的周长 $b2-b2$ 为展开周长，同时截取该圆周上的各点到展开周长，得同名各点。

（2）过展开周长 $b2-b2$ 上的各点作垂线，得各同名点展开线。

（3）将正面相贯线的各点投影到对应展开线，光滑连接各点即得圆管展开图。

实例 7-7：方管垂直偏心交正圆锥体的相贯线（图 7-29）

本例为前例 7-6 圆管改方管的变形，重点说明特征相贯点在相贯线求取时的作用和重要性。本例与前例求相贯线的方法基本相同，都是由圆锥体的放射直素线特征，结合积聚相贯线，以积聚放射素线法截切圆锥求得相贯线。而本例对特征相贯点的求取介绍，或有益于空间立体感的增强以及投影技巧的提高。特别是作为最高点的高度控制点，需较强的空间立体感才能找到。

分析：正方管轴线同前例，为铅垂线，该正方管及其相贯线在平面上积聚为正方形的断面实形；而所交基本体亦为正圆锥，当以积聚放射素线法求取相贯线。另外，相贯基本体之一为棱柱形的正方柱，其相贯线必有与该正方柱四条棱线对应的四个折拐点。

作图步骤如下：

（1）特征相贯点确定并投影（图 7-30）：

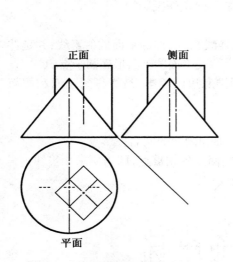

图 7-29　正方管垂直偏心交圆锥体

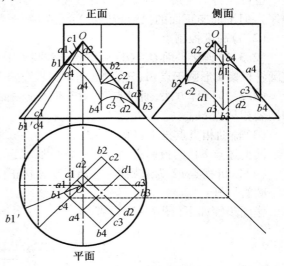

图 7-30　正方管垂直偏心交圆锥体的特征相贯点

（1.1）分析确定特征相贯点

分析：同前例圆管，本例也同样存在圆锥和方管的边界控制点。但不同于前例，本例还以积聚实形正方形的四个顶点为折拐特征点。并且，正方柱四个棱面与圆锥的四条相贯曲线，还存在对应的曲线高度控制点。

（1.1.1）圆锥边界控制点 $a$：

如前例，圆锥的正、侧面边界在平面的投影为平面圆锥的十字轴线，圆锥的边界控制点就是平面圆锥十字轴线与正方形积聚相贯线的交点，分别标识为 $a1$，$a2$，$a3$ 和 $a4$；

（1.1.2）方管边界控制点 $d$：

如前例的圆管边界控制点为圆管十字轴线与圆形积聚相贯线的交点，将圆管改作方管，它的边界控制点即方管的十字轴线与其积聚相贯线的交点。其中，有两点与 $a2$ 和 $a4$ 重

叠,故将另两点标识为 $d1$ 和 $d2$;

（1.1.3）折拐点 $b$:

必为正方形积聚相贯线的四个顶点,分别标识为 $b1,b2,b3$ 和 $b4$。

（1.1.4）高度控制点 $c$:

由圆锥边界的三角形特征,越近圆锥轴心,其表面点距锥体底面的高度也就越高。因此,正方柱与圆锥体相贯的四条相贯线,其最高点(即高度控制点)必为圆锥轴心与正方形积聚相贯线四条边线的最短距离点,即圆锥轴心分别对正方形四条边线的垂足点,本例将之标识为 $c1,c2,c3$ 和 $c4$。

（1.2）特征相贯点投影:

（1.2.1）圆锥控制点投影:

平面圆锥的十字轴线分别为正面、侧面的圆锥边界轮廓实形,是现成的对应投影目标,分别将点 $a1$ 和 $a3$ 直接投影到正面圆锥边界轮廓、将点 $a2$ 和 $a4$ 直接投影到侧面圆锥边界轮廓,再投到侧面、正面,即得正面、侧面的圆锥边界控制点 $a1,a2,a3$ 和 $a4$。

（1.2.2）折拐点投影:

这几个点不在平面圆锥的十字轴线上,正面和侧面不存在现成的对应投影目标,当增添截切素线截切圆锥以确定投影目标。如前例,在具积聚相贯线的条件下(本例在平面)截切圆锥,当用积聚放射素线法。

具体地,就是连接平面锥心 $O$ 和待求积聚相贯点(如点 $b1$),并延伸交圆锥底圆(如点 $b1'$),投影至正面的圆锥底边得同名交点(点 $b1'$)。连接正面锥顶(点 $o$)和此交点(点 $b1'$),即为平面待求点 $b1$ 在正面的放射素线与正面方管对应的棱线相交,得正面的同名点(如点 $b1$),再投影到侧面得侧面同名点(如点 $b1$)。

如此反复,分别求得正面和侧面的各个同名折拐点 $b1,b2,b3$ 和 $b4$。

（1.2.3）高度控制点投影:

同折拐点,它们也都不在平面圆锥的十字轴线上,同样应用积聚放射素线法按确定投影目标后进行投影,与折拐点不同的是折拐点作出正面放射素线后直接与对应棱线相交即可得到折拐点;而高度控制点作出正面放射素线后,必须将平面高度控制点投影至该投影目标上,才能得到正面高度控制点,再投影到侧面得侧面同名高度控制点。同样方法得正面、侧面高度控制点 $c1,c2,c3$ 和 $c4$;

（1.2.4）方管边界控制点投影:

同样以积聚放射素线法确定它们的投影目标,投影后得到它们在正、侧面的同名点 $d1$ 和 $d2$。

对于特征点的说明:特征点,在相贯线的求取中非常重要,其特征主要体现于以下两个方面:

A. 范围控制:

特征点的主要作用是范围控制,它们决定了投影内容(如待求相贯线等)的基本范围。求取相贯线的最终目的是对相贯基本体的展开,在展开以及后期的加工过程中,难免会产生相应的工程误差,重要的是将这些误差控制在工程许可的范围内。由制图与展开的技术方面,特征点的范围控制就是保证工程精度的重要关键:只要确保这些特征点的精确投影作业,其他辅助点相对误差不致对工程产生重大影响,特别是对一些难以精确投影的复杂曲面体。

按不同的具体特征,范围控制点一般有边界控制点、十字轴线顶点、边界折拐点、高度控制点(最高点、最低点等)、边界顶点等,根据不同的作业对象,这些特征控制点或有重叠,但其主要的特征作用都是对投影范围的点定位控制,以保证投影作业的精确性。

通常,特征点的编码标识为小写字母加数字表示,并按不同的特征点标以不同字母,如本例的圆锥边界控制点($a$)、折拐点($b$)、高度控制点($c$)和方管边界控制点($d$)等。具体的编码标识原则,见前述实例 7 – 3。

B. 确定方便:

由上述的范围控制特征,特征点通常位于目标物投影的边界轮廓、轴线以及它们的交点位置,故就投影作业而言,特征点的确定较为容易,一般可在作业给定的三向基本投影条件上快速确定。

由此,在投影作业中,应首先确定特征点,并根据具体的作业精度要求,添加必要的辅助待求相贯点以完成具足够精度的相贯线投影作业。点子的加密数量原则仍然是:保证精度要求下的最少数量。

一般地,可直接投影的待求点必为特征点。

(2)辅助相贯点投影(图 7 – 31):

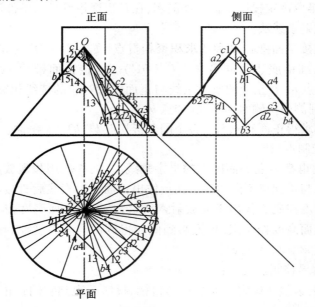

**图 7 – 31　正方管垂直偏心交圆锥体的特征辅助点**

分析:对于本例,上述各特征相贯点的投影已基本确定了所求相贯线的投影范围和折拐情况,并可据此判断所求相贯线的基本弯曲情况,但由于所求相贯点数量的相对较少而难以达到精度要求,必须在积聚相贯线上加密点子以保证投影精度。

根据曲度大则密、曲度小则疏的原则,适度添加辅助相贯点(辅助点越多精度越高,工作量越大)。

(2.1)在平面按上述原则添加辅助点,并标识为:1,2,3,…,14,15,共 15 个辅助点。

(2.2)按前述的积聚放射素线法依次求出各辅助相贯点在正面和侧面的投影。

（3）完成所求相贯线：

以各折拐点为界,依次光滑连接各投影点（特征点和辅助点）,完成如图 7 - 31 所示的四段所求相贯线。

说明:插图过密而难以清晰显示,故辅助点及其辅助素线仅在平面作了完整表示,且仅标示了素线号。

方管展开：

作图步骤如下（图 7 - 32）：

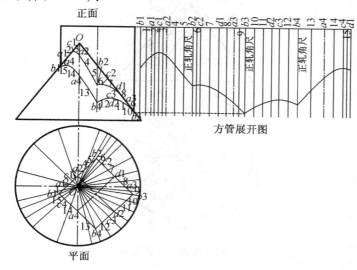

图 7 - 32　方管展开

（1）延长正面方管上口线至适当处,自点 $b1$ 起,将平面方管各点 $b1,1,a1,2,\cdots,c4,15$ 间的长度量至该延长线上得同名各点,并过各点作延长线的垂线为同名展开线；

（2）将正面相贯线的各点投影至对应展开线,以折拐点为界光滑连接各点即为方管下口展开相贯线。

该展开相贯线在折拐点处必须折拐而不能光滑连接。

圆锥展开：

作图步骤如下（图 7 - 33）：

（1）以正面锥体顶点 $O$ 为圆心、$O - B$ 为半径作圆,并在该圆截取平面圆锥底圆周长 $\overset{\frown}{b1b1}$ 为锥体表面展开弧长。

（2）将平面各放射素线与圆锥底圆交点 $b1,1,a1,\cdots,c4,15$ 间的弧长量至 $\overset{\frown}{b1b1}$ 展开弧长上,并分别连接至顶点 $O$,得各同名展开放射素线。

（3）过正面相贯点 $b1$ 作水平线交正面圆锥轮廓线 $O - B$ 于点 $b1'$。

（4）以正面顶点 $O$ 为圆心、$O - b1'$ 为半径作圆,交展开放射线 $b1$ 于同名开口点 $b1'$。

（5）同样方法得到其他所有开口点。

（6）以折拐点为界光滑连接各开口点,即为圆锥开口展开线。

注①　该开口展开线在折拐点处必须折拐而不能光滑连接。

注②　该开口展开线只作画线用,零件加工前不能割去以便加工,待加工成形后依所画之线切割。

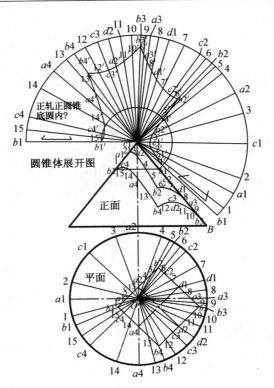

图 7 –33　圆锥体展开及开口

# 7.4　素线截切法

### 7.4.1　素线截切法概述

上一节的积聚线法,系过柱体积聚相贯线上的积聚相贯点作另一相贯基本体的截切素线,截切该基本体以得到所过相贯点的对应投影目标,该方法确实简单、方便。然而,此方法无法应用于不存在积聚相贯线的情况:如相贯基本体均非柱体,或是柱体斜交相贯等。

根据相贯基本体的具体情况,如果可在两个相贯基本体间添加它们的共同直素线,以此直素线为截切素线(截平面的积聚直线)同时截切这两个基本体,则在该截平面上就能同时反映这两个相贯基本体的素线实形(直线或圆),而这两根实形素线的交点就是相贯体的相贯点。这样的相贯线求取方法即为共同素线截切法,本课程称其为素线截切法,简称素线法。

对于不存在积聚相贯线的相贯线求取作业,我们无法应用简便的积聚线法。此时,应当优先考虑采用素线法。即应当首先判断两个相贯基本体是否存在能够同时截切它们的共同截切直素线,也就是能否建立同时将两个相贯基本体截切为其素线的同一截平面,这是能否用素线法求相贯点、相贯线的主要判断依据。

同样,按所添加的截切素线形式,素线法也可分为正平素线法、放射素线法等,在具体的工程应用实践中,最常见的是正平素线法。

### 7.4.2　素线截切法应用

实例 7 - 8：下圆上腰圆异径马鞍管与半圆管的相贯线(图 7 - 34)。

分析：本例的相贯半圆管为柱体，其中轴线为侧垂线，在侧面的投影积聚为半圆形的断面实形，其与异径马鞍管的相贯线也同时积聚于该半圆的一段，应当首选积聚线法的积聚正平(或水平)素线法求相贯线。然而，本例相贯马鞍管在正面的正平截切素线实形均为该马鞍管正面轮廓(或折角线)的平行线：只要确定其正面下口边线上的点，即可方便地过此点准确作出其实形素线。因此，可通过平面马鞍管的下口圆等分点作正平截切素线，同样可便捷地同时截切马鞍管和与之相贯的半圆管，即以正平素线法求相贯线。为具体说明素线法的应用，本例采用正平素线法求相贯线。

作图步骤如下(图 7 - 35)：

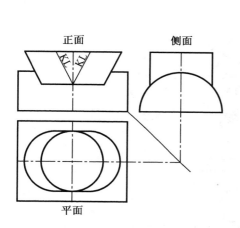

图 7 - 34　异径马鞍管相贯半圆柱　　　图 7 - 35　异径马鞍管交半圆柱的相贯线

(1)确定平面马鞍管下口半圆十字轴线的特征点 $a$ 和 $b$ (因对称，两点即可，且该两点已在正面和侧面而无须投影)。

(2)按弧长等分平面下口圆弧 $\overset{\frown}{ab}$ (因对称，本例四等分此四分之一圆弧)，得平面点 1,2 和 3 并过等分点作正平线为马鞍管的截切素线。

(3)作正面相贯线：

(3.1)将平面等分点投影至正面的对应投影目标(马鞍管下口线)，得正面同名各点。

(3.2)过正面等分点作马鞍管边界轮廓(或折角线)的平行线，为平面对应截切素线的马鞍管正面截平面素线实形(正平实长直素线)。

(3.3)将平面等分点经侧面的积聚相贯线投影至正面的对应实形素线，得正面相贯点 $1', 2', 3'$ 和 $b'$，并对称驳到正面马鞍管的左半部，得对称相贯点，依次光滑连接各相贯点，即得正面相贯线。

(4)作平面相贯线：

(4.1)将正面各相贯点投影至平面各对应正平素线，得平面相贯点 $1', 2', 3'$ 和 $b'$。

(4.2)所得四个平面相贯点仅为全部相贯点的四分之一，对称驳点，得到平面的全部相贯点，依次光滑连接各相贯点，即得平面相贯线。

由上述的作图步骤，就本例而言，积聚侧平素线法和正平素线法所作的截平面是相同的,因而两种方法基本相同,无繁简、难易之分。所不同的是前者自侧面出发(在侧面过积聚相贯点作正平截切素线),经由平面投影到正面;而后者则从平面出发(在平面过等分点作正平截切素线),经由侧面投影到正面。就投影作业的一般习惯,平面或正面出发较侧面更为直观、易于理解,故尽管在侧面存在积聚相贯线,本例仍以素线法求相贯线为佳。一般地,若积聚相贯线在侧面存在,而正面(或平面)可准确、便捷地作出相贯体的共同水平(或正平)截切素线时,建议采用素线法而不是积聚线法。

(5)马鞍管展开:

此马鞍管由三角形的平直部分与平行圆弧部分构成。其平直部分的三角形在正面为真形,可直接取用而无须另行展开;圆弧部分则在正面具平行实长的正平直素线组,完全可以用精确的平行线法展开。

作图步骤如下(图7-36):

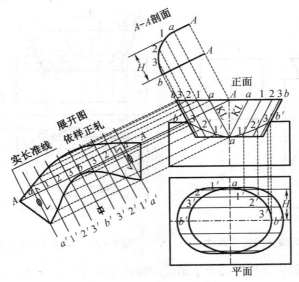

**图7-36　异径马鞍管展开**

(5.1)作准线、实长准线和展开线:

分析:正面的边界线$b-b'$(将作为展开的中线)、折角线$a-a$和各正平截平面的实形线1#,2#和3#,构成了马鞍管正面投影的平行实长直素线组,可直接作其垂线为准线。

(5.1.1)过正面马鞍管上口线与中线的交点$A$作实长直素线的垂线为准线,并延伸至图面的适当空白处准备作展开图。

(5.1.2)以正面准线$A-A$为剖切线作$A-A$剖面:将平面各点距水平中线的距离$H$量至剖面图的对应投影目标上,得剖面图同名点$A,a,1,2,3$和$b$,连接$\overparen{A-a123b}$完成剖面的真形投影:投影边界轮廓线即为实长准线。

(5.1.3)在展开图准线延伸段的适当位置作准线的垂线$b-b'$为展开中线。

(5.1.4)分别以$A-A$剖面图$\overparen{ab}$间各段的弧长为间距,对称作展开中线$b-b'$的平行线为展开线:$a-a',1-1',\cdots$

(5.2)展开上口线:将正面上口线各点$a,1,2,3$和$b$投影至展开图各对应展开线上(点$a,1,2,3$为对称的各两点),依次光滑连接,即为马鞍管圆弧部分的展开上口线。

（5.3）展开下口线:将正面下口相贯线的各点 $a,1',2',3'$ 和 $b'$ 投影至展开图各对应展开线上(点 $a,1',2',3'$ 同样为对称的各两点),依次光滑连接,即为马鞍管圆弧部分的展开下口线。

（5.4）两端 $a-a'$ 为马鞍管圆弧和平直部分间的转圆折角线,圆弧部分展开完毕。

（5.5）马鞍管平直部分的展开:

此段平直部分可用三角形撑线法方便而精确地展开。而本例的这一部分恰可直接取用而无须展开。具体方法:以展开图准线与 $a-a'$ 展开线的交点为圆心、$A-A$ 剖面图上 $a-A$ 为半径作圆,交准线于点 $A$。折直线连接 $a-A$ 和 $A-a'$,即完成马鞍管全部表面的展开。

（6）半圆柱体开口线展开:

此半圆柱表面为单向弯曲的筒形板,且侧面反映其真形弯势,只要将侧面圆弧"拉直"即可,其展开就是半圆柱相贯开口线的展开。

作图步骤如下(图 7-37):

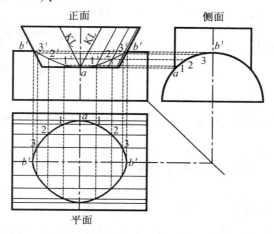

**图 7-37　半圆柱开口线展开**

（6.1）以侧面马鞍管与半圆柱相贯线 $\overset{\frown}{ab'}$ 间的各段圆弧围长为间距,在平面作中线的平行线,得平面中线 $b'-b'$ 的对称平行线 $1,2,3,$ 和 $a$。

（6.2）将正面下口相贯线的各点投影至对应的平行线上,得相应各点;

（6.3）光滑连接各点即为半圆柱体的展开开口线。

说明:该开口展开线只作画线标识用,零件加工前不能割去以便于加工,待加工成形后才能按线割除。

实例 7-9:圆管偏心斜交半球体的相贯线(图 7-38)。

分析:本例为前例 7-5 圆管偏心垂交半球体的偏心斜交变形。同样,由于两回转体的轴线不在同一平面,本例无法应用球面法。而圆管的偏心斜交,在基本投影面上不存在它的积聚相贯线,也就无法应用积聚线法求其相贯线。对于半球体,任何截平面的截切都能得到它的圆素线。因此在圆管上添加的任何截切素线,同时也就是半球体的截切素线,故本例采用素线法求取相贯体的相贯线。并且,由作业给出的条件,圆管的中心轴线为正平线,故所添加的截切素线必须是正平素线,本例采用正平素线法求取相贯线。

作图步骤如下(图 7-39):

（1）特征点、辅助点等待求点的确定与编码:

圆管中心轴线为正平线,圆管在正面的投影为其轮廓实形(当然,因相贯线尚未求出,圆管在正面的轮廓实形并不完整）。

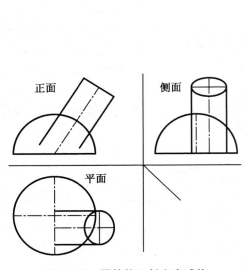

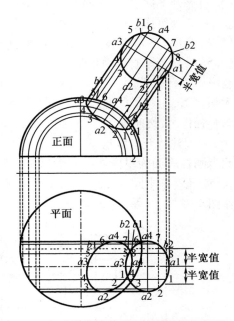

图 7 - 38　圆管偏心斜交半球体　　　　　图 7 - 39　圆管偏心斜交半球体的相贯线

（1.1）在反映圆管轮廓实形的正面,圆管自由端积聚线处作圆管断面实形圆,并依实形圆的十字轴线按弧长若干等分此实形圆（本例 12 等分）为待求点。

（1.2）对等分点作顺时针 $a1,2,\cdots,8$ 的顺序编号,并对特征点加英文小写字母（本例的特征点为圆管十字轴线与圆管实形圆的四个交点,分别加 $a$ 标识为 $a1,a2,a3$ 和 $a4$）。

（1.3）平面半球体的水平轴线在正面的投影为半球体的正面轮廓实形,故平面的这一轴线与平面圆管自由端的两个交点是正面半球体边界控制相贯点的待求点,属特征点,标识为 $b1$ 和 $b2$。

（2）作辅助正平面截切素线:

（2.1）分别过正面各等分点作圆管中心轴线的平行线,即为圆管在正面的同名实长正平素线（相贯端未定）。

（2.2）将上述圆管在正面的实长正平素线投影到平面:

正面圆管端部实形圆十字中线的 $a1 - a3$ 即平面圆管的中心轴线,按正面各素线与实形圆的交点距 $a1 - a3$ 的半宽值 $H$,自平面圆管的中心轴线起作平行线,即得圆管正平素线的同名平面投影。

（2.3）以平面圆管的正平素线为半球体的正平截切素线截切半球体,在正面得半球体的对应同名截切剖面真形圆。

（2.4）以平面半球体的水平轴线为半球体和圆管的共同正平截切素线,其截切的半球体在正面的投影即为半球体的真形轮廓边界;并按 2.2 的逆序方法,在正面得圆管的对应同名正平直素线 $b1$ 和 $b2$。

（3）半球体边界控制相贯点投影:

（3.1）正面圆管素线 $b1$ 和 $b2$ 与正面半球体轮廓边界的交点 $b1$ 和 $b2$ 即为正面半球体的边界控制相贯点。

（3.2）将 $b_1$ 和 $b_2$ 投影于平面对应投影目标的半球体水平轴线,即得平面相贯点 $b1$ 和 $b2$。

（4）包括圆管十字轴线顶点的其他相贯点投影:

（4.1）在正面,圆管正平直素线与半球体的同名正平圆素线的交点即为所求的正面相贯点。

（4.2）再投影到平面的对应正平素线上,即得所求的平面相贯点。

（5）分别光滑连接平、正面各相贯点,即得平、正面相贯线。

圆管展开:

作图步骤如下（图 7 - 40）:

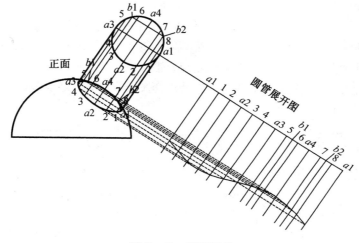

图 7 - 40   圆管展开

（1）延伸正面圆管的自由端线 $a1 - a3$ 至展开图,在其上截取正面圆管实形圆的周长 $a1 - a1$ 为展开周长。

（2）截取正面圆管实形圆的各等分点到展开周长 $a1 - a1$,并过各点作展开周长的垂线为各同名展开线。

（3）将正面相贯线上的各相贯点投影到展开图的对应同名展开线。

（4）光滑连接各展开线投影点,即为圆管的展开图。

# 7.5   单素线截切法

### 7.5.1   单素线截切法概述

上节的素线截切法,就是在相贯体的相贯处添加两个基本体的共同截切素线,在截平面的真形投影面上得到基本体真形截交素线的交点为所求相贯点的方法。然而,当相贯体的相贯基本体间不存在这样的共同截切素线,也就是无法建立能同时截切到两个相贯基本体共同素线的截平面时,就无法应用素线法。此时,可考虑以某一基本体的特征素线为截切素线,截切另一基本体得到它的非素线真形截交线,其与前一基本体截切素线的真形投影的交点也是所求相贯点。这样的方法即为单素线截切法,简称单素线法,其与素线法的区别在于所截切得到的基本体截交线是否均为素线。

　　显然,素线法的作图简单、精确,因为所截切得到的是直线或圆素线,其真形容易准确作出,但受存在共同截切素线的条件限制;而单素线法则因其单一截切素线而非共同截切素线,应用面相对较宽,但其作图也相应地复杂:除基本体为多平面体外,经常不能简单地准确作出其截断面真形而需要逐点投影。

　　以单素线法求取相贯线时,对两个基本体素线的选取原则:非素线截切的相贯基本体截交线的作图方便性。

### 7.5.2　单素线截切法应用

　　实例7-10:方锥管斜交正方锥台的相贯线(图7-41)。

　　分析:本例为前实例7-1的折平面棱台体变形。由于两相贯基本体均非回转体,无法以球面截切法求相贯线。同时,由作业给出的基本体相贯条件,也不存在两个基本体的共同截切素线,也无法应用素线法。本例相贯的方锥管与方锥台均为多平面体,即便不能截切到其基本体的素线,其截交线也因必然的折直线组而方便地作图,故可用单素线法求其相贯线。

　　作图步骤如下(图7-42):

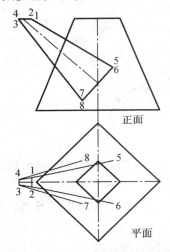

图7-41　方锥管斜交正方锥台

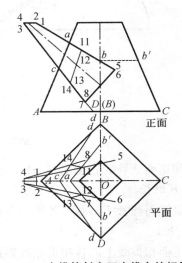

图7-42　方锥管斜交正方锥台的相贯线

　　(1)确定截切素线:方锥管轴线为正平线,故正面方锥管为其轮廓实形,可在正面选取方锥管的截切素线(一般地,总是在较小基本体的轮廓实形面上选取截切素线)。而锥管的正面上、下面边线均为正垂面的积聚直素线,且由其在平面的对称性,可选取方锥管正面的上、下面边线1-5(2-6)和3-7(4-8)为其截切素线截切方锥台。

　　(2)方锥管上面线1-5(2-6)截切锥台的相贯点投影:

　　(2.1)正面截切素线1-5交锥台棱线$A$于点$a$,投影至平面的对应投影目标棱线$O-A$,得平面同名点$a$。

　　(2.2)正面1-5交锥台中棱线$D(B)$于点$b$,过点$b$作水平线,交锥台棱线$C$于点$b'$。

　　(2.3)将正面$b-b'$的长度量至平面锥台的对应棱线$O-B$和$O-D$,得平面同名的两个对称点$b'$。

　　实际上这一作图的原理是正方锥台的对称性,使其正面投影完全同侧面。步骤2.2正面的水平线$b-b'$本质上对应的是侧面水平线$b-b'$。

（2.4）连接 $b'-a-b'$，即为正面截切素线 1－5 截切锥台的截断面轮廓在平面的投影。

（2.5）锥台该截断面轮廓与方锥管上面线 1－5 和 2－6 的交点即为平面相贯点 11 和 12。

（2.6）将之投影至正面的对应投影目标 1－5（2－6），得正面同名的重叠相贯点 11 和 12。

（3）方锥管下面线 3－7（4－8）截切锥台的相贯点投影：

（3.1）正面方锥管下面线 3－7 交锥台棱线 A 于点 c，投影至平面的对应投影目标棱线 $O-A$，得平面同名点 c。

（3.2）延伸正面下口线交锥台底边线 $A-C$ 于点 d，并投影至平面锥台的对应底边线 $A-B$ 和 $A-D$，得平面同名的两个对称点 d。

（3.3）连接 $d-c-d$，即为正面截切素线 3－7 截切锥台的截断面轮廓在平面的投影。

（3.4）该截断面轮廓分别交平面方锥管下面线 3－7 和 4－8 于平面相贯点 13 和 14，并投影至正面对应投影目标 3－7（4－8），得正面同名的重叠相贯点 13 和 14。

（4）依次连接正面相贯点 $a-11-14-c-a$ 即为正面的半段所求相贯线投影（另半段相贯线 $a-12-13-c-a$ 与之重叠）。

（5）依次连接平面相贯点 $a-11-14-c-13-12-a$，即为平面的所求相贯线投影。

方锥管展开：

方锥管的展开应首先选取展开基准点，过此基准点确定展开基准线并将之展开成实长基准线，而后分别向上部的自由端和下部的相贯端进行展开。

作图步骤如下（图 7－43）：

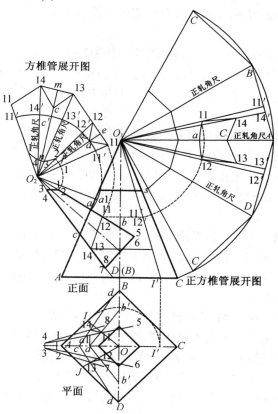

**图 7－43　斜交方锥管和正方锥台的展开**

（1）作方锥管的展开基准：

（1.1）延伸正面方锥管轮廓线交于点 $O2$，为方锥管展开的基准中心点，并以正面方锥管与锥台的交点 $a$ 为展开基准点作展开基准线和展开棱线。

（1.2）展开基准线：

（1.2.1）直角三角形作图法求正面线段 $O2-a$ 的实长：以正面投影长的 $O2-a$ 为一直角边，平面轴线点 $a$ 处的半宽 $a-a1$（宽度差）为另一直角边，正面的直角三角形斜边 $O2-a1$ 即为线段 $O2-a$ 的实长线；（正面点 $a$ 是正垂线的积聚点，因此，$a-a1$ 为方锥管上端面过基准点 $a$ 的实长半宽；）

（1.2.2）以基准中心点 $O2$ 为圆心、$O2-a1$ 为半径作圆，并以 2 倍的 $a-a1$ 长度（方锥管上端面过基准点 $a$ 的实长宽度）为弦长，在该圆上截取弦长 $11'-12'=12'-13'=13'-14'=14'-11'$的折直线段为展开基准线（本例的方锥管为正方锥，故其各面的对应宽度相等。若非正方锥，则需求出其他三个面过基准点 $a$ 的宽度为弦长作展开基准线）。

（1.3）展开棱线：分别连接 $O2-11'$、$O2-12'$、$O2-13'$、$O2-14'$ 和 $O2-11'$，并作延伸，即为方锥管的展开棱线。

（2）方锥管上端面展开：

（2.1）连接 $O2$ 和 $11'-12'$的中点 $a$ 为方锥管上端面的中线。

（2.2）以 $O2$ 为圆心、$O2$ 至正面相贯点 $11$ 的距离 $O2-11$ 为半径作圆，交上端面中线 $O2-a$ 的延长线于点 $e$。

（2.3）过点 $e$ 作中线 $O2-a$ 的垂线，分别交展开棱线 $O2-11'$ 和 $O2-12'$ 的延长线于点 $11$ 和 $12$。

（2.4）以 $O2$ 为圆心，$O2-1$ 为半径作圆，交中线 $O2-a$ 于点 $f$。

（2.5）过点 $f$ 作中线 $O2-a$ 的垂线，分别交棱线 $O2-11'$ 和 $O2-12'$ 于点 $1$ 和 $2$。

（2.6）折直线连接点 $1-2-12-a-11-1$，即为方锥管的上端面展开图。

（3）方锥管下端面展开：

（3.1）连接 $O2$ 和 $13'-14'$的中点 $c'$为方锥管下端面的中线。

（3.2）以 $O2$ 为圆心、$O2-c'$ 为半径作圆，交下端面中线 $O2-c'$ 于点 $c$。

（3.3）以 $O2$ 为圆心、$O2$ 至正面相贯点 $13$ 的距离为半径作圆，交 $O2-c$ 的延长线于点 $m$。

（3.4）过点 $m$ 作中线 $O2-c$ 的垂线，分别交展开棱线 $O2-13'$ 和 $O2-14'$ 的延长线于点 $13$ 和 $14$。

（3.5）以 $O2$ 为圆心、$O2-3$ 为半径作圆，交中线 $O2-c$ 于点 $n$。

（3.6）过点 $n$ 作中线 $O2-c$ 的垂线，分别交棱线 $O2-13'$ 和 $O2-14'$于点 $3$ 和 $4$。

（3.7）折直线连接点 $3-4-14-c-13-3$，即为方锥管的下端面展开图。

（4）作展开图左侧边线：

（4.1）以 $O2$ 为圆心、$O2-11$ 为半径作圆，交左侧边线 $O2-11'$ 的延长线于同名点 $11$。

（4.2）以 $O2$ 为圆心，$O2-1$ 为半径作圆，交左侧边线 $O2-11'$于同名点 $1$。

（4.3）直线连接左侧的 $1-11$，即为方锥管的左侧展开边界。

（5）依次连接 $1-2-3-4-1$，即为方锥管的上口展开端线。

（6）依次连接 $11-a-12-13-c-14-11$，即为方锥管的下口展开相贯线。

正方锥台及相贯开口展开：

作图步骤如下（图 7-43）：

（1）锥台表面展开：

（1.1）延伸正面正方锥台轮廓线于点 $O1$，为锥台展开中心点。

（1.2）以 $O1$ 为圆心、$O1 - C$ 为半径作圆，并以平面锥台边长 $C - D$（实长水平线）为弦长，在该圆截取弦长 $C - D = D - A = A - B = B - C$，即为锥台的展开底边线。

（1.3）分别连接 $O1 - C$、$O1 - D$、$O1 - A$、$O1 - B$ 和 $O1 - C$，即为锥台的展开棱线。

（1.4）以 $O1$ 为圆心、$O1 - S$ 为半径作圆交各展开棱线和边线，并依次直线连接各交点，即为锥台上口展开线。

（2）锥台相贯开口线展开：

（2.1）连接平面 $O - 11$ 并延伸交底边线 $A - B$ 于点 $I$。

（2.2）以平面锥台底边 $A - I$ 的长度，在展开底边线 $A - B$ 和 $A - D$ 上截取 $A - 11' = A - 12'$，连接 $O1 - 11'$ 和 $o1 - 12'$。

（2.3）以平面点 $O$ 为圆心、$O - I$ 为半径作圆，交棱线 $O - C$ 于点 $I'$，并投影至正面的锥台底边，得正面同名点 $I'$，连接 $O1 - I'$。

（2.4）过正面重叠相贯点 $11(12)$ 作水平线，交 $O1 - I'$ 于同样重叠的点 $11'(12')$。

（2.5）以 $o1$ 为圆心、正面 $O1 - 11'$ 为半径作圆，分别交展线 $O1 - 11'$ 和 $O1 - 12'$ 于点 $11$ 和 $12$。

（2.6）以求取点 $11$ 和 $12$ 的同样方法求得点 $13$ 和点 $14$。

（2.7）以正面点 $O1$ 为圆心、$O1 - a$ 为半径作圆，交展开棱线 $O1 - A$ 于点 $a$。

（2.8）同样方法求得点 $c$。

（2.9）依次直线连接 $a - 11 - 14 - c - 13 - 12 - a$，即为正方锥台与方锥管的相贯开口展开线。

实例 7 - 11：圆管偏心斜交圆锥体的相贯线（图 7 - 44）。

分析：本例为前例 7 - 9 圆管偏心斜交半球体的偏心斜交正圆锥变形。不同于球体或半球体任意截切位置的同心圆素线，正圆锥体的素线是自锥顶（锥心）至底边的一组放射直线，或是平面以锥心为圆心的同心圆（正面或侧面的一组水平线）。故本例圆管除圆锥水平轴线的特殊位置外，其任意素线不可能同时截切出圆锥体的素线，所以不能用素线法求其相贯线，只能用单素线法求得截平面实形，从而求出两截交线的交点——相贯点。

用单素线法求相贯线，重要的是确定选取哪一基本体的素线作为截切素线。如果本例选用用平面圆锥体的放射素线作截切素线，则圆管的截平面实形作图相对困难；而用平面圆管的正平素线作截切素线，则圆锥的截平面实形作图相对容易，只要添加圆锥的水平素线并作出相应的平面圆素线，交截切素线即可求得圆锥的截交曲线。如上例 7 - 10 的说明，一般地，总是在较小基本体的轮廓实形面上选取截切素线。

作图步骤如下（图 7 - 45）：

（1）特征点、辅助点等的确定与编码：

同样，圆管轴线为正平线，其在正面的投影为其不完整的轮廓实形。

（1.1）在反映圆管轮廓实形的正面，圆管自由端积聚线处作圆管断面实形圆，并依实形圆的十字轴线按弧长若干等分此实形圆（本例 12 等分）为待求点。

（1.2）对等分点作顺时针 $a1,1,2,a2,3,4,a3,5,6,a4,7$ 和 $8$ 的顺序编号，并对特征点加英文小写字母（本例的特征点为圆管十字轴线与圆管实形圆的四个交点，分别加 $a$ 标识为 $a1,a2,a3$ 和 $a4$）。

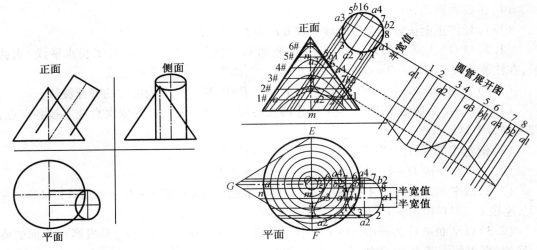

图 7 － 44　　圆管偏心斜交圆锥体　　　图 7 － 45　　圆管偏心斜交圆锥体的相贯线及圆管展开

（1.3）圆锥的平面水平轴线在正面的投影为圆锥的正面三角形轮廓实形,故平面的这一轴线与平面圆管自由端的两个交点是圆锥边界控制相贯点的待求点,属特征点,标识为 $b1$ 和 $b2$。

（2）作辅助正平截切素线:

（2.1）分别过正面各等分点作圆管中心轴线的平行线,即为圆管在正面的同名实长正平素线(相贯端未定);

（2.2）上述正平素线的平面投影:

正面圆管端部实形圆十字中线的 $a1 - a3$ 即平面圆管的中心轴线,按正面各素线与实形圆的交点距 $a1 - a3$ 的半宽值 $H$,自平面圆管的中心轴线起作平行线,即得圆管正平素线的同名平面投影。

（2.3）以平面圆锥的水平轴线为圆锥和圆管的共同正平截切素线,其截切的圆锥在正面的投影即为其真形三角形边界。

（2.4）按 2.2 的逆序方法,在正面得圆管的对应同名正平直素线 $b1$ 和 $b2$。

（3）边界控制点及其相贯点投影:

（3.1）正面圆管素线 $b1$ 和 $b2$ 与正面圆锥三角形轮廓边界的交点 $b1$ 和 $b2$ 即为正面圆锥的边界控制相贯点。

（3.2）将之投影于平面对应投影目标的圆锥水平轴线,即得平面相贯点 $b1$ 和 $b2$。

（4）作圆锥辅助水平素线:

（4.1）在正面圆锥作若干等距水平素线(本例作 6 根)并作编号 1#,2#,…,5#和6#。

（4.2）投影到平面,得平面的同心对应辅助实形圆素线。

（5）作平面圆锥垂直中线 $E - F$ 的实形剖面△$GEF$(本质上为圆锥的侧面轮廓实形)。

（6）作圆管平面各正平截切素线截切圆锥的实形正平线:

（6.1）平面正平素线 $a1 - a3$ 分别交圆锥中线实形剖面△$GEF$ 的底边线 $E - F$ 和轮廓线 $F - G$ 于点 $m$ 和 $n$。

（6.2）实形剖面△$GEF$ 对应于正面圆锥的垂直中线,可直接按"高看齐"将平面点 $m$ 和 $n$ 投影至正面的圆锥中线,得正面同名点 $m$ 和 $n$ 的投影。

(6.3)将平面 $a1-a3$ 与圆锥各辅助圆素线及底圆的交点投影至正面的对应投影目标。

(6.4)以点 $n$ 为中点光滑连接各投影点，为正面圆锥的实形正平线 $\overgroup{a1a3}$。

(6.5)同样方法求得圆管平面其他正平截切素线截切圆锥的实形正平线。

(7)包括圆管十字轴线顶点的其他相贯点投影：

(7.1)圆锥的实形正平线 $\overgroup{a1a3}$ 分别交正面圆管的正平素线 $a1$ 和 $a3$ 于同名相贯点 $a1$ 和 $a3$，将之投影至平面的对应圆管素线 $a1-a3$，得平面同名相贯点 $a1$ 和 $a3$。

(7.2)同样方法求得其他相贯点的正、平面投影。

(8)分别连接正、平面的相贯点，即为所求的正、平面相贯线投影。

圆管展开：

作图步骤如下(图 7-45)：

(1)延伸正面圆管的自由端线 $a1-a3$，截取 $a1-a1$ 等于正面圆管断面实形圆的周长为展开周长，并将圆周上的各等分点截取到展开周长线 $a1-a1$，得同名各点。

(2)过展开周长线的各点作 $a1-a1$ 的垂线，得各同名展开线。

(3)将正面各相贯点投影到对应的同名展开线上。

(4)连接各投影点，即为圆管展开图。

圆锥及相贯开口线展开：

作图步骤如下(图 7-46)：

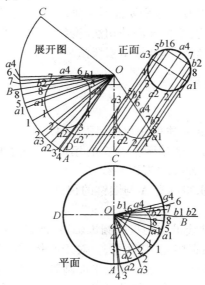

图 7-46　圆锥体及相贯开口线展开

(1)以正面锥顶 $O$ 为圆心、圆锥轮廓边线 $O-A$ 为半径作圆，并截取弧长 $\overgroup{AC}$ 等于平面圆锥底圆周长的 1/2 为半个圆锥的展开面。

(2)在平面连接锥心 $O$ 与相贯点 $a2$，并延伸交圆锥底圆于同名点 $a2$。

(3)截取平面底圆弧长 $\overgroup{Aa2}$ 至展开弧长 $\overgroup{AC}$，得同名点 $a2$。

(4)在展开面连接 $O-a2$ 为展开放射素线。

(5)过正面相贯点 $a2$ 作水平线交圆锥轮廓边线 $O-A$ 于点 $a2'$。

（6）以点 $O$ 为圆心、$O-a2'$ 为半径作圆，交展开放射素线 $O-a2$ 于同名相贯开口点 $a2$。

（7）同样方法求得所有其他展开相贯开口点。

（8）连接各展开相贯开口点即得圆锥的展开开口线。

说明：该开口展开线只作画线用，零件加工前不能割去以便加工。

# 7.6　变换面截切法

## 7.6.1　变换面截切法概述

变换面截切法求相贯线，就是在以投影改造手段建立的向视投影体系中的变换面上求相贯线，简称变换面法。

由前述各节，无论是截球面法（球面法）的回转体相交轴线，还是截平面法（积聚线法、素线法和单素线法）的截切素线，都被要求为实形面，也就是要求能够在三向基本投影面上反映相交轴线、截平面的实形。同时，其后的展开需要，也要求在基本体的轮廓实形面上求得相贯线。

如果作业条件无法在三向基本投影面上满足这样的实形要求，在基本投影面上求取相贯线就可能变得复杂、困难，而得到的基本投影面上的相贯线投影也无法直接用于展开。此时，变换面法是不二选择：通过投影改造获取实形投影，可方便地在变换面上应用前述各种方法，且可直接将变换面上的相贯线投影用于基本体的表面展开。

根据相贯体的具体情况以及所作变换面对哪种求取相贯线的方法所具备的适用条件，变换面法求相贯线又可细分为：变换球面截切法、变换素线截切法和变换单素线截切法，分别简称为变换球面法、变换素线法和变换单素线法。

## 7.6.2　变换面截切法应用

### 7.6.2.1　变换球面法

实例 7-12：双圆柱斜交正圆锥的相贯线（图 7-47）。

分析：本例为两根圆管与一个正圆锥相交的相贯体，三个相贯基本体都是回转体。圆管 A 的轴线交圆锥轴线，且两轴线均为正平线，完全同前例 7-1 水壶的相贯壶嘴与壶身，可同样在正面直接用球面法求得圆管 A 与圆锥的相贯线，然后将正面相贯线投影至平面得平面相贯线，具体步骤略。

而圆管 B 斜交圆锥，其轴线虽交相贯的圆锥轴线，但在正面却非真形投影，不符合球面法的应用条件，故不能在正面直接应用球面法。对于所相贯的基本体圆锥，由其对称性质，任何过锥心的直线均可为其轴线。因此，可以平面圆管 B 轴线的平行线为变换轴进行向视投影，建立同时反映圆管 B 和圆锥真形轴线的变换面，则在此变换面上，相贯体完全符合球面法的适用条件。同时，该变换面也同时反映了圆管 B 和圆锥的轮廓实形，所求得的相贯线可直接用于圆管 B 的展开。当然，为完整图面，也可将变换面相贯线投影至平面，再变换投影回正面，得到正面的相贯线。

圆管 B 相贯线的作图步骤如下（图 7-48）：

（1）投影改造建立向视投影的变换面：

作平面圆管 B 中心轴线的平行线为变换轴，并以平面为直接面、正面为间接面、正面圆锥底边为间接轴，投影改造作圆管 B 及圆锥向视投影的变换面。

（2）求变换面相贯线：

（2.1）变换面圆管 B 与圆锥的轮廓交点 $a$ 和 $b$ 即为相贯线的始末点。

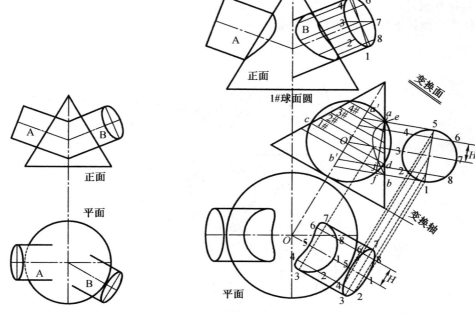

图 7 -47 双圆管斜交正圆锥    图 7 -48 双圆管斜交正圆锥的相关线

（2.2）分别过始末点 $a$ 和 $b$ 作圆锥轴线的垂线，交轴线于垂足点 $a'$ 和 $b'$，得圆锥水平素线 $a-a'$ 和 $b-b'$。

（2.3）若干等分圆锥轴线的 $a'-b'$ 段（本例 5 等分，等分数越多相贯线精度越高。），并作圆锥的辅助等分水平素线 1#,2#,3#和 4#。

（2.4）作 1#辅助球面圆求得相贯点：

（2.4.1）在变换面 1#辅助等分水平素线与圆锥轮廓相交于点 $c$ 和点 $d$。

（2.4.2）以变换面圆管轴线与圆锥轴线的交点 $O'$ 为圆心、以 $O'-c$ 为半径作圆，交圆管实形轮廓于点 $e$ 和点 $f$。

（2.4.3）连接 $e-f$，与 $c-d$ 相交，得相贯点 $j$。

（2.4.4）自点 $a$ 到点 $b$，依次光滑连接各相相贯点即为所求相贯线。

由于变换面同时反映了圆管 B 和圆锥的轮廓实形，变换面上所求相贯线可直接用于圆管 B 的展开。

（3）将变换面相贯线投影至平、正面（仅用于完整图面，与圆管 B 的展开无实际意义）：

（3.1）作变换面圆管 B 的等分素线：作变换面圆管 B 自由端的断面实形圆，以圆管轴线与圆管实形圆的交点起，按弧长、十字若干等分该实形圆，对等分点进行编码标识，并连接对应等分点为变换面圆管 B 的辅助等分素线；

（3.2）将上述各等分素线投影到平面：过各等分素线与圆管端线（1-5）的交点作变换轴的垂线（垂直投影规定），各等分素线距圆管轴线的距离自平面圆管 B 的轴线起量至平面（如图 7-48 中的对应 H 值），得各等分素线的平面投影；

（3.3）将变换面相贯线与圆管 B 等分素线的交点投影至平面的对应投影目标：圆管 B 的同名等分线，得平面同名相贯点，连接各相贯点即为平面相贯线投影；

（3.4）以平面为直接面、变换面为间接面、正面为变换面进行逆向投影改造，求得正面相贯线投影。

圆管 B 展开：

作图步骤如下（图 7-49）：

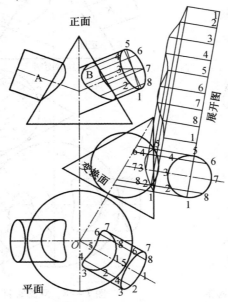

**图 7-49　圆管 B 的展开**

（1）延伸变换面圆管 B 的自由端线 1-5，截取 1-1 等于变换面圆管 B 断面实形圆的周长为展开周长，并将圆周上的各等分点截取到展开周长线 1-1，得同名各点。

（2）过展开周长线 1-1 上的各点作其垂线，得各同名展开线。

（3）将变换面圆管 B 的各相贯点投影到对应的同名展开线上。

（4）连接各投影点，即为圆管 B 的展开图。

圆管 A 和圆锥展开：

步骤同前例 7-11，只是对圆锥，须作两次开口展开（相贯开口不同），略。

**2. 变换素线法**

实例 7-13：圆柱偏心双斜交半球体的相贯线（图 7-50）。

分析：本例系前例 7-9 的双斜交变形。由作业给出的三向基本投影图，圆管的轴线为非平行态直线，在三向投影面上不管用什么方法截切得到的圆管投影均非正圆而是椭圆。尽管这些椭圆也是圆管的母线，但显然不符合投影作业的方便、准确要求；并且，三个基本投影面也不反映圆管的实长轴线，即使投影作出其相贯线，也无法直接用于圆管的展开。唯变换面法可方便而准确地作出半球体的半圆素线，并可反映圆管实长轴线以便展开。同时，由于圆管轴线不过半球体的球心，故两个回转体的轴线不可能在同一平面上，无法在变换面上应用球面法。因此，本例当以变换素线法求相贯线。

作图步骤如下：

一、投影改造建立相贯体的向视投影（图 7-51）：

（1）作平面圆管中心轴线的平行线为变换轴建立变换面。

（2）以平面为直接面、正面为间接面、正面半球体底边为间接轴进行投影改造：

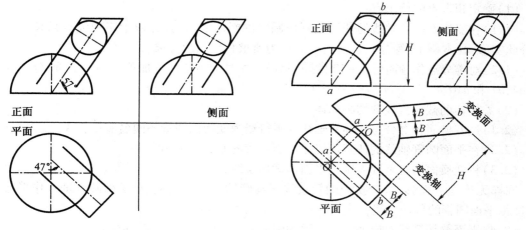

图 7－50  圆管偏心双斜交半球体            图 7－51  圆管和半球体轮廓投影改造

(2.1)半球体变换投影：在平面分别添加平行、垂直于圆管轴线的半球体十字中线，以变换轴为底边线按半球体半径作半圆，即为半球体在变换面的变换投影。

(2.2)圆管变换投影：

将正面圆管轴线的两端点 $a$ 和 $b$ 投影至平面的对应投影目标，按投影改造规定确定圆管轴线的变换投影，再按圆管的轮廓半宽 $B$ 完成整个圆管包括其自由端的变换投影。

尽管作业条件并未给出圆管平面的自由端投影，但由于圆管断面轮廓宽度恒等(宽度值不随投影角度的变化而变化，但有旋转)的特征，其并不影响这一自由端的变换投影，可简单按圆管的断面宽度作图而无需逐点投影。

二、求变换面相贯线(图 7－52)：

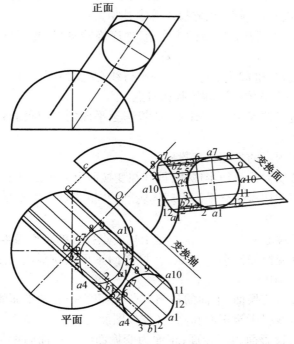

图 7－52  圆管偏心双斜交半球体的相贯线

（1）确定相贯点的待求点：

（1.1）在变换面圆管轴线的任意位置作圆管的断面实形圆，并依十字中线按弧长若干等分此实形圆（本例 12 等分），以所得等分点为所求相贯点的待求点。

（1.2）对等分点作顺时针 1～12 的顺序编号，并对十字特征点加英文小写字母，分别为 $a1$，$a4$，$a7$ 和 $a10$。

（2）添加辅助截切素线截切半球体：

（2.1）过变换面各等分点作圆管轴线的平行线为变换面圆管的同名实长素线。

（2.2）在平面圆管轴线的任意位置作平面圆管的断面实形圆。

（2.3）将变换面圆管素线投影到平面作截切素线：

同样无须逐点投影，按变换面圆管素线至圆管轴线的半宽值，自平面圆管轴线作平行线，即得平面圆管的截切素线；

（2.4）平面截切素线对应变换面素线的编号：

变换面与平面的关系是旋转 90°，平面圆管轴线与其断面实形圆的交点必同样自变换面旋转 90°，如平面圆管轴线即如图 7－52 所示自变换面垂直圆管轴线的 $a1-a7$ 旋转而来。各点自变换面按相同的任一方向（顺时针或逆时针）旋转 90°，即得平面截切素线与实形圆交点的对应编号。

对应编号是建立对应投影关系的重要关键。掌握基本体的具体投影特征（如圆管的断面宽度恒等），以及各投影面的对应关系，对应投影关系的建立往往可简单确定而无须一一逐点投影。本例圆管的断面实形圆在平面和变换面上均为圆管轴线上的任意位置而并无直接的投影关系，其并不影响对应投影关系的准确建立，同时也简化了投影作业。

（3）边界控制点及其相贯点投影：

如前面几个例子，平面半球体平行圆管轴线的中心线与平面圆管实形圆的交点 $b1$ 和 $b2$ 为变换面的半球体边界控制点，当先投影确定其相贯点：

（3.1）按平面 $b1-b2$ 至圆管轴线的半宽值，逆序旋转 90°后投影到变换面，得变换面的同名点 $b1$ 和 $b2$。

（3.2）过变换面点 $b1$ 和 $b2$ 作圆管轴线的平行线，交变换面半球体轮廓于同名点 $b1$ 和 $b2$，$b_1$ 和 $b_2$ 即为变换面半球体的边界控制相贯点。

（3.3）将变换面边界控制相贯点 $b1$ 和 $b2$ 投影至平面的对应投影目标上得平面相贯点 $b1$ 和 $b2$。

（4）包括圆管十字顶点的各相贯点投影：

（4.1）以平面各截切素线截切半球体，得其在变换面上截平面真形投影：

（4.1.1）延伸平面截切素线交平面半球体轮廓，并将交点投影至变换面半球体底边，得变换面同名点（如素线 $a10$ 的交点 $c$）。

（4.1.2）以变换面球心 $O$ 为圆心、圆心至上述交点投影的距离为半径作半圆，交变换面的圆管对应素线，即得变换面同名相贯点，并投影回平面的圆管对应素线，得平面相贯点（如图 7－52 所示的点 $a10$）。

（4.2）分别光滑连接变换面、平面的各相贯点，即得变换面和平面的所求相贯线。

（5）将变换面相贯线投影至正面和侧面（仅作图面完整用，见图 7－53）：

以平面为直接面，投影面为间接面，正面为变换面将变换面内相贯线投影改造至正面得正面相贯线，再投到侧面得侧面相贯线，具体步骤略。

圆管展开：

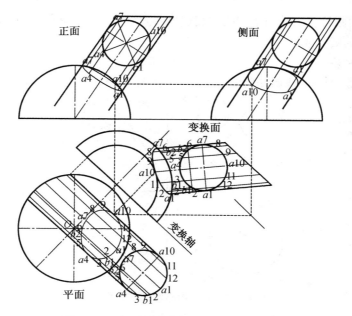

**图 7 - 53　相关线自变换面向正、侧面的投影**

作图步骤如下(图 7 - 54)：

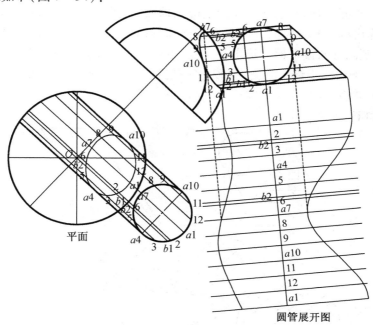

**图 7 - 54　圆管展开**

(1)延伸变换面圆管实形圆十字中线 $a7 - a1$，截取 $a1 - a1$ 等于变换面圆管实形圆的周长为展开周长(展开准线)，并将圆周上的各等分点截取到展开周长线 $a1 - a1$，得同名各点。

(2)过展开周长线的各点作 $a1 - a1$ 的垂线，得各同名展开线。

(3)将变换投影面上各相贯点投影到对应的同名展开线上，连接各投影点，即为圆管相贯端的展开线。

（4）将变换面圆管自由端与各素线的交点投影到对应的同名展开线上，连接各投影点，即为圆管自由端的展开线。

3. 变换单素线法

实例 7 - 14：圆管偏心双斜交圆锥体的相贯线（图 7 - 55）。

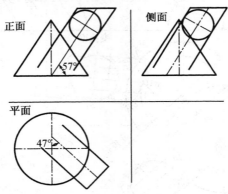

图 7 - 55　圆管偏心双斜交圆锥体

分析：本例为前实例 7 - 11 的双斜交变形，也是前例 7 - 13 的半球体改圆锥体的变形。同样，由双斜交导致的非平行态圆管轴线，本例必须应用变换面法。而同样由于两个回转体轴线不在同一平面，本例无法在变换面上应用球面法；进一步地，由圆管对圆锥的斜交，不可能在平面作出两个基本体的共同截切素线，而只能应用单素线法，以圆管素线截切圆锥，在变换面得到圆锥的截平面真形求相贯点，也就是应用变换单素线法。作图步骤基本同前例 7 - 13，本例作图步骤比前例 7 - 13 多一道步骤：添加圆锥体的辅助水平线，为方便截切圆锥体的任意截切面。

作图步骤如下（图 7 - 56）：

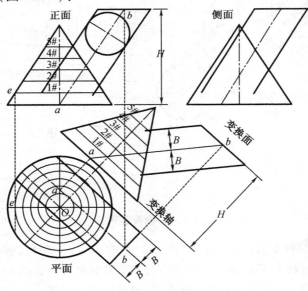

图 7 - 56　作圆锥体辅助水平线圆管和圆锥体轮廓投影改造

（1）在正面添加圆锥体的辅助水平线，（本例为 5 道：1#~5#）将正面 1#辅助水平线与正面轮廓线的交点 $e$ 投影至平面圆锥水平十字中心线上得同名点 $e$ 点。以平面圆锥锥心 $O$ 为圆心，$O-e$ 为半径作圆。即为平面对应 1#水平圆。同样方法得 2#，3#，4#和 5#平面水平圆。

（2）投影改造建立相贯体的向视投影：

（2.1）作平面圆管中心轴线的平行线为变换轴建立变换面。

（2.2）以平面为直接面、正面为间接面、正面圆锥体底边为间接轴进行投影改造。

（2.3）圆锥体变换投影：在平面分别添加平行、垂直于圆管轴线的圆锥体十字中线，以变换轴为圆锥底边线变换投影，即为圆锥体在变换面的变换投影。

（2.4）圆管变换投影：

将正面圆管轴线的两端点 $a$ 和 $b$ 投影至平面的对应投影目标，按投影改造规定确定圆管轴线的变换投影，再按圆管的轮廓半宽 $B$ 完成整个圆管包括其自由端的变换投影。

尽管作业条件并未给出圆管平面的自由端投影，但由于圆管断面轮廓宽度恒等（宽度值不随投影角度的变化而变化，但有旋转）的特征，其并不影响这一自由端的变换投影，可简单按圆管的断面宽度作图而无需逐点投影。

（2.5）作变换面辅助水平线：按正面辅助水平线高度作变换面同高度同名（1#~5#）辅助水平线。

（3）求变换面相贯线（图 7-57）：

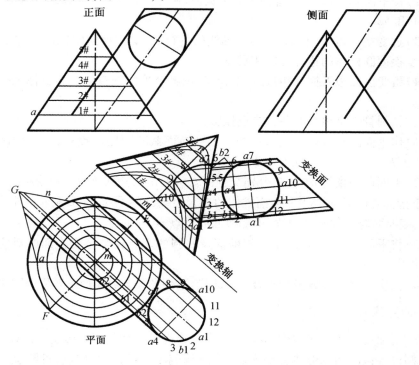

图 7-57　圆管偏心双斜交圆锥体的相关线

（3.1）在变换面圆管轴线的任意位置作圆管的断面实形圆，并依十字中线按弧长若干等分此实形圆（本例 12 等分），以所得等分点为所求相贯点的待求点。

（3.2）对等分点作顺时针 1~12 的顺序编号，并对十字特征点加英文小写字母，分别为 $a1$，$a4$，$a7$ 和 $a10$。

(3.3)添加辅助截切素线截切圆锥体：

(3.3.1)过变换面各等分点作圆管轴线的平行线为变换面圆管的同名实长素线。

(3.3.2)在平面圆管轴线的任意位置作平面圆管的断面实形圆。

(3.3.3)将变换面圆管素线投影到平面作截切素线：同样无须逐点投影，按变换面圆管素线至圆管轴线的半宽值，自平面圆管轴线作平行线，即得平面圆管的截切素线。

(3.3.4)平面截切素线对应变换面素线的编号：变换面与平面的关系是旋转90°，平面圆管轴线与其断面实形圆的交点必同样自变换面旋转90°，如平面圆管轴线即如图示自变换面垂直圆管轴线的 $a1-a7$ 旋转而来。各点自变换面按相同的任一方向（顺时针或逆时针）旋转90°，即得平面截切素线与实形圆交点的对应编号。

对应编号是建立对应投影关系的重要关键。掌握基本体的具体投影特征（如圆管的断面宽度恒等），以及各投影面的对应关系，对应投影关系的建立往往可简单确定而无须一一逐点投影。本例圆管的断面实形圆在平面和变换面上均为圆管轴线上的任意位置而并无直接的投影关系，其并不影响对应投影关系的准确建立，同时也简化了投影作业。

(3.4)边界控制点及其相贯点投影：

(3.4.1)如前例，平面圆锥体平行圆管轴线的中心线与平面圆管实形圆的交点 $b1$ 和 $b2$ 为变换面的圆锥体边界控制点，当先投影确定其相贯点。

(3.4.2)按平面 $b1-b2$ 至圆管轴线的半宽值，逆序旋转90°后投影到变换面，得变换面的同名点 $b1$ 和 $b2$。

(3.4.3)过变换面点 $b1$ 和 $b2$ 作圆管轴线的平行线，交变换面圆锥体轮廓于同名点 $b1$ 和 $b2$，即为变换面圆锥体的边界控制相贯点。

(3.4.4)将变换面边界控制相贯点 $b1$ 和 $b2$ 投影至平面的对应投影目标上得平面相贯点 $b1$ 和 $b2$。

(3.5)包括圆管十字顶点的各相贯点投影：

(3.5.1)作平面圆管截切素线截切圆锥的变换面截断面实形投影：作平面圆锥垂直圆管轴线的中线 $E-F$ 的真形剖面 $\triangle GEF$。

(3.5.2)平面截切素线 $a1-a7$ 分别交剖面 $\triangle GEF$ 的底边线 $E-F$ 和轮廓线 $F-G$ 于点 $m$ 和 $n$，由于剖面 $\triangle GEF$ 对应于变换面锥体的垂直中线，可将平面点 $m$ 和 $n$ 的距离作为高度值直接量至变换面对应的圆锥中线，得变换面同名点 $m$ 和 $n$。

(3.5.3)将平面 $a1-a7$ 与圆锥各辅助圆及底圆的交点投影至变换面的对应投影目标素线，得各投影点。

(3.5.4)依次光滑连接各投影点及点 $n$，即为平面截切素线 $a1-a7$ 截切圆锥的截断面在变换面的真形线 $\overset{\frown}{a1a7}$。

同样方法求得各其他截切素线截切圆锥在变换面上的截断面真形线 $\overset{\frown}{911}$，$\overset{\frown}{812}$，$\overset{\frown}{62}$ 和 $\overset{\frown}{53}$。

(3.6)圆锥各截断面真形线分别交对应的圆管素线于同名相贯点，投影至平面即得平面的对应相贯点；

(3.6.1)分别依序光滑连接变换面和平面的相贯点，即为所求的变换面、平面相贯线投影。

(3.7)将变换面相贯线投影至正面和侧面（仅作图面完整用，图7-58）：

以平面为直接面，投影面为间接面，正面为变换面将变换面内相贯线投影改造至正面得正面相贯线，再投到侧面得侧面相贯线，具体步骤略。

圆管展开:

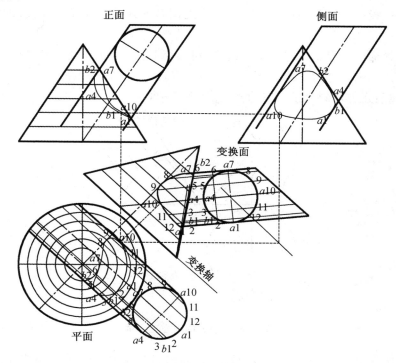

图 7 – 58    相关线经平面向正、侧面的投影

作图步骤如下(图 7 – 59):

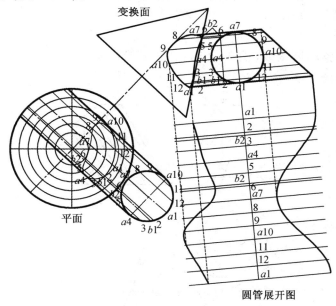

图 7 – 59    圆管展开

(1)延伸变换面圆管的端线 $a7 - a1$ 为展开准线,截取 $a1 - a1$ 等于变换面圆管实形圆的周长为展开周长,并将圆周上各等分点截取到展开周长线 $a1 - a1$,得同名各点。

（2）过展开周长线的各点作 $a1-a1$ 的垂线,得各同名展开线。

（3）将变换投影面上各相贯点投影到对应的同名展开线上并光滑连接,即为圆管相贯端的展开线。

（4）将变换面圆管自由端与各素线的交点投影到各对应展开线并光滑连,即为圆管自由端展开线。

实例7-15:正方体斜交正锥体的相贯线(图7-60)。

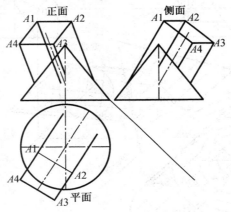

图7-60　正方柱斜交正圆锥

分析:本例为前实例7-7正方体垂交圆锥体的斜交变形。由斜交,基本投影面不存在与方管断面实形共同的积聚相贯线,无法如实例7-7应用积聚放射素线法;同时,由作业给出的条件,方管的轴线系非平行态直线而只能采用变换面法求相贯线。当然,由于不存在两个的共同截切素线,所采用的必是变换单素线法。

作图步骤如下:

（1）添加正圆锥辅助素线(图7-61):在正面锥体添加若干水平素线(本例为6道:1#~6#),并作平面锥体的对应水平圆素线。

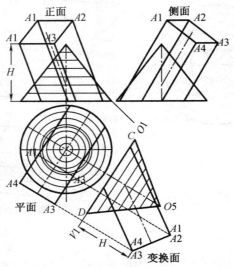

图7-61　作正圆锥的水平素线正方柱和正圆锥的变换投影

(2)变换投影(图7-61):

(2.1)以正面锥体底边为间接轴、正面为间接面、平面为直接面,在图面的适当位置作相贯方管中心轴线的平行线 $O1-V1$ 为变换轴进行投影改造,得锥体的变换面视图 $\triangle O5CD$。

(2.2)将正面辅助水平素线变换投影至变换面。

(2.3)将方管变换投影至变换面,得方管上端口积聚为一直线的变换面投影视图。

(3)变换面的相贯高度控制点(图7-62):

(3.1)作平面锥体垂直于方管轴线的中线 $A-B$ 的剖面 $\triangle O6AB$。

(3.2)将平面剖切线 $A-B$ 与方管边线的交点 $b1$ 和 $b2$ 投影至 $A-B$ 剖面 $\triangle O6AB$ 的轮廓线 $O6-A$ 和 $O6-B$,得相贯高度控制点 $b1'$ 和 $b2'$。

(3.3)将高度点 $b1'(b2')$ 距底边 $A-B$ 的高度量至变换面的锥体中线上,得变换面重叠相贯高度点 $b1$ 和 $b2$。

(3.4)分别将平面点 $b1$ 和 $b2$ 投影至正、侧面,并将剖面 $\triangle O6AB$ 中点 $b1'(b2')$ 点的高度量至各对应投影轨迹,得正、侧面的相贯高度点 $b1$ 和 $b2$。

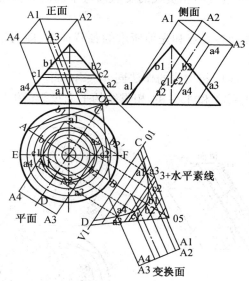

**图7-62 正方柱斜交正圆锥的相贯控制点**

(4)变换面的相贯边界控制点(图7-62):

(4.1)平面圆锥的水平十字中心线 $E-F$ 分别交方管边线 $A1-A4$ 和 $A2-A3$ 于点 $c1$ 和 $c2$。

(4.2)将平面相贯点 $c1$ 和 $c2$ 投影至正面圆锥轮廓,得正面相贯边界控制点 $c1$ 和 $c2$。

(4.3)将相贯点 $c1$ 和 $c2$ 投影至侧面圆锥中心线,得侧面重叠相贯点 $c1$ 和 $c2$。

(4.4)再将相贯点 $c1$ 和 $c2$ 变换投影至变换面,得变换面相贯点 $c1$ 和 $c2$。

(5)作变换面实形相贯线(图7-62):

(5.1)将平面方管边线 $A1-A4$ 与圆锥底圆及各圆素线的交点变换投影至变换面对应投影目标的底圆边线及各水平素线,得变换面各相贯点。

(5.2)光滑连接各相贯点及先前所作的特征点,即为变换面实形相贯线投影。

注① 方管边线 $A2-A3$ 的变换面实形相贯线同 $A1-A4$,重叠于变换面上;

注②　由于相贯线段$\overset{\frown}{c1c2}$间的相贯点太少,难以保证所作相贯线$\overset{\frown}{c1c2}$段的精度,在作正面相贯线时,须在变换面上添加辅助水平素线 3 + 水平素线,以保证正面相贯线的精度,其相贯点的作法相同。

(6)自变换面相贯线确定所求相贯线的折拐点(图 7 - 62):

(6.1)变换面相贯线分别交方管棱线于点 a1,a2,a3 和 a4,为所求相贯线的折拐点。

(6.2)将上述四个折拐点分别投影至平面的对应方管棱线,得平面同名折拐点 a1,a2,a3 和 a4。

(6.3)将平面四个折拐点分别投影至正面的对应方管棱线,得正面同名折拐点 a1,a2,a3 和 a4。

(6.4)最后投影至侧面的对应方管棱线,得侧面同名折拐点 a1,a2,a3 和 a4。

(7)正、侧面方管侧面 A1 - A4 和 A2 - A3 的相贯线(图 7 - 63):

(7.1)作变换面方管侧面 A1 - A4 的等分素线(靠 A1 端适度加密),并通过平面将这些等分素线投影至正、侧面。

(7.2)将变换面各等分素线与相贯线的交点通过平面的对应相贯线 A1 - A4 投影至正、侧面的对应等分素线。

(7.3)依次连接正、侧面各交点和先前所求的各特征点,即为正、侧面方管侧面 A1 - A4 的相贯线。

(7.4)方管侧面 A2 - A3 的相贯线的作法同 A1 - A4 面。

(8)方管另两侧面 A1 - A2 和 A3 - A4 相贯线的平面投影(图 7 - 64):

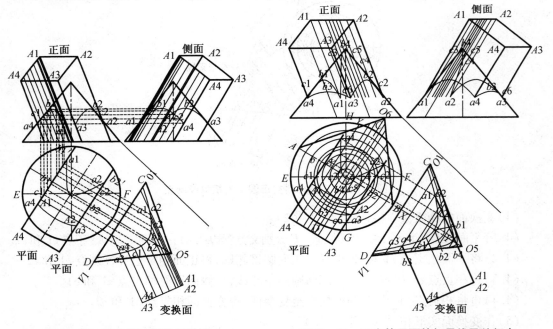

图 7 - 63　正方管两侧的相贯线　　　图 7 - 64　正方管平面的相贯线及特征点

(8.1)作平面方管 A3 - A4 面的等分素线,也是方管 A1 - A2 面的等分素线。等分素线以方管轴线(即 A3 - A4 的等分中心线)为对称轴,左右对称相等。(靠近中心线适度加密)并将这些等分素线投影至正、侧面。

（8.2）作方管 $A3-A4$ 面实形等分素线的最高控制点 $y$：将平面方管 $A3-A4$ 面的等分素线与 $A-B$ 的剖面 $O6AB$ 的交点 $y$ 至底边 $x$ 的距离，量至变换面的圆锥中线上，得变换面实形等分素线的最高控制点 $y$。

（8.3）分别将平面方管 $A3-A4$ 面的等分素线与圆锥底圆及各圆素线的交点变换投影至变换面对应投影目标的底圆边线及各水平素线，得变换面各相贯点。

（8.4）光滑连接各相贯点及最高控制点 $y$，即为变换面平面方管 $A3-A4$ 面的等分素线的实形投影。

（8.5）分别将变换面方管 $A1(A2)$ 棱线和 $A3(A4)$ 棱线与圆锥轮廓的交点 $b4$ 和 $b3$ 投影至平面方管轴线，得平面点 $b3$ 和 $b4$。

（8.6）分别将变换面方管 $A1(A2)$ 棱线与各实形等分素线的交点投影至平面的对应等分素线，自点 $a1(a2)$ 起依次连接包括点 $b4$ 的各投影点，至点 $a2(a1)$，即为方管 $A1-A2$ 面相贯线的平面投影。

（8.7）同样方法得方管 $A3-A4$ 面相贯线的平面投影。

（9）通过平面相贯线求方管 $A1-A2$ 和 $A3-A4$ 面中的相贯特征点（图 7-64）：

（9.1）分别将平面的高度控制点 $b3$ 和 $b4$ 投影至正、侧面的对应等分中线，得正、侧面高度点 $b3$ 和 $b4$。

（9.2）将平面圆锥水平中线 $E-F$ 与方管 $A1-A2$ 面相贯线的交点 $c3$ 和 $c4$ 投影至正面圆锥轮廓，得正面边界控制点 $c3$ 和 $c4$，再投影至侧面圆锥中线，得侧面点 $c3$ 和 $c4$。

（9.3）平面圆锥垂直中线 $G-H$ 分别与方管 $A1-A2$ 和 $A3-A4$ 面相贯线交于点 $c5$ 和 $c6$，将之投影至侧面圆锥轮廓，分别得侧面 $A1-A2$ 和 $A3-A4$ 面相贯线的边界控制点 $c5$ 和 $c6$，再投影至正面圆锥中线，得正面点 $c5$ 和 $c6$。

（10）正、侧面方管侧面 $A1-A2$ 的相贯线（图 7-64）：

（10.1）将平面 $A1-A2$ 各等分线分别投影到正、侧面，得正、侧面的对应等分线。

（10.2）分别将平面 $A1-A2$ 各等分线与平面 $A1-A2$ 面相贯线的各交点投影至正、侧面的对应等分线。

（10.3）分别将平面 $A1-A2$ 面相贯线与各圆素线的交点投影至正、侧面的对应水平素线。

（10.4）依次连接正面各特征点和投影点，即为方管 $A1-A2$ 面相贯线的正面投影。

（10.5）依次连接侧面各特征点和投影点，即为方管 $A1-A2$ 面相贯线的侧面投影。

（11）正、侧面方管侧面 $A3-A4$ 的相贯线：作法同 $A1-A2$ 面相贯线。

方管展开：

作图步骤如下（图 7-65）：

（1）延伸变换面方管端口线 $A3-A1$ 至图面适当位置，在该延长线上截取四份 $A3-A1$ 长，并作编号 $A1$，$A2$，$A3$，$A4$ 和 $A1$，对应方管展开的四个侧面。

（2）展开 $A1-A2$ 面：

（2.1）将平面 $A1-A2$ 面的等分线搬至展开面 $A1-A2$。

（2.2）将变换面 $A1-A2$ 积聚线与各实形等分线的交点投影至展开面 $A1-A2$ 的对应等分线。

（2.3）将变换面点 $b4$ 投影至展开面 $A1-A2$ 的中线。

（2.4）以平面点 $c3$ 距方管轴线 $C-D$ 的距离为间距，作展开面 $A1-A2$ 中线 $b4$ 的平行线 $c3$。

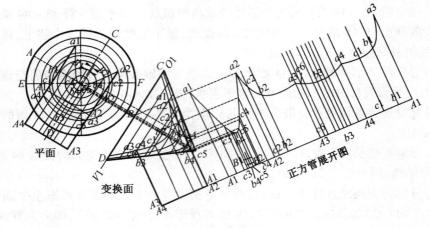

图 7-65　正方管展开

(2.5)将平面点 $c3$ 投影至变换面的对应积聚线 $A1-A2$,再投影至展开面 $A1-A2$ 的对应平行线 $c3$,得展开点 $c3$。

(2.6)同样方法得展开点 $c4$ 和 $c5$。

(2.7)依次光滑连接各展开点,即为方管 $A1-A2$ 的展开面。

(3)同样方法得 $A3-A4$ 面的展开面。

变换面视图为方管 $A4-A1$ 面的平面实形,即为其展开面。

(4)$A2-A3$ 展开面则与 $A4-A1$ 对称。

圆锥体及其开口展开:

作图步骤如下(图 7-66):

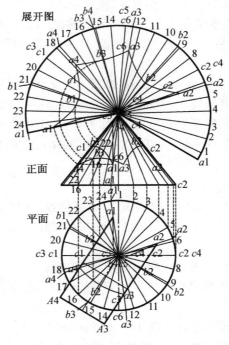

图 7-66　圆锥体展开

（1）自平面圆锥十字中心线的垂直中心线起 24 等分平面圆锥底圆，并顺时针编码。（其中点 7 与特征点 $c_2$，$c_4$；点 13 与特征点 $c_6$，$c_5$；点 19 与特征点 $c_1$，$c_3$ 重合）分别过各等分点与平面圆心连接。

（2）过平面圆心分别连接各相贯特征点，并延伸至底圆得对应各交点。

（3）将平面底圆各等分点和特征点全部投影至正面圆锥底圆，得正面同名各点。

（4）过正面锥顶分别连接底圆各点，得正面各同名点放射素线。

（5）以正面锥顶 $O$ 为圆心、$O-c_2$ 为半径作圆，在该圆截取弧长 $\overset{\frown}{11}$ 等于平面底圆周长为圆锥底圆的展开弧长，并对应平面 24 等分该展开弧长，得展开图各同名 24 等分点；（以展开点 1 为起点 24 等分展开弧长。以折角点 $a_1$ 为起点展开圆锥板。因此起点 1 朝前加一段弧长 $\overset{\frown}{a_11}$，末点 1 朝前减一段弧长 $\overset{\frown}{a_11}$。）

（6）将平面特征点间的围长量至展开弧长 $\overset{\frown}{11}$ 的对应位置，得展开特征点。

（7）过锥顶 $O$ 分别连接展开弧长 $\overset{\frown}{11}$ 的各点，得各同名展开放射素线。

（8）过正面放射素线 $a_1$ 与相贯线的交点 $a_1$ 作水平线，交正面圆锥轮廓于同名点 $a_1$；以锥顶 $O$ 为圆心、$O-a_1$ 为半径作圆，交展开放射素线 $a_1$ 于开口点 $a_1$。

（9）同样方法求得其他各开口点。

（10）以折拐点 $a_1$，$a_2$，$a_3$，$a_4$ 为界，依次分别光滑连接各段开口点，即为所求圆锥的展开相贯开口线。

说明：该开口展开线只作画线用，零件加工前不能割去以便加工。

# 7.7 综合截切法

## 7.7.1 综合截切法概述

求相贯线的本质是求相贯处的系列相贯点，前述各节详细介绍了以展开为目的的各种相贯点的求取方法。在求这些相贯点时，应视具体的作业条件，哪种方法方便就用哪种方法：对同一相贯线的不同相贯点，只要准确、便捷，可混合、叠加使用前述的各种方法而不必拘泥于某一特定方法。实际上，前述的变换面法，就是出于展开的需要，各方法在变换面上的叠加使用。本课程将两种或多种前述方法的混合、叠加等综合应用称为综合截切法，简称综合法。

前述的各相贯线求取方法，都是在具备一定条件下相贯点的特定求取方法，其特征是相对简单但又条件严格的截球面截切，以及在基本体素线上建立共同的截平面截切方法。当相贯体不具备上述条件时，即无法建立截球面，或无法在基本体的素线上建立截平面时，通常只能在相贯体相贯处的任意（而非随意）位置处建立同时截切两个相贯基本体的截平面。同样，通过在此截平面上得到的两个基本体截交线交点——相贯点以最后求得相贯线。比较前述的素线法和单素线法，这一方法可称为非素线截切法，简称非素线法。注意截平面的任意位置，意即基本体的非素线位置；但非随意位置，则其位置须在相贯处能同时截切两个相贯基本体。

本课程将非素线法归于综合法。

显然，非素线法的应用条件要较素线法和单素线法更为宽泛，其作图当然也就更繁琐。然而，即使非素线法的应用条件相对宽泛，它还要求一个截平面能在相贯处同时截切两个基本体。对于一些特殊相贯体，甚至连这样的要求都不具备，此时就需要分别对相贯基本体作不同的截平面,通过两个截平面的相交,求出不在同一截平面上的截交线交点——相贯点。此方法即为双截平面截切法,简称双截平面法。当然,此方法的难度更大,一般应尽量避免。

本课程将双截平面法也归于综合法,并略作介绍。

本课程的综合法不但包括所有特定条件下相贯线特定求取方法的综合应用,还包括了上述的非素线法和双截平面法。综合法求相贯线的目的:选用最简便的方法,优中取优、方便精准地求得相贯线。

### 7.7.2　综合截切法应用

实例 7 - 16:大、小正圆锥正置叉交的相贯线(图 7 - 67)。

分析:大小正圆锥的正置相贯,其相贯线的大部分相贯点可较容易地用素线法求得,但部分特殊相贯点则很难求得。而缺乏这些特殊相贯点,所作相贯线的精度就无法保证、容易出错。作为较典型的综合法应用,本例将以素线法、双截平面法求特殊相贯点。

另外,本例正面反映了两相贯圆锥的轮廓实形,故正面的相贯线投影可直接用于两圆锥的展开。

作图步骤如下(分见图 7 - 68、7 - 69、7 - 70 和 7 - 71):

(1)平面相贯边界控制点(图 7 - 68):

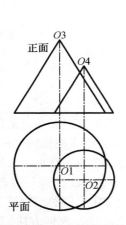

图 7 - 67　大小圆锥相贯

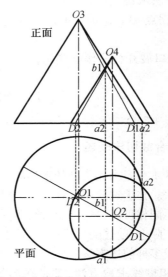

图 7 - 68　大小圆锥相贯线的边界和高度控制点

平面相贯边界控制点即平面两圆锥底圆的交点 $a_1$ 和 $a_2$,将之直接投影到正面的对应投影目标——两圆锥底圆线,得正面相贯线的边界控制点 $a_1$ 和 $a_2$。

(2)高度控制点(图 7 - 68):

(2.1)连接平面两圆锥圆心 $O_1 - O_2$(共同放射截切素线),并向两端延伸,分别交两圆锥底圆于点 $D_1$ 和 $D_2$,投影到正面圆锥底圆线,得正面同名点 $D_1$ 和 $D_2$;

(2.2)分别连接正面 $O_3 - D_1$ 和 $O_4 - D_2$ 交于点 $b$,即为正面相贯线的高度控制点(最高点);

(2.3)将点 $b$ 投影至平面圆心连线 $O_1 - O_2$,得平面同名相贯点 $b$。

$O_1 - O_2$ 为两圆锥的共同截切素线,故此高度控制点的求取方法为素线法。

（3）大、小圆锥的边界控制点（图 7 – 69）：

分析：大、小两圆锥在正面的相贯线必有其边界控制相贯点，并在其正面的轮廓线上（即以其平面对应水平轴线所截切的截平面的正面投影）。而要确定它们的具体位置，尚须另作截平面截切相贯圆锥，通过两个截平面的相交确定两圆锥各自的边界控制点，是为典型的双截平面法应用。

（3.1）大圆锥边界控制点（双截平面法的应用）：

（3.1.1）连接正面两锥顶 $O3 - O4$ 并延伸交底圆线的延长线于点 $D3$，投影至平面的对应投影目标——锥心连线 $O1 - O2$ 的延长线，得平面同名点 $D3$。

（3.1.2）自点 $D3$ 直线连接平面大圆锥底圆与其水平轴线的交点 $D4$，延伸 $O - D4$ 交小圆锥底圆于点 $D5$。

（3.1.3）连接平面 $O2 - D5$，形成的三角形 $\triangle O2 - D3 - D5$ 即为在相贯处截切相贯体过大圆锥正面轮廓的双斜截平面。

（3.1.4）双斜截平面边线 $O2 - D5$ 交大圆锥平面水平轴线于点 $c1$，即为平面相贯线的边界控制点 $C1$。

（3.1.5）将平面边界控制点 $C1$ 投影至正面大圆锥轮廓线上，得正面边界控制点 $c1$。

（3.2）小圆锥边界控制相贯点

（3.2.1）自点 $D3$ 直线连接平面小圆锥底圆与其水平轴线的交点 $D6$，交大圆锥底圆于点 $D7$。

（3.2.2）连接平面 $O1 - D7$，双斜截平面三角形 $\triangle O1 - D3 - D6$ 中的 $O1 - D7$ 线交小圆锥平面水平轴线于点 $c2$，即为平面相贯线的边界控制点 $C2$。

（3.2.3）将平面边界控制点 $C2$ 投影至正面小圆锥轮廓线上，得正面边界控制点 $c2$。

（4）小圆锥的相贯轴线顶点（图 7 – 70）：

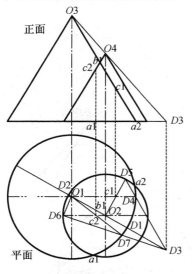

图 7 – 69  大小圆锥的边界控制点

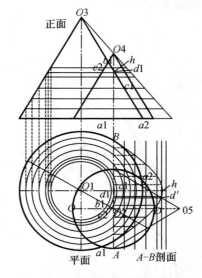

图 7 – 70  小圆锥的相贯轴线顶点

分析：小圆锥于其垂向轴线处与大圆锥的相贯特征点为小圆锥的相贯轴线顶点，可以小圆锥的垂向轴线为截切素线截切大圆锥，在同时反映两圆锥真形剖面的共同截平面上求得该轴线顶点，是为单素线法的应用。

（4.1）以平面小圆锥垂向轴线为其底圆边线作小圆锥的铅垂 $A - B$ 剖面，得 $\triangle O5 - A -$

$B$,为小圆锥被其垂向轴线截切后的实形素线轮廓剖面。

（4.2）作正面若干水平辅助素线（如图示的五根），并分别作平面的对应辅助圆素线和
$A-B$ 剖面的对应辅助垂向直线。

（4.3）正面小圆锥轴线交大圆锥轮廓于点 $h$,将其至底边的高度量至 $A-B$ 剖面的对应
位置,得大圆锥在 $A-B$ 剖面上的高度控制点 $h$。

（4.4）分别将平面圆锥垂向轴线 $A-B$ 与平面各辅助圆素线的交点投影至 $A-B$ 剖面的对
应垂向素线,依次连接各投影点和高度控制点 $h$,即为大圆锥在同一截平面上的实形轮廓剖面。

大圆锥真形剖面在 4#与 5#辅助素线间的曲率过大,作图时应在 4#和 5#间加密辅助素线。

（4.5）在同一截平面的 $A-B$ 剖面上,大圆锥实形轮廓交小圆锥实形轮廓于点 $d'$,投影
至平面轴线 $A-B$ 得平面相贯点 $d1$,即为小圆锥的平面相贯轴线顶点。

（4.6）将平面相贯点 $d1$ 在 $A-B$ 剖面上的高度 $d1-d'$ 量至正面对应小圆锥垂向轴线,
得正面 $d1$ 点。

（4.7）将 $A-B$ 剖面 $d-d'$ 的距离 $H$ 量至正面小圆锥轴线,得正面同名相贯轴线顶点 $d$。

（5）一般相贯点的求取完成所求相贯线（图 7-71）：

（5.1）应用素线法,在正面作两圆锥共同的水平截切素线,在平面得到各自的对应圆素
线,对应相交的交点即为平面相贯点。

（5.2）投影到正面,即得正面相贯点。

（5.3）依次分别光滑连接正、平面各相贯点及各特征点,即得所求正、平面相贯线。

本例的特征点种类较多,求取的方法相应地多而杂,特征点的编码也相对杂乱。为避
免展开时的可能混淆,在确定一般相贯点时,对各点的编号作了按顺序的调整、变动:原点
$c2$ 按序改为 $c7$、点 $b1$ 改为 $b8$、点 $d1$ 改为 $d10$、$c1$ 改为 $c12$、$a2$ 改为 $a15$。

小圆锥展开：

作图步骤如下（图 7-72）：

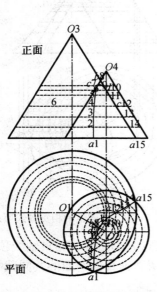

图 7-71　大小圆锥的相贯线

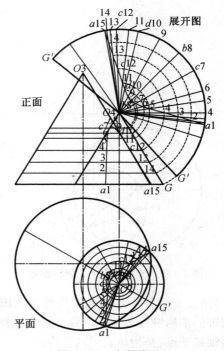

图 7-72　小圆锥展开

（1）过平面小圆锥圆心 $O2$ 作各相贯点的连线并延伸至小圆锥的底圆线，为与相贯点同名的平面放射素线。

（2）以正面小圆锥顶 $o4$ 为圆心、小圆锥轮廓边线 $O4-G$ 为半径作圆，在该圆截取弧长 $\overparen{G'G'}$ 等于平面小圆锥底圆的周长，为小圆锥展开底边线。

（3）以平面两圆心连线的延长线与小圆锥底圆的交点 $G'$ 为起点，依次将各放射素线截底圆的各段弧长量至展开底边线 $\overparen{G'G'}$，并分别连至点 $O4$，得同名展开放射素线。

（4）过正面各相贯点作水平线交小圆锥轮廓 $O4-G$ 于同名交点。

（5）以点 $O4$ 为圆心、点 $O4$ 至各交点的距离为半径作圆，交各对应展开放射素线，得各展开相贯点。

（6）依次光滑连接各相贯点，即为小圆锥相贯端的展开线。

大圆锥展开：

作图步骤同小圆锥展开，具体如下（图 7 - 73）：

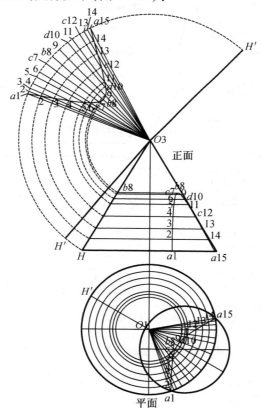

图 7 - 73　大圆锥展开

（1）过平面大圆锥圆心 $O1$ 作各相贯点的连线并延伸至大圆锥的底圆线，为与相贯点同名的平面放射素线；

（2）以正面大圆锥顶 $O1$ 为圆心、大圆锥轮廓边线 $O1-E$ 为半径作圆，在该圆截取弧长 $\overparen{E'E'}$ 等于平面大圆锥底圆的周长，为大圆锥展开底边线。

（3）以平面两圆心连线的延长线与大圆锥底圆的交点 $E'$ 为起点，依次将各放射素线截底圆的各段弧长量至展开底边线$\overset{\frown}{E'E'}$,并分别连至点$O1$,得同名展开放射素线。

（4）过正面各相贯点作水平线交大圆锥轮廓$O1-E$于同名交点。

（5）以点$O1$为圆心、点$O1$至各交点的距离为半径作圆,交各对应展开放射素线,得各展开相贯点。

（6）依次光滑连接各相贯点,即为大圆锥相贯处的开口展开线。

# 7.8　相贯线求取方法的选用

前述各节详细介绍了求相贯线的各种不同方法,其原理均为通过截切面的截切,找到相贯基本体截断面的轮廓交点,即为相贯线的相贯点;不同之处在于截切面形式与位置的确定方法。

图7－74自作业难度的由简至繁,总结了前述6种方法相应由严至宽的作业要求条件和判断依据,应根据具体相贯体的作业条件,按图7－74判断并选用合适的方法,原则就是简便而又准确地在待展基本体的轮廓实形面上求得相贯线。

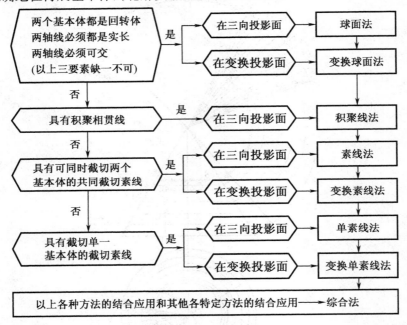

图7－74　根据已知条件先易后难选用求相贯线相贯点的方法

下面,我们对前述球面法应用的水壶相贯线实例7－1稍作变动,以说明不同的作业对象,随其作业条件的不同而选用不同的方法求取其相贯线。

## 7.8.1　积聚线法求方锥台壶身与圆锥壶嘴的相贯线

首先,将实例7－1的水壶壶身由圆锥台改为方锥台。

实例7－17:带圆锥壶嘴的方锥体水壶,求其方体圆嘴的相贯线(图7－75)。

分析:由于方锥体非回转体,故无法采用球面法求相贯线。而其正面壶身与壶嘴的共有线即为积聚相贯线,可采用积聚放射线法求壶身与壶嘴的相贯线:通过正面壶嘴辅助放射素线与其共有线相交的相贯点,以壶嘴平面的对应辅助放射素线为投影目标,直接投影即得平面相贯线。

另，正面为壶嘴的轮廓实形，正面的积聚相贯线可直接用于壶嘴的展开与壶身外形的展开；但平面相贯线是壶身开口线展开的必要依据，故本例的平面相贯线求取不仅是为图面的完整，也是壶身开口展开的必需。

作图步骤如下（图 7 - 76）：

（1）作正面壶嘴的辅助放射素线求正面相贯点：

（1.1）延伸壶嘴轮廓及轴线交于点 $O1$，并投影至平面水平轴线得平面点 $O1$。

（1.2）作正面壶口的断面实形圆：

（1.2.1）过壶嘴轴线与壶口端线的交点 $O$ 作轴线的垂线交壶嘴轮廓于点 1 和 5，连接 1 - 5 为壶口端正垂断面的剖切线。

（1.2.2）以点 $O$ 为圆心、$O - 1$ 为半径的圆即为为壶口实形圆。

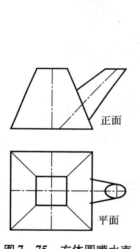

图 7 - 75 方体圆嘴水壶

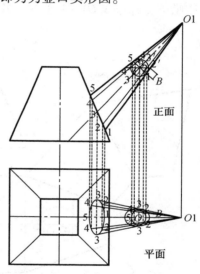

图 7 - 76 方体圆嘴水壶的相关线

（1.3）按弧长若干等分壶口实形圆（本例八等分），得等分点 $2'$，$3'$ 和 $4'$。

（1.4）连接对应等分点 $2' - 2'$ 和 $4' - 4'$，交剖切线 1 - 5 于点 2 和 4（$3' - 3'$ 为壶嘴轴线，交 1 - 5 于点 $O$）。

（1.5）分别连接 $O1 - 2$ 和 $O1 - 4$ 为正面壶嘴的辅助放射素线，并延伸交壶体轮廓于同名相贯点 2 和 4。

（1.6）壶嘴轴线和轮廓（另三根放射素线）分别交壶身于点 3，1 和 5，为正面积聚相贯线的另 3 个相贯点。

（2）作平面壶嘴的对应辅助素线：

（2.1）将正面壶嘴剖切线 1 - 5 上的各等分交点投影至平面：

（2.1.1）正面点 1 和 5 直接投影于平面壶嘴轴线，得平面同名点。

（2.1.2）过正面 1 - 5 中点 2 作垂线为投影轨迹，并将点 $2'$ 距 1 - 5 的宽度值 $B$ 以平面轴线 1 - 5 为对称轴上、下量至投影轨迹，得平面上下对称的两交点 2。

（2.1.3）同样方法投影得到平面上下对称的同名等分交点 3 和 4。

（2.2）分别连接平面 $O1 - 2$ 和 $O1 - 4$，为平面的对应辅助放射素线（另三根素线为轴线与轮廓线)。

(3)将正面各相贯点以平面轴线 $O1-5$ 为对称轴分别对称投影于平面的对应辅助素线,得平面同名相贯点,依次光滑连接各相贯点即为平面相贯线。

说明:本例对壶口实形圆作 8 等分,所得相贯点不足以达到相贯线的要求精度,应 16 等分,最好 24 等分。

壶嘴展开:

作图步骤如下(图 7 −77):

(1)以正面点 $O1$ 为圆心,$O1-5'$ 为半径作圆,截取弧长 $\overparen{11}$ 等于壶口正切圆的周长为壶嘴上口展开弧长,并八等分该弧长,得等分点 1,2,3,4,5,4,3,2 和 1。

(2)自点 $O1$ 分别连接展开弧长的各等分点,得九道同名展开放射线。

(3)分别过正面壶嘴上口端线与各辅助素线的交点作正面壶嘴轴线 $O1-3$ 的垂线,并延伸交正面壶嘴下轮廓边线 $O1-1$ 于各同名交点。

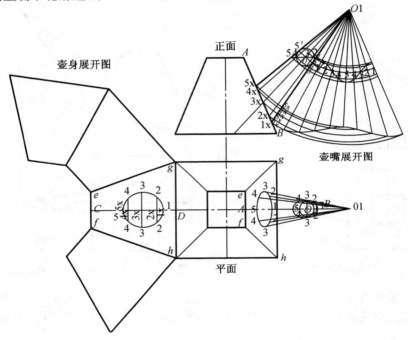

**图 7 −77  方体圆嘴水壶展开**

(4)以点 $O1$ 为圆心,分别以点 $O1$ 至上述交点的距离为半径作圆,交壶嘴展开图各同名展开放射线于各同名展开点,依次光滑连接各展开点,即为壶嘴上口的展开线。

(5)分别过正面壶嘴下口相贯端的各相贯点作正面壶嘴轴线 $O1-3x$ 的垂线,并延伸交壶嘴下轮廓边线 $O1-1$ 于各同名交点。

(6)同样以点 $O1$ 为圆心,分别以 $O1-1x$,$O1-2x$,$O1-3x$,$O1-4x$ 和 $O1-5x$ 为半径作圆,交各同名展开放射线于各同名下口展开点,依次光滑连接各展开点,即为壶嘴下口展开线。

壶身及其开口展开:

作图步骤如下(图 7 −77):

(1)延伸平面轴线,在其上截取 $C-D$ 等于正面水壶轮廓 $A-B$(水壶中心轴线的实长正平线),将正面 $A-B$ 的各相贯点搬至 $C-D$,并过各点作 $C-D$ 的垂线为展开线。

（2）过平面各相贯点作水平线,交各对应展开线于展开相贯点。

（3）光滑连接壶身展开开口面上的各展开相贯点,即为壶身展开开口线。

（4）过点 $C$ 及各相贯点作 $C-D$ 的垂线为壶身开口面的展开线,将平面该壶身面的四个端点 $e$、$f$、$g$ 和 $h$,以及各相贯点投影至对应展开线。

（5）直线连接 $e-g$ 与 $f-h$,即为壶身四个面之一的展开面,复制成四块,即为整个壶身的展开。

### 7.8.2 单素线法求斜置方壶身与圆壶嘴的相贯线

再将上例的壶身旋转 90°,壶嘴不变。

实例 7-18:带圆壶嘴的斜置方体水壶,求其方体圆嘴的相贯线(图 7-78)。

分析:同样,因壶身非回转体而不能采用球面法;同时,壶身的斜置,正面和平面均不存在积聚相贯线,无法如上例应用积聚线法。而用壶嘴的素线截切方体壶身的任意截平面截切,其轮廓边界都可形成简单直线,故本例用单素线法相当于素线法求相贯线。

作图步骤如下(图 7-79):

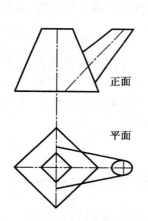

图 7-78 斜置方体圆嘴水壶

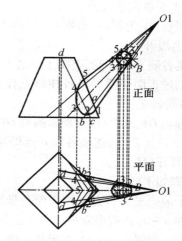

图 7-79 斜置方体圆嘴水壶的相关线

（1）同上例步骤作正面壶嘴的壶口实形圆,并等分作其辅助放射素线,延伸素线 $O-2$ 和 $O-4$ 至正面壶身底边线。

（2）同上例步骤作平面壶嘴的对应辅助放射素线。

（3）以素线 2 为截切素线截切壶身求相贯点 2:

（3.1）正面素线 2 分别交壶身侧边和底边于点 $a$ 和 $b$($a-b$ 即为截平面 2 的正面积聚投影),将之投影至平面壶身的对应中线和底边,得平面点 $a$ 和对称的两点 $b$。

（3.2）直线连接平面 $b-a-b$,即为截平面 2 与壶身截交线的平面投影。

（3.3）截交线 $b-a-b$ 与平面素线 2 的同名交点 2 即为所求相贯线的相贯点。

（4）同样方法作截平面 3 并求得相贯点 3。

（5）将平面相贯点 2 和 3 分别投影至正面的对应素线,得正面同名相贯点 2 和 3。

（6）作截平面 4 并求相贯点 4:

（6.1）平面辅助素线 4 分别交壶身底边线和上口线于点 $c$ 和 $d$($c-d$ 即截平面 4 的平面积聚投影),将之投影至正面壶身的对应底边和上口线,得正面同名点 $c$ 和 $d$。

（6.2）连接正面 $c-d$,即为截平面 4 与壶身截交线的正面投影。

（6.3）截交线 $c$ – $d$ 交正面素线 4 于同名相贯点 4，投影回平面的对应素线，得平面相贯点 4。

（7）将正面相贯点 1 和 5（壶身的正面边界控制点）投影至平面壶身水平中线，得平面同名相贯点 1 和 5；

（8）以平面折拐点 1 和 5 为界，分段光滑连接平面相贯点 1，2，3，4，5 和 5，4，3，2，1，即为所求平面相贯线。

（9）光滑连接正面相贯点 1，2，3，4，5，即为所求正面相贯线。

注① 本例对壶口实形圆的等分，实际作业时应 16 等分，最好 24 等分。

壶嘴展开：

作图步骤如下（图 7 – 80）：

（1）以正面点 $O1$ 为圆心、$O$ – $5'$ 为半径作圆，截取弧长 $\overset{\frown}{11}$ 等于壶口正切圆的周长为壶嘴上口展开弧长，并八等分展开弧长，得等分点 1，2，3，4，5，4，3，2 和 1。

（2）自圆心 $O1$ 分别连接展开弧长的各等分点，得九道同名展开放射线。

（3）分别过正面壶嘴上口线与各素线的交点作壶嘴轴线 $O1$ – 3 的垂线，并延伸交壶嘴下轮廓 $O1$ – 1 于各同名交点。

（4）以圆心 $O1$ 为圆心，分别以圆心 $O1$ 至上述各交点的距离为半径作圆，交对应展开放射线于各同名展开点。

（5）连接各展开点，即为壶嘴上口展开线。

（6）分别过正面壶嘴下口各相贯点作壶嘴轴线 $O1$ – $3x$ 的垂线，并延伸交壶嘴下轮廓 $O1$ – $1x$ 于各同名交点。

（7）以圆心 $O1$ 为圆心，分别以圆心 $O1$ 至上述各交点的距离为半径作圆，交对应展开放射线于同名下口展开点，连接各展开点即为壶嘴下口展开线。

壶身及其开口展开：

作图步骤如下（图 7 – 81）：

（1）过平面壶身上口点 $a$ 作平面壶身底边 $c$ – $d$ 的垂线，交 $c$ – $d$ 于点 $e$。

（2）延伸 $a$ – $b$，并截取 $a$ – $a1$ 等于正面 $a$ – $d$。

（3）以点 $e$ 为圆心、$e$ – $a1$ 为半径作圆，交 $a$ – $e$ 的延伸线于点 $a2$。

（4）过点 $a2$ 作 $a$ – $a1$ 的平行线，并截取 $a2$ – $b2$ 等于 $a$ – $b$，得点 $b2$。

（5）分别连接 $b2$ – $c$ 和 $a2$ – $d$，四边形 $a2$ – $b2$ – $c$ – $d$ 即为壶身四个面之一展开面。

（6）开口线展开：

（6.1）过平面对应面的相贯点 4 作 $a$ – $a1$ 的平行线交 $a1$ – $e$ 于同名点 4。

（6.2）以点 $e$ 为圆心、$e$ – 4 为半径作圆，交 $a2$ – $e$ 于同名点 4。

（6.3）过 $a2$ – $e$ 的点 4 作 $a2$ – $b2$ 的平行线，并将平面相贯点 4 投影至该平行线，得同名 4 展开相贯点。

（6.4）同样方法求得其他各展开相贯点，光滑连接各展开相贯点，即为壶身 1/4 展开面上的展开开口线。

说明：按题意对称复制壶身展开面及展开开口，即可组成整个壶身的完整展开，如图 7 – 81 所示。

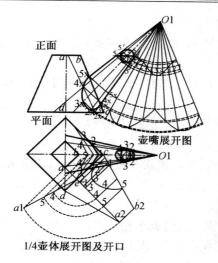

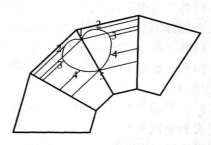

**图 7 - 80　斜置方体圆嘴水壶的展开**　　　　**图 7 - 81　斜置方体圆嘴水壶壶身的对称全展开**

### 7.8.3　素线法求回转体平行相贯的相贯线

对实例 7 - 1 的再变形:将圆锥壶嘴旋转到轴线平行于壶身轴线。

实例 7 - 19:求壶身、壶嘴轴线平行的水壶相贯线(图 7 - 82)

分析:两相贯基本体依然为原实例 7 - 1 中同尺度的两个回转体,它们的轴线也仍处同一平面,但两轴线由相交改为平行而无交点,因而无法应用球面法。而由于轴线的平行,可很容易地确定两基本体共同的水平素线,因而可用素线法求其相贯线。

同样,就展开目的,重要的是在反映基本体轮廓实形的正面求相贯线,而本例平面相贯点的求取是求正面相贯点的必须步骤,故本例的平面相贯线作用并非仅仅是图面的完整。

作图步骤如下(分见图 7 - 83 和 7 - 84):

(1)特征相贯点(图 7 - 83):

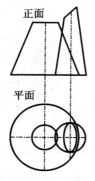

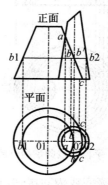

**图 7 - 82　壶身壶嘴轴线平行的水壶**　　　**图 7 - 83　平行轴线圆锥特征相贯点**

(1.1)正面壶身与壶嘴的轮廓交于边界控制点 $a$,投影至平面对应的壶身水平中线,得平面同名相贯点 $a$。

(1.2)平面壶身底圆 $O1$ 交平面壶嘴底圆 $O2$ 于两对称边界控制点 $c$,投影至正面的对应底边线,得正面相贯点 $c$。

(1.3)正面壶嘴轴线交正面壶身轮廓于正面点 $b'$,系相贯点 $b$ 的待求特殊点而非特征点。

　　(2)过正面点 $b'$ 作水平截切素线,求相贯点 $b$(图 7-83):

　　(2.1)截切素线 $b'$ 分别交壶身、壶嘴的轮廓于点 $b1$ 和 $b2$,投影至平面对应的水平中线,得平面同名点 $b1$ 和 $b2$。

　　(2.2)以壶身平面底圆中心 $O1$ 为圆心、$O1-b1$ 为半径作圆,交以壶嘴底圆中心 $O2$ 为圆心、$O2-b2$ 为半径的圆于平面两个同名相贯点 $b$。

　　(2.3)将平面相贯点 $b$ 投影于正面对应的截切素线上,得正面相贯点 $b$。

　　(3)添加辅助水平截切素线求其他一般相贯点(图 7-84):

　　(3.1)若干等分正面 $a-b'$,$c-b'$(本例各三等分),得四根水平截切素线 1,2 和 3,4。

　　(3.2)同相贯点 $b$ 的求得方法,分别对各素线进行投影、作圆求交点等,得各平面相贯点 1,2,3 和 4。

　　(3.3)将平面各相贯点投影回正面的对应素线,得正面各同名相贯点。

　　(4)分别依次光滑连接正、平面包括相贯特征点在内的各相贯点,即为所求的正、平面壶身、壶嘴的相贯线投影。

　　说明:本例特殊点 $b'$ 并非特征点而只是特殊点:尽管它由正面壶嘴轴线交正面壶身轮廓而来,但其相贯点 $b$ 本身并不在壶嘴轴线上。当然,对于本例,由于可作足够多的水平截切素线,并不一定需要壶嘴轴线上的特征相贯点(轴线顶点)。同时,对于壶嘴轴线上的这一特征点,也不可能直接用辅助截切素线确定平面辅助圆素线,使其交点恰恰位于壶嘴轴线,所以无法用素线法求得这一相贯特征点。如果一定要求这一特征点,则必须用单素线法:通过截切素线截切壶身,在其真形截平面上求得两相贯基本体截交线的交点,即相贯特征点,而后投影回正、平面,具体作图步骤如下(图 7-85):

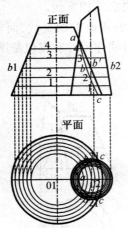

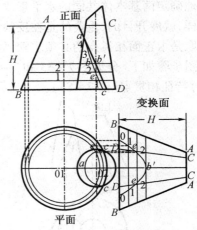

　　图 7-84　平行轴线圆锥的一般相贯点　　　　　图 7-85　单素线法求特殊相贯点

　　(1)以正面壶底线为间接轴、正面为间接面、平面为直接面、平面壶嘴轴线的平行线为变换轴进行投影改造,作以壶嘴轴线为截切素线的截平面变换面,在变换面上得壶身投影 $A-B-B-A$ 和壶嘴投影 $C-D-D-C$。

　　(2)正面壶嘴轴线与壶身的交点 $b'$ 系变换面截交线的高度控制点,将其高度量到变换面的中轴线,得变换面高度点 $b'$。

　　(3)将正面点 $b'$ 以下的辅助素线 1 和 2 变换投影至变换面(点 $b'$ 为最高点,其上部分对截交线无意义)。

（4）将平面壶身的对应素线圆 1 和 2 与壶嘴轴线的同名交点投影至变换面的对应素线，得变换面的同名交点投影。

（5）同样，将平面壶身底圆与壶嘴轴线的交点 0 投影至变换面的对应底边，得变换面同名点 0。

（6）依次光滑连接 0，1，2，$b'$，2，1，0，即为以壶嘴轴线为截切素线的壶身真形截平面上的截交线。

（7）壶嘴轮廓实形在变换面上的投影即 $C-D$，其与壶身截交线的交点 $e$ 即所求壶嘴轴线处与壶身相贯的特征点（壶嘴垂向轴线的顶点）在变换面上的投影，分别投影回平、正面，得其平、正面投影。

说明：显然，就本例而言，特征点 $e$ 的求得精度取决于辅助水平截切素线的多寡。而足够多的辅助素线，本就可以求得具足够精度的相贯线，而后直接在正面交壶嘴轴线得此特征点而无需再求此特征点。因此，对本例，此特征点的求取意义不大。若以单素线法求取此点，则本例采用的相贯线求取方法就是素线法和单素线法混合应用的综合法。

壶嘴展开：

作图步骤如下（图 7 - 86）：

（1）适当移动调整正、平面以便于展开作图。

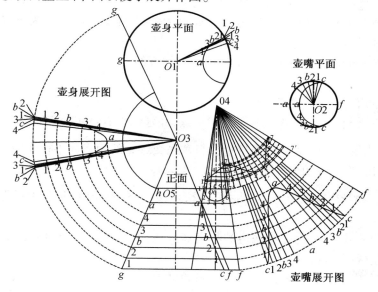

图 7 - 86　平行轴线圆锥水壶展开

（2）壶嘴下口相贯线展开：

（2.1）自平面圆心 $O2$ 分别连接各平面相贯点，并延伸交壶嘴底圆于各同名交点。

（2.2）以正面壶嘴轮廓延长线的交点 $O4$ 为圆心、$O4-f$（点 $f$ 为正面壶嘴外轮廓与壶底的交点）为半径作圆，截取弧长 $\widehat{ff}$ 等于壶嘴底圆的周长为壶嘴底边的展开弧长。

（2.3）自平面壶嘴底圆的点 $f$ 起，将弧长 $\widehat{fc}$，…，$\widehat{fa}$ 分别量至展开弧长 $\widehat{ff}$，得平面同名展开交点，并分别自圆心 $O4$ 连接各展开交点为同名放射展开线。

（2.4）以展开线 $O4-a$ 为对称轴，作对称同名展开线 $O4-c$，$O4-1$，…，$O4-4$。

（2.5）分别过正面各相贯点作水平线交壶身轮廓 $O4-f$ 于各同名交点。

（2.6）以 $O4$ 为圆心、分别以 $O4-c, O4-1, \cdots, O4-a$ 为半径作圆,交各同名展开线于同名相贯展开点,依次光滑连接各相贯展开点,即为壶嘴下口相贯展开线。

（3）壶嘴上口线展开:

（3.1）过正面壶身轴线与壶身顶端线的交点 $O5$ 作水平线,交壶嘴轴线于点 $O6$,并分别交壶嘴轮廓于点 $1'$ 和 $7'$。

（3.2）以点 $O6$ 为圆心、$O6-1'$ 为半径作半圆,为壶嘴在壶身顶端水平剖面的实形半圆,并按弧长六等分该半圆,得等分点 $2,3,4,5$ 和 $6$。

（3.3）过各等分点作半圆直径 $1'-7'$ 的垂线,与半圆直径 $1'-7'$ 线相交,得同名 $2,3,4,5$ 和 $6$ 各交点。

（3.4）分别连接 $O4-2, O4-3, O4-5$ 和 $O4-6$,连同壶嘴轴线和两轮廓线,交壶嘴上口线于交点 $1,2,3,4,5,6$ 和 $7$。

（3.5）过壶嘴上口的各交点作水平线,交壶嘴轮廓 $O4-7'$ 于各同名交点。

（3.6）以 $O4$ 为圆心、$O4-7'$ 为半径作圆,截取弧长 $\overset{\frown}{7'7'}$ 等于壶嘴于壶身顶端剖面实形圆 $O6$ 的圆周长,为壶嘴上口展开弧长。

（3.7）十二等分上口展开弧长得以点 $1'$ 为对称点的各对称等分点 $2,3,4,5$ 和 $6$,并分别自圆心 $O4$ 连接这些等分点,得同名放射展开线。

（3.8）以 $O4$ 为圆心、分别以 $O4$ 至壶嘴轮廓 $O4-1$ 各交点的距离为半径作圆,交对应同名展开线于同名上口展开点。

（3.9）依次光滑连接各展开点即为壶嘴上口展开线。

壶身展开:

作图步骤如下(见上页图 7-86):

（1）分别自平面圆心 $O1$ 连接各平面相贯点,并延伸交壶身底圆于同名交点。

（2）以 $O3$ 为圆心、$O3$ 至正面壶身轮廓与壶底交点 $g$ 的距离为半径作圆,截取弧长 $\overset{\frown}{gg}$ 等于壶身底圆周长,为壶身的展开弧长。

（3）自平面壶身底圆的点 $g$ 起,将弧长 $\overset{\frown}{g2}, \overset{\frown}{gb}, \overset{\frown}{g1}, \overset{\frown}{g3}, \overset{\frown}{gc}, \overset{\frown}{g4}$ 和 $\overset{\frown}{ga}$ 分别量至展开弧长,得同名展开交点。

（4）除交点 $c$ 外(点 $c$ 为壶身底边的相贯展开点,无需另求),分别自圆心 $O3$ 连接各展开交点为同名放射展开线。

（5）分别过正面相贯点作水平线,交壶身轮廓 $O3-g$ 于同名交点。

（6）以 $O3$ 为圆心、分别以 $O3-a, O3-4, O3-b, O3-2$ 和 $O3-1$ 为半径作圆,交对应展开线于同名相贯展开点。

（7）对称依次光滑连接各相贯展开点,即为壶身下口相贯展开线。

（8）以 $O3$ 为圆心、$O3$ 至正面壶身轮廓与壶顶交点 $h$ 的距离为半径作圆,即为壶身的上口展开线。

说明:下口相贯线一般应在加工后割出,便于加工。

### 7.8.4　单素线法求回转体偏心相贯的相贯线

再次变形实例 7-1:将圆锥壶嘴平移为偏心交圆锥壶身。

实例 7-20:求壶嘴、壶身偏心平交水壶的相贯线(图 7-87)

分析:变形后的水壶相贯基本体形状、尺度不变,但原本处于同一平面的回转基本体两轴线平移后不在同一平面,无法应用球面法;而由锥台形状壶嘴的放射素线截切,对同样为锥台形状的壶身也无法切出构成其表面素线或是其他简单直线的截交线,因而本例只能以单素线法求得相贯点。

作图步骤如下(图 7 - 88):

(1)作壶身的辅助水平素线以为壶身截交线的求取作准备:

(1.1)自正面壶身轮廓与壶嘴上轮廓的交点 a 至壶底,若干等分壶身(本例 10 等分),得 1,2,…,8 和 9 九根水平素线(为了达到一定的精度,必要时需加密辅助素线:本例插入五根加密素线,如图示正面的水平虚线)。

(1.2)作正面壶身水平素线对应的平面壶身圆素线。

如前所述,通常在实际作业过程中,为明确找出以交点形式为主的投影点,一般会忽略线条性质而均以实线表示,本课程的诸多实例也体现了这一形式。但为了图示的清晰,有时会以不同线条进行视觉区分。如本例图示之平面圆素线的虚实与正面水平素线的虚实并无对应关系,本质上均应为虚线。

(2)同前例 7 - 87 和 7 - 88 的方法作正面壶嘴的壶口实形圆并等分后添加辅助放射素线,延伸至正面壶底;

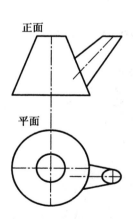

图 7 - 87　壶身壶嘴偏心相交的水壶

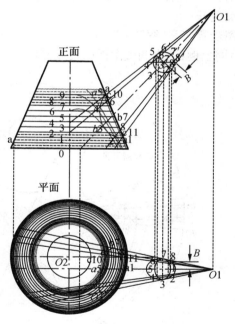

图 7 - 88　偏心水壶的相贯线

(3)同前例 7 - 87 和 7 - 88,作平面壶嘴的对应放射素线。

(4)以正面壶嘴放射素线为截切素线截切壶身,通过平面壶身真形截交线与平面壶嘴对应放射素线的交点求相贯点:

(4.1)将正面放射截切素线 O1 - 3 与壶身轮廓的交点 b 投影至平面壶身水平中线,得平面点 b,为截切素线 O1 - 3 截切壶身之截交线的最高点。

(4.2)分别将正面截切素线 O1 - 3 与壶身各辅助水平素线的交点投影至平面的对应圆素线,得平面对称投影交点 0′,1′,2′,3′,4′,5′,6′,计 14 点。

（4.3）以平面点 $b$ 为最高中间点，依次光滑连接上述平面各投影交点，即为壶身于截切素线 $O1-3$ 位置的平面截交线。

（4.4）该截交线分别交平面壶嘴的对应放射素线 3 和 7（即平面壶嘴的轮廓线）于平面相贯边界控制点 $b3$ 和 $b7$，投影回正面的对应截切素线 $O1-3$，得正面相贯点 $b3$ 和 $b7$。

（4.5）同样方法分别作其他辅助截平面，求得相应截切素线的同名相贯点。

附注：本例也可以平面壶嘴散射素线为截切素线截切壶身，通过正面壶身真形截交线与正面壶嘴对应放射素线的交点求得相贯点（见图 7-88），具体作法略由读者看图 7-88 自己作图思考。此方法比以正面壶嘴放射素线为截切素线截切壶身的工作量大，精度略高一点。

（5）依次光滑连接平面各相贯点，得平面所求相贯线。

（6）平面相贯线与壶身水平中线的交点 $c10$ 和 $c11$ 为正面相贯线的边界控制点，分别将其投影至正面壶体轮廓，得正面同名相贯控制点 $c10$ 和 $c11$。

（7）平面相贯线与壶嘴放射线 1 和 5 的交点 $a1$ 和 $a5$，分别投影至正面壶嘴轮廓，得正面同名相贯点 $a1$ 和 $a5$。

（8）依次光滑连接正面包括 $a1$、$a5$、$c10$ 和 $c11$ 点在内的各相贯点，即为正面所求相贯线。

说明：实际作业时壶嘴的壶口实形圆应 16 等分，最好 24 等分。

壶嘴展开：

作图步骤如下（图 7-89）：

（1）同上例，适当调整图面以便展开作图。

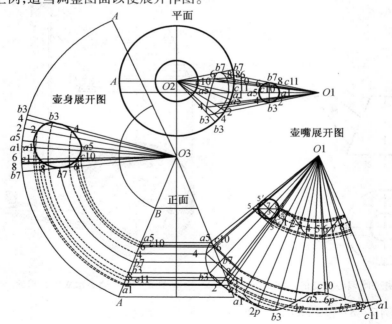

图 7-89　壶嘴与壶体的展开及壶体的开口

（2）壶嘴上口线展开：

（2.1）以正面壶嘴轮廓交点 $O1$ 为圆心、$O1-5'$ 为半径作圆，截取弧长 $\overset{\frown}{11}$ 等于壶嘴上口正切实形圆的周长为壶嘴上口展开弧长。

（2.2）八等分展开弧长，得等分点 1，2，3，4，5，6，7，8 和 1。

（2.3）自圆心 $O1$ 分别连接各等分点，得九道同名放射展开线。

（2.4）分别连接平面 $O1-c10$ 和 $O1-c11$，与平面壶嘴上口实形圆相交，得同名交点 $c10$ 和 $c11$。

（2.5）将平面壶嘴上口实形圆上 $\overset{\frown}{a5c10}$ 和 $\overset{\frown}{a1c11}$ 弧长，量至以 $O1$ 为圆心、$O1-5'$ 为半径所作圆上的相应位置，得同名 $c10$ 和 $c11$ 两点。

（2.6）自圆心 $O1$ 分别连接 $c10$ 和 $c11$ 两点，得两道同名放射展开线。

（2.7）分别过正面壶嘴上口线与各放射剖切线的交点作壶嘴轴线 $O1-3$ 的垂线，并延伸至壶嘴下轮廓 $O1-1$ 得同名各交点。

（2.8）以 $O1$ 为圆心、分别以 $O1-1$，$O1-2$，$O1-3$，$O1-4$ 和 $O1-5$ 为半径作圆，交各同名展开线于各同名展开点。

（2.9）依次光滑连接各展开点，即为壶嘴上口展开线。

（3）壶嘴下口相贯线展开：

（3.1）分别过正面壶嘴下口各相贯点作壶嘴轴线 $O1-b3$ 的垂线，并延伸到壶嘴下轮廓 $O1-a1$ 得同名各交点。

（3.2）以 $O1$ 为圆心、分别以 $O1-a1$，$O1-2p$，$\cdots$，$O1-8p$ 和 $O1-c11$ 为半径作圆，交各同名展开线于各同名展开点。

（3.3）依次光滑连接各展开点，即为壶嘴下口相贯展开线。

壶身及开口展开：

作图步骤如下（图 7-89）：

（1）自平面圆心 $O2$ 分别连接各相贯点，并延伸交壶身底圆于各交点 $b7,8,6,c10（c11$ 重叠），$a1,a5,2,4$ 和 $b3$。

（2）以正面壶身轮廓延长线的交点 $O3$ 为圆心、$O3$ 至壶身轮廓和底边交点 $A$ 的距离 $O3-A$ 为半径作圆，截取弧长 $\overset{\frown}{AA}$ 等于壶身底圆周长为壶身展开弧长。

（3）将以平面点 $A$ 起的弧长 $\overset{\frown}{Ab7}$，$\overset{\frown}{b78}$，$\overset{\frown}{86}$，$\overset{\frown}{6c10}$，$\overset{\frown}{c10a1}$，$\overset{\frown}{a1a5}$，$\overset{\frown}{a52}$，$\overset{\frown}{24}$ 和 $\overset{\frown}{4b3}$ 量在该展开弧长 $\overset{\frown}{AA}$，得同名各交点。

（4）自点 $O3$ 分别连接上述各交点，得同名放射展开线。

（5）分别过正面各相贯点作水平线交壶体轮廓 $O3-A$ 于同名各交点。

（6）分别以 $O3$ 为圆心、以 $O3-a1$，$O3-2$，$O3-c11$，$\cdots$，$O3-6$，$O3-c10$ 和 $O3-a5$ 为半径作圆，交同名展开线于各同名相贯展开点。

（7）连接各相贯展开点，即为壶身相贯开口展开线。

（8）以 $O3$ 为圆心、$O3$ 至壶身轮廓和顶边交点 $B$ 的距离 $O3-B$ 为半径作圆，即为壶身的上口展开线。

# 7.9  相贯线在船体上的应用

相贯线的工程应用非常广泛，在船舶工程方面也同样如此：在具抛、昂势的甲板上安装基座、舾装件等就会产生相贯线；安装于船体外板内外的一些如基座、锚凸台、舷梯悬挂件等舾装，也会产生相贯线；各类安装于船体外板的管件等同样会产生相贯线，等等。下面以几个实例介绍相贯线在船舶工程上的具体应用。

### 7.9.1　具抛昂势甲板上的圆柱体

实例 7-21：求具抛昂势甲板上圆筒体与甲板的相贯线（图 7-90）。

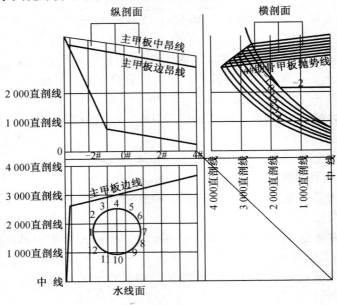

**图 7-90　甲板上圆筒体线型**

这是典型的相贯线在船舶工程的应用：由强度、防上浪的需要，船舶主甲板往往设计为具梁拱（抛势）和脊弧（昂势）。而甲板上的圆柱体附件则种类繁多：通风筒、带缆桩、克令吊基座，等等。分析：由于本例的甲板抛、昂势均为直线，可简单地以平行线方式添加甲板和筒体的共同截切素线，故本例采用素线法求相贯线。

具体作图步骤如下（图 7-91）：

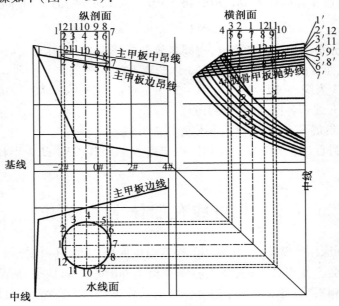

**图 7-91　甲板上圆筒体的相贯线**

（1）12 等分平面圆并编号：1～12（实际作业时应取更大的等分密度）。

（2）将等分点投影至纵剖面和横剖面，并分别作相应的十二等分线。

（3）分别将纵剖面十二等分线与主甲板中昂线的交点投影至横剖面中线，得十二中昂点 1′,2′,…,11′和 12′（仅为七点,部分点重叠）。

（4）分别过横剖面十二中昂点作 4#肋骨甲板抛势线的平行线为共同截切素线,交圆筒的对应十二等分线于所求相贯点：如平行线 1′交等分线 1 于相贯点 1；平行线 4′(10′)分别交等分线 4 和 10 于相贯点 4 和 10,等等,共得十二个相贯点 1,2,…,11 和 12。

（5）依次光滑连接横剖面各相贯点,即为所求横剖面的相贯线。

（6）将横剖面 12 相贯点投影至纵剖面的对应等分线,得纵剖面同名相贯点；

（7）依次光滑连接纵剖面各相贯点,即为所求纵剖面的相贯线。

甲板筒体的展开（图 7 - 92）：

（1）延伸横剖面筒体上口线 4 - 10 至图面适当位置,截取线段 1 - 1 等于平面圆筒周长,为筒体上口展开线。

（2）12 等分展开线,并作对应等分点的编点。

（3）过展开线各等分点作展开线 1 - 1 的垂线。

（4）将横剖面的各相贯点投影至各对应垂线,得各同名相贯展开点。

（5）依次光滑连接各相贯展开点,即为筒体下口相贯展开线。

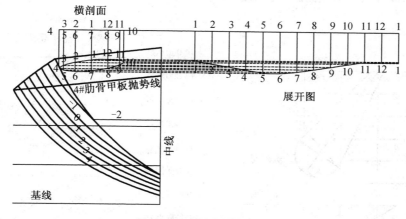

图 7 - 92 甲板圆筒体展开

### 7.9.2 艏部外板与锥体

实例 7 - 22：求艏部外板与圆锥管的相贯线（图 7 - 93）。

分析：本例为船体艏部的相交锥管。虽可简单确定锥管的放射截切素线,但由于船体外板曲面的不规则,难以简单地确定其与锥管的共同截切素线,故采用单素线法求相贯线。对于本例,截平面只能选取为正垂面（即水线面）或铅垂面（即纵剖面）。如前所述,这样的截平面位置可能出现两种情况：一是可以在基本投影面直接投影求得相贯点；二是无法在基本投影面直接投影求得相贯点而只能通过投影改造求得相贯点。两者结果相同,但前者较为简单,而后者则相对难度较大。因此,用单素线法求取相贯线时,截平面的选取对作业的繁简很重要。

对于本例,若截平面选为正垂面,须先在纵剖面上自船体线型图添加加密的辅助纵剖线(俗称"小直剖线"),然后在纵剖面作锥管辅助素线的变换投影以求相贯点。这样,无法避免船体型线的插入,作图方法麻烦,且图面重叠不清晰、易混淆。而以铅垂面作截平面,则可在水线面与纵剖面间直接投影求得相贯线,方法简单且图面清晰。

具体作图步骤如下(图7-94):

(1)作纵剖面锥管的等分辅助剖切线:

(1.1)延伸纵剖面锥管轮廓交于点 $O$。

(1.2)过纵剖面锥管与艉轮廓的交点 5 作锥管于此位置的实形半圆,四等分该实形半圆,并编号为 $1'$,2,3,4 和 5(点 5 即相贯边界控制点)。

(1.3)过点 2,3 和 4 作锥管轴线垂线 $1'-5$ 的垂线,得点 $2'$,$3'$ 和 $4'$。

(1.4)分别连接 $O-2'$、$O-3'$(即原锥管轴线)和 $O-4'$ 为锥管放射截切素线。

(2)作锥管水线面的对应放射截切素线:

(2.1)将点 $2'$ 投影至平面:将点 2 至 $2'$ 的宽度值 $B$ 量至点 $2'$ 对应水线面的投影轨迹,得平面的对称同名两点 $2'$(纵剖面剖切线 $1'-5$ 对应于水线面的中线 $C.L$,此投影实际是以纵剖面锥管实形半圆为间接面、纵剖面为直接面、水线面舯线为变换轴、水线面为变换面的投影改造)。

(2.2)分别自水线面锥管锥心 $O$ 连接点 $2'$,得水线面两根对称放射截切素线 $O-2'$。

(2.3)同样方法作水线面放射截切素线 $O-3'$ 和 $O-4'$。

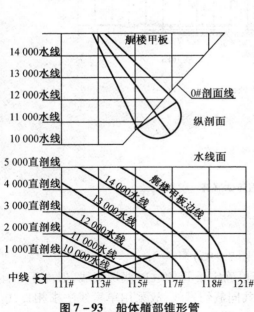

图7-93　船体艉部锥形管

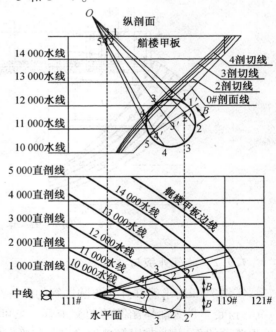

图7-94　求船体艉部锥形管相贯线

(3)作截切素线的辅助铅垂截平面求纵剖面相贯点:

(3.1)延伸水线面截切素线 $O-2'$ 至艉楼甲板边线,将 $O-2'$ 与各水线及艉楼甲板边线的交点投影至纵剖面的对应投影目标。

(3.2)依次光滑连接纵剖面各投影点,即为船体线型在铅垂截平面 $O-2'$ 的截交线在纵剖面上的投影(图7-94 中标为截交线2)。

（3.3）该截交线交锥管对应截切素线 $O-2'$ 于相贯点 2。

（3.4）同样方法求得纵剖面相贯点 3 和 4。

（4）连接纵剖面 $O-1'$ 交舳纵剖面线于相贯边界控制点 1。

（5）依次光滑连接纵剖面各相贯点，即为所求相贯线在纵剖面的投影。

（6）将纵剖面相贯点 1 和 5 投影至水线面中线，得水线面同名相贯点 1 和 5。

（7）分别将纵剖面相贯点 2、3 和 4 投影回水线面的对应截切素线，得水线面同名相贯点 2、3 和 4（计对称 6 点）。

（8）依次对称光滑连接水线面各相贯点，即为所求相贯线在水线面的投影。

锥管展开：

作图步骤如下（图 7－95）：

（1）以纵剖面锥管锥心 $O$ 为圆心、$O-1'$ 为半径作圆，截取弧长 $\overset{\frown}{55}$ 等于锥管底圆周长为锥管展开弧长。

（2）八等分展开弧长，并对应等分底圆编号。

（3）分别自锥心 $O$ 连接弧长 $\overset{\frown}{55}$ 的各等分点，得同等分点编号的各放射展开线。

（4）分别通过纵剖面各相贯点作锥管轴线 $O-3'$ 的垂线，交锥管轮廓 $O-1$ 于同名交点。

（5）分别以 $O$ 为圆心，$O-1$，$O-2$，$O-3$，$O-4$ 和 $O-5$ 为半径作圆，交对应同名展开线于同名相贯展开点。

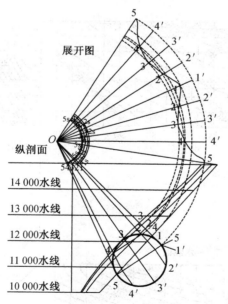

**图 7－95　舳部锥形管展开**

（6）依次光滑连接各展开点，即为相贯展开线。

（7）分别通过纵剖面各辅助剖切线与锥管上口线（舯楼甲板线）的交点作锥管轴线 $O-3$ 的垂线，交锥管轮廓 $O-1$ 于点 $1s$，$2s$，$3s$，$4s$ 和 $5s$。

（8）分别以 $o$ 为圆心，$O-1s$，$O-2s$，$O-3s$，$O-4s$ 和 $O-5s$ 为半径作圆，交对应同名展开线于同名相贯展开点。

（9）依次光滑连接各展开点，即为锥管上口展开线。

说明：八等分锥管实形半圆不足以达到所求相贯线的精度，实际作业时应至少16等分，最好24等分。

### 7.9.3　锚链管与船体外板

实例7－23：求锚链管与船体外板的相贯线（图7－96）。

分析：相对于船体三向线型，锚链管处于非平行态，所以无法在船体线型图中直接求得锚链管与船体外板的相贯线，须作平行于锚链管的投影改造，建立锚管实形与船体实形线型组的共同变换面，其上锚管与船体实形线型的交点即为所求相贯点。通过该相贯点向船体三向线型的投影，得到相应的相贯点以最终求得相贯线。因此，本例为典型的变换面法应用。

就本例，除已知的船体线型外，分别在纵剖面和水线面上给出了锚管轴线的上、下出口点位置，以及锚管的直径 $D$。因此，必须首先完整确定锚管轴线在各投影面的确切位置，而后以水线面为直接面，平行锚管轴线进行投影改造，建立锚管实形与船体实形同在的变换面。

具体作图步骤如下（分别见图7－97、7－98和7－99）：

（1）准备工作：锚管轴线的三向投影确定（图7－97）：

（1.1）根据纵剖面已知轴线下出口点 $OX$，投影求水线面、横剖面的点 $OX$：

（1.1.1）根据下出口 $OX$ 的高度尺寸 $23WL$ 添加辅助水线，并在横剖面添加同样高度的 $23WL$。

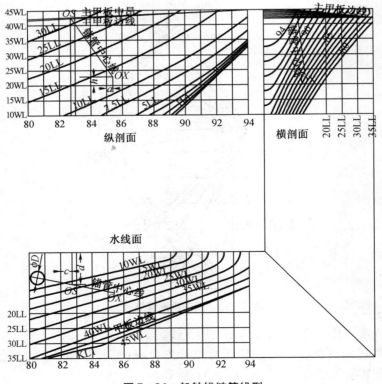

**图7－96　船舶锚链管线型**

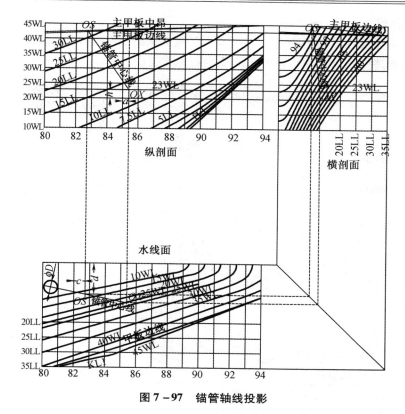

**图 7 – 97 锚管轴线投影**

（1.1.2）将横剖面 23WL 与各肋位线的交点至舯线 *C. L* 的半宽值量至水线面的对应肋位线上，得水线面辅助水线 23WL（考虑锚管的长度范围和一定的精度要求，该辅助水线作至 90#肋位足矣）。

（1.1.3）根据已知条件作水线铺管轴线（已知水线面上出口点的位置尺寸和过上出口点的锚管轴线角度）水线面锚管轴线与水线面 23*WL* 的交点为水线面锚管轴线的下出口 *OX*。

（1.1.4）水线面下出口点 *OX*；投影至纵剖面、横剖面 23WL，得纵剖面、横剖面下出口点 *OX*。

（1.2）根据水线面已知轴线上出口点 *OS*，投影求纵剖面与横剖面的点 *OS*：

分析：锚管的上开口在艉楼甲板上，且必在甲板的舯线与边线间，故其轴线的上出口点 *OS* 必在纵剖面的艉楼甲板中昂线和艉楼甲板边线间，但不能确定其精确位置。由于甲板梁拱（抛势）仅随脊弧（中昂）的纵向前后而有高低的平移变化（即其在各横剖面的形状相同，依据为船舶舯线），所以可先将平面点 *OS* 投影至纵剖面的主甲板中昂线，再投影至横剖面舯线，确定相应的甲板轮廓线后再确定点 *OS*。

具体步骤如下（图 7 – 97 仅保留了 81#肋位的甲板抛势线而删除了其他肋位的甲板抛势线）：

（1.2.1）将水线面点 *OS* 垂直投影于纵剖面中昂线，再投影于横剖面舯线。

（1.2.2）将横剖面任一肋位（本例取 81#）的艉楼甲板抛势线以其与舯线的交点为基点平移至上一步的横剖面舯线投影点，得点 *OS* 处的艉楼甲板横剖面抛势线。

（1.2.3）将水线面点 *OS* 投影于横剖面的相应艉楼甲板抛势线上，得横剖面点 *OS*；再投影到纵剖面,得纵剖面点 $OS$。

（1.3）分别连接各投影面的 $OS-OX$,即为其锚管轴线的准确投影位置。

（2）投影改造作锚管轴线与船体实形线型的共同变换投影面（图 7-98）：

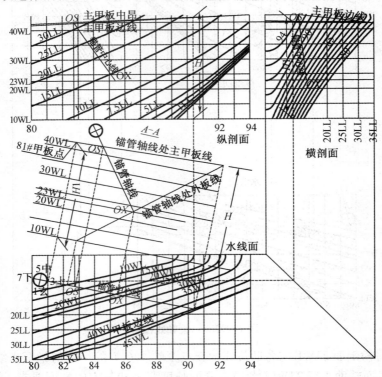

**图 7-98    投影改造建立锚管轴线与船体的共同真形截平面**

（2.1）以水线面锚管轴线在图面适当位置的平行线（设定为水线 10WL）为变换轴、水线面为直接面、纵剖面或横剖面为间接面、对应的 10WL 为间接轴进行投影改造作变换面：$A-A$ 剖面。

（2.2）将纵剖面或横剖面的各水线变换投影于 $A-A$ 剖面：以 10WL 为基准,将各水线高度量至 $A-A$ 剖面即可。

（3）锚管轴线处船体线型的 $A-A$ 剖面投影（图 7-98）：

（3.1）以纵剖面为间接面,作艏部外板的变换投影：通过水线面锚管轴线与各水线的交点向 $A-A$ 剖面各对应水线的垂直投影,得 $A-A$ 剖面艏部各水线处的外板投影点。

（3.2）$A-A$ 剖面外板与甲板的交点投影：

（3.2.1）过水线面锚管轴线与主甲板边线的交点分别作纵剖面和 $A-A$ 剖面的投影轨迹线。

（3.2.2）将纵剖面投影轨迹与主甲板边线的交点至 10WL 的高度 $H$ 量至 $A-A$ 剖面的投影轨迹上,即得 $A-A$ 剖面的外板与甲板交点投影。

（3.3）以横剖面为间接面,作船体甲板 $A-A$ 剖面的实形变换投影：

（3.3.1）过水线面锚管轴线与各肋位的交点作轴线的垂线并延伸至 $A-A$ 剖面,为投影轨迹。

（3.3.2）将上述轴线与各肋位的交点投影至横剖面对应肋位的甲板线,并将横剖面各投影点的高度 H1 量至 A – A 剖面各对应投影轨迹上,得 A – A 剖面的甲板投影点连接各投影点(为清晰图示,图 7 – 98 中除点 OS 处的甲板线外,仅保留了 81#肋位的甲板线而删除了其他肋位的甲板线)。

(3.4)以甲板边线点为界,分别连接各甲板投影点和外板投影点,即为 A – A 剖面锚管轴线处的船体线型(外板和甲板)剖面框的实形投影。

(4)锚管轴线的 A – A 剖面投影(图 7 – 98):

(4.1)将水线面点 OX 直接投影于 A – A 剖面的 23WL 上,即得 A – A 剖面点 OX。

(4.2)过水线面点 OS 作轴线的垂线,延伸至 A – A 剖面为投影轨迹。

(4.3)将纵剖面或横剖面点 OS 至 10WL 的高度量至该投影轨迹,即得 A – A 剖面点 OS,连接 OS – OX 即为锚管的实长轴线。

注意:锚管上出口点 OS,下出口点 OX,必须重新参加进 A – A 剖面的甲板和外板线型光顺。

(5)等分锚管并作标识(图 7 – 99):

(5.1)在水线面锚管轴线的适当位置作锚管十字实形圆为辅助等分依据(非投影依据)。

(5.2)以锚管实形圆的十字中线与圆的交点为部分等分点,按弧长八等分水线面锚管剖面圆并编号:1,2,…,7 和 8(进一步作业的对应等分依据,编定号后即不能变动,故对十字中线的上、下、舷、舯作清晰标识以备忘)。

(5.3)过各等分点作锚管轴线的平行线为辅助素线,得锚管轮廓线 5,1 和辅助素线 2 – 4,6 – 8,素线 7 – 3 与水线面锚管轴线 OS – OX 重合。

(6)以各素线为截切素线,在变换面 A – A 剖面上作各素线的真形截平面(图 7 – 99):

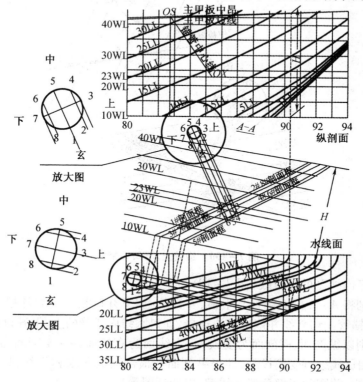

**图 7 – 99 等分锚管并作相应的船体与锚管截平面**

（6.1）分别以素线 $1,5$ 和 $2-4,6-8$ 为基准，重复步骤(3)，得各素线处船体在 $A-A$ 剖面变换投影的剖面框。

若甲板梁拱（抛势）为圆弧或直线，则各剖面框的甲板线可直接以甲板边线点为依据进行平移生成而毋需自横剖面的变换投影。

（6.2）延伸 $A-A$ 剖面的锚管轴线 $OS-OX$ 至适当位置作其断面实形圆，并对应水线面八等分该实形圆：因以水线面 $3-7$ 为投影轴、顺十字线 $1-5$ 向 $A-A$ 剖面投影，故 $A-A$ 剖面的锚管轴线交剖面圆于等分点 1 和 5（注意 $A-A$ 剖面的位置决定了它舷内舷外的剖面分布）、过圆心的轴线垂线交剖面圆于等分点 3 和 7，再依次确定其他各等分点的编号（等分点编号必须与水线面对应，不能混淆）。

（6.3）过等分点作锚管轴线的平行线，即 $A-A$ 剖面的锚管素线投影。

（7）作 $A-A$ 剖面相贯线（图 7－100）：

（7.1）$A-A$ 剖面各投影素线分别与各对应剖面框的甲板线（为清晰图示，图 7－100 中仅保留了 $2-8$ 甲板线）交于锚管上口各相贯点，依次光滑连接各相贯点，即为锚管上口相贯线的 $A-A$ 剖面投影。

（7.2）同样，这些素线分别交各对应外板线于锚管下口各相贯点，依次光滑连接各相贯点，即为锚管下口相贯线的 $A-A$ 剖面投影。

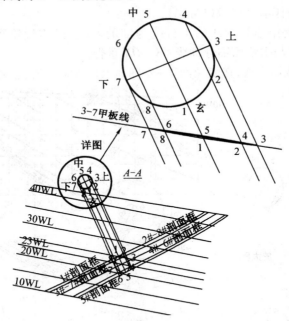

**图 7－100　锚管上、下口相贯线**

（8）船体三向线型的相贯线（图 7－101）：

（8.1）分别将 $A-A$ 剖面锚管与甲板、外板的上、下开口相贯线的各相贯点直接投影至水线面的对应锚管剖切素线并依次光滑连接，即得水线面锚管的上、下开口相相贯线。

（8.2）分别以纵剖面、横剖面为变换面，水线面为直接面，$A-A$ 剖面为间接面，对锚管的上、下开口相贯线进行变换投影，即得纵剖面和横剖面的所求相贯线（图 7－101 仅反映了下开口相贯线，并删除了部分船体线型，以清晰图示）。

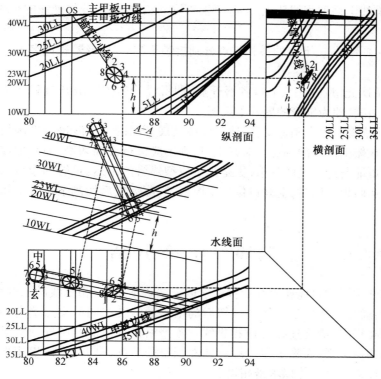

**图 7 - 101　船体三向线型上的相贯线**

注①　本例作业八等分所得相贯点不足以达到所求相贯线的精度,实际作业应至少 16 等分,最好 24 等分;

注②　就本例,作业的最终目的是为了锚管的展开。$A-A$ 剖面相贯线的求得,已可满足锚管的展开要求;而船体甲板和外板的锚管上、下开口,仅需要相应的水线面上开口相贯线(甲板开口)和横剖面下开口相贯线(外板开口),即可满足甲板、外板的开口展开需要;

注③　明显地,本例采用的是变换单素线法。

注④　锚链管展开:

作图步骤如下(图 7 - 102):

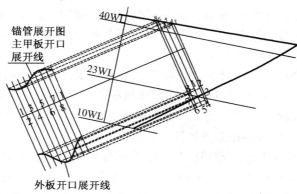

**图 7 - 102　锚管展开**

(1)作 $A-A$ 剖面锚管轴线的垂线,并延伸至图面适当处为展开准线;

（2）在该准线上截取直线段 1-1 等于锚管圆周长,并八等分作准线的垂线为展开线 1,2,…,8 和 1;

（3）将 A-A 剖面上、下口的各相贯点分别投影至同名展开线,得同名上、下口展开投影点;

（4）分别依次光滑连接上、下口各展开点,即得锚管的主甲板开口和外板开口展开线,连同两侧直线边线,即为锚管的展开下料图。

说明:就此锚管的生产制造工艺,通常应按其展开图的下口线进行准确切割,以保证锚管加工成型后在船上的装配到位。对其上口,则不应进行准确切割,而须加放足够的余量。这不仅仅是对可能制造误差的补偿,更是为了成型锚管的吊运:足够的余量上开一吊运孔,即为现成的吊运眼板。同时,上开口位于主甲板,装配完成后切割余量等工作有良好的、便于施工的工位。

# 7.10　本章小结

本章详细介绍了相贯体相贯线的各种求取方法。本质上,相贯线的求取都是通过辅助截切面求得的:通过两相贯基本体被截切后的截断面截交线间的交点确定相贯点;系列截切面得到系列相贯点,最终连接形成相贯线。除严格条件下简便的球面法采用截球面外,一般截切面均为截平面;而除了很少用到的双截平面法的不同截平面求相贯点之外,通常都以同一截平面截切基本体以求得相贯点。

相贯线的求取作业,其重要关键在于截切面形式与截切位置的选取。本课程依据不同的截切面形式和位置,对相贯线的求取方法进行了不同的分类介绍,或有助于读者的快速理解。

球面截切法:是唯一以截球面为截切面的相贯线求取方法,为最便捷的方法,作业时应予优先考虑。但此方法仅适用于基本体均为回转体,且其回转轴线可相交的相贯体,相对受限严格而无法广泛应用;

积聚线截切法:通过作业条件已存在的积聚相贯线方便地确定对另一基本体的截切素线,因而简单、直观,是截平面法应用的首选。同样,受限于积聚相贯线的存在条件,其应用也不广泛。

素线截切法:系以两个相贯基本体的共同截切素线截切相贯体,能够较方便地确定截平面位置,作图也因素线之故而相对简单,适用于不存在积聚相贯线时的相贯线作业条件。当然,其应用范围亦受限于共同素线。

单素线截切法:是对素线法放宽其共同素线条件限制的变形。同样,由一个基本体的素线可方便地确定截平面位置,但对另一基本体的截断面作图则相对繁、难,而其适用范围则放得更宽。以单素线截切法求相贯线,选取某一基本体的素线为截切位置线时,必须考虑另一个基本体截断面曲线的作图方便性。

本课程还分别介绍了非素线截切法和双截平面截切法的基本概念,并在实例 7-16 的步骤（3）中对后者进行了简单的应用介绍。随限制条件的放宽,两者的适用范围更广,通用性很强,但它们的作图难度则也相应更大,特别是后者。读者可仔细阅读本章实例 7-16 的步骤（3）并加体味,以掌握相应的作图要领,增强空间立体感、提高识图和作图能力。

相贯线的求取目的是相贯基本体的展开,本章相应介绍了目标物的轮廓实形和断面实形概念,要求在待展相贯基本体的轮廓实形面上求相贯线。并且,如果三向基本投影面上不存在基本体的轮廓实形,就需投影改造,建立反映轮廓实形的向视投影变换面。结合不同条件下相贯线的各种求取方法,形成求取相贯线的变换面截切法。

　　相贯线求取的本质就是系列相贯点的求取,其原则就是按适用条件,准确、简便地快速找出相贯点而并不拘泥于某一特定方法。因而,在通常的工程应用中,经常会对同一相贯线作业目标混合、叠加使用本章介绍的各种方法,这就是本章所称的综合截切法。同时,在通常工程应用的一般实践中,非素线法和双截平面法的应用并不多见,往往是一些工程特例,故本课程将之归于综合截切法。

# 参 考 文 献

[1]  刘振魁. 画法几何与工程制图作图错误例析[M]. 北京:国防工业出版社,1992.

[2]  李华. 实用钣制构件展开技术[M]. 北京:中国轻工业出版社,1995.

[3]  许锡祺. 画法几何[M]. 北京:中央广播电视大学出版社,1989.

[4]  夏华生. 机械制图[M]. 北京:高等教育出版社,2004.

[5]  上海市造船局. 船体放样[M]. 上海:上科学技术出版社,1978.